嘉貝麗・沃爾克／著
蔡承志／譯
Gabrielle Walker

商周出版 科學新視野 Scope

大氣

Why the Wind Blows and Other Mysteries of the Atmosphere

AN OCEAN OF AIR

萬物的起源

人類探索大氣的歷史
認識大氣科學的第一本書

隨著全球氣候劇烈變化、生態環境面臨危機、冰山漸漸消融，
大氣科學成為和我們最切身相關的學科。
本書帶你一窺大氣科學研究的歷史和全貌，總覽你我必備的大氣基礎知識。

台灣大學大氣科學系名譽教授
陳泰然

——專文推薦——

中央大學大氣科學系教授
王國英

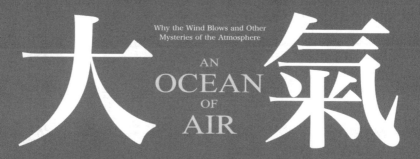

〈出版緣起〉

開創科學新視野

何飛鵬

有人說，是聯考制度，把台灣讀者的讀書胃口搞壞了。這話只對了一半；弄壞讀書胃口的，是教科書，不是聯考制度。

如果聯考內容不限在教科書內，還包含課堂之外所有的知識環境，那麼，還有學生不看報紙、家長不准小孩看課外讀物的情況出現嗎？如果聯考內容是教科書佔百分之五十，基礎常識佔百分之五十，台灣的教育能不活起來、補習制度的怪現象能不消除嗎？況且，教育是百年大計，是終身學習，又豈是封閉式的聯考、十幾年內的數百本教科書，可囊括而盡？

「科學新視野系列」正是企圖破除閱讀教育的迷思，為台灣的學子提供一些體制外的智識性課外讀物；「科學新視野系列」自許成為一個前導，提供科學與人文之間的對話，開闊讀者的新視野，也讓離開學校之後的讀者，能真正體驗閱讀樂趣，讓這股追求新知欣喜的感動，流盪心頭。

其實，自然科學閱讀並不是理工科系學生的專利，因為科學是文明的一環，是人類理解人生、接觸自然、探究生命的一個途徑；科學不僅僅是知識，更是一種生活方式與生活態度，能養成面對周遭環境一種嚴謹、清明、宏觀的態度。

千百年來的文明智慧結晶，在無垠的星空下閃閃發亮、向讀者招手；但是這有如銀河系，只是宇宙的一角，「科學新視野系列」不但要和讀者一起共享大師們在科學與科技所有領域中的智慧之光；「科學新視野系列」更強調未來性，將有如宇宙般深邃的人類創造力與想像力，跨過時空，一一呈現出來，這些豐富的資產，將是人類未來之所倚。

我們有個夢想：

在波光粼粼的岸邊，亞里斯多德、伽利略、祖沖之、張衡、牛頓、佛洛依德、愛因斯坦、蒲朗克、霍金、沙根、祖賓、平克……，他們或交談，或端詳撿拾的貝殼。我們也置身其中，仔細聆聽人類文明中最動人的篇章……。

（本文作者為城邦媒體集團首席執行長）

〈專文推薦〉

令人崇敬的大氣與科學家們

陳泰然

筆者有幸，在本書中譯版問世之前就能先睹為快。日前商周出版徵詢是否可為本書寫些感想，因最近出國頻繁，擔心騰不出時間看，不能如期交卷耽誤出版時程，本來不敢答應，但本書係談及大氣，這是我三十多年來在台大教書、研究的專長領域，真想先看看這本書到底在寫些什麼？終於，我先看了。雖然書裡的人物很多都是過去在學校不同課程裡老師或課本曾經談的，但是本書針對眾多偉大科學家在解開大氣奧祕過程的細膩描述，特別是這些科學家的事跡和他們追求大氣真相的執著，使我內心有真正的感動。不僅如此，本書對每個人物的人格特質、思想、信仰及生活習慣之描寫可說淋漓盡致，對人物間之關係與異同科學見解相互影響之描述亦栩栩如生。作者對本書相關人事物故事的精密建構與妙筆生花的寫作技巧，帶動讀者有如科學家為揭開大氣奧祕的好奇心，一直想要知道故事的後續發展，讓人不忍釋手，是想一口氣看完的精彩科普著作。

書中談及十七世紀義大利自然哲學家伽利略、數學家托里切利和世家子弟科學家波以耳，三位皆終生未婚，終其一生研究空氣的存在、空氣的重量、空氣的組成、空氣的壓力，並發現聲音傳播需有空氣、燃燒需有空氣等，諸多對空氣性質突破性的了解，對他們三人在空氣研究的歷史聯繫，以及對科學思考與實驗的細節過程描寫，實在引人入勝、令人著迷。對於生性好問的普里斯特利，雖然貧窮無錢買實驗設備而需靠有錢人賞賜，但其對真理與真相追尋的過程與精神，使他發現空氣組成的二氧化碳與氧氣以及意外製造出的笑氣，讓人肅然起敬。拉瓦節鍥而不捨的生物呼吸實驗，終於證明呼吸是種燃燒過程，是為了燃燒我們身體的燃料，並認識到人會老化、死亡也是氧造成的，這在十八世紀科學界是何等的震撼。

書中處處充滿感人的故事，當談到貧困的美國農夫數學家佛雷爾對於氣流受地球轉動影響的突破性了解與偉大貢獻，而他卻是那麼的害羞與謙沖為懷。實際上，氣象裡的「白貝羅定律」實在應該稱為「佛雷爾效應」較為貼切，但因他的第一篇討論該問題之氣象論文卻發表在醫學雜誌，導致他的偉大貢獻較晚受到氣象界的認識，作者認為如今他的名字雖然較不為人所知，也依舊是美國歷來最了不起的科學家之一，筆者深有同感。過去在學校曾學過在大氣環流裡的三胞環流模型，有個佛雷爾胞，看了本書使我對佛雷爾在氣象上的偉大貢獻與謙沖為懷的心胸產生莫名感動。

馬可尼無線電報的偉大發明，除了使氣象訊息傳遞無遠弗屆，開創天氣預報的可能性之外，當鐵達尼號撞上冰山發出馬可尼轄下公司的標準緊急求救訊號，遠在地平面之外、距離四小時航程的喀爾巴阡號接到訊息，努力趕來營救，在四小時過後不久喀爾巴阡號真的來了，搭疊救生挺上的七百一十二位乘員全部獲救，本書描寫這個求救與營救的故事，看來比鐵達尼號電影所能表達的更扣人心弦。此次船難總計一千五百多人喪生，馬可尼原本計畫搭乘該航次赴紐約，卻由於公事而推遲行程改搭盧西塔尼號，逃過一劫。當然，如果馬可尼及時搭上鐵達尼號，或許他也可能是透過自己公司發出自己發明的求救訊號而獲救的一員。

近年來有關全球大氣的熱門話題，諸如南極臭氧破洞、工業革命後二氧化碳急速增加和全球暖化議題，作者更是抽絲剝繭地把每一事件的細節與先後關係一一呈現，其中所涉及的諸多科學家的直覺、洞見及為了解與解決問題所投入的心血，更是扣人心弦。對於科技發展帶來對大氣環境長遠的負面衝擊，以及各國為了減低與舒緩衝擊所付出的代價，更是發人深省。

作者治學態度嚴謹，所有人事物皆有所本、皆有出處，此為科學著作的普世要求，而人事物的呈現又能以有趣、動人的故事鋪陳，使本書具有科學的嚴謹性與正確性，亦具有科普書籍的知識性與動感性，也許您會和我一樣，想要先睹為快。

（本文作者為國立台灣大學大氣科學系名譽教授／特聘講座教授）

〈專文推薦〉

活靈活現的科學故事

王國英

這本書讀起很舒服，將科學以生動活潑的方式呈現出來，並不會讓讀者覺得讀不下去或是枯燥乏味。我覺得這本書有趣的地方是作者將整個大氣（原文書名顧名思義）逐一介紹、按照時間序列的安排漸進鋪陳，從它所構成的氣體、人們是怎麼發現氣體開始，接著是歷來科學家利用這些氣體進而成就了更多、更深入的發現，甚至逼真地述說了科學家們的生平、個性。

這本書給我的感覺似乎是，讀完了就相當於讀完整個求學生涯中的基礎物理化學！不過這本書很神奇的地方是它引人入勝，會讓讀者想了解更多、想讀得更細，顯然作者不但科學知識豐富，還有值得再三玩味的寫作風格，這本書可以推薦給想對大氣有基礎認知的讀者，或是全國的國高中學生。

作者以開門見山法直接切入了我們大氣中，與我們最親近的氣體——空氣。她生動靈活的敘述，將文藝復興時期科學與大氣研究的初步發展，如莎士比亞筆下的舞台般精采呈現，以頑固任性的教會作為烘托，帶出科學家咬定青山的求知精神。接著戲劇性地一一描繪大氣及其組成分子，幾乎像是剝開層層洋蔥般的條理分明。作者這麼一講，讓讀者感受到科學並不是一個無生命跡象的匍伏動物，而是個風趣、多采多姿的生命體。

除了傳達科學知識外，很有意思的是，作者也經由歷史故事提供讀者許多以古鑑今的生活課題，看了書以後，讓人感覺做事情要謹慎並考慮周到，不要陷害他人或是與人交惡，否則遲早都會得到報應；書裡提供許多值得省思的例子，其中最令我印象深刻的是法國大革命期間的一位科學家拉瓦節（Antoine Lavoisier），他因為曾經拒絕了另一個科學家馬拉（Jean-Paul Marat）投過的一篇論述氧的習性的論文，而且阻止法國皇家學院給予馬拉認可，讓馬拉一直記恨在心，後來法革爆發，馬拉成為強勢份子，間接將當年駁回他論文的拉瓦節送上了斷頭台。不過另一方面，馬拉也為他的行為付出代價、下場悽慘，他在家裡的浴缸中被刺死，並成為膾炙人口的名畫「馬拉之死」的主角。

書中介紹行星風帶的開場白讓人對畫面充滿想像，宣稱「發現新大陸」為其彪炳功績的哥倫布，其實是一位面色蒼白、頭髮有著雪亮色澤的義大利冒險家，作者帶著我們從伊比利半島出發，頂著疾勁的東風經過加納利群島、橫越大西洋，終於抵達了西印度群島，開啟科學家對地球氣候調適劑——風帶——的研究與開拓。你曾經想過嗎，沒有風的地球會是如何惡劣的環境？那樣子的地球將有一半凍在冰天雪地，一半悶在火爐中；赤道帶平均溫度會比現在整整高上十四度，而極區會比目前均溫少二十五度。這種煉獄般的環境還能孕育出人類，甚而創造輝煌、華麗且毀滅性的文明嗎？

本書最大的特色是呈現了科學的連貫性，有因有果，許多研究發現奠定了後世研究的基礎。他還不斷提醒讀者地球的珍貴、地球的獨一無二，我們應該好好愛惜維護，藉由描述地球環境的多樣化而讓讀者切身感受到，每個人都應該珍惜人類獨有的資源。而這種觀念，除了普及大眾人人須知，更應該傳達給當今的各個當權人士，因為他們不僅影響力深遠，而且相較於一般人，他們的政策更容易決定地球上寶貴資源的存續。

（本文作者為國立中央大學大氣科學系特聘教授）

目錄

第二篇　庇佑萬物的天空

我妝點整片大地。
我是微風，孕育萬物披上綠意。
我讓繁花盛開，成熟結實。
我憑神靈引領灌注最純淨的溪流。
我是雨，來自露水。
讓青草含笑享有生命喜樂。

——賓根的赫德嘉（Hildegard of Bingen），十二世紀女修道院院長

前言

一九六〇年八月十六日上午七點

約瑟夫．基廷格（Joe Kittinger）高懸在新墨西哥州上方三十多公里空中。十一分鐘過去了，他在吊艙裡面蓄勢待發。那是個開放式吊艙，掛在一顆龐大氦氣球底下緩慢旋轉。儘管太陽早就升起，周圍大氣依舊黝黑猶如午夜。遙望下方，地球的彎曲表面朝遠方延伸，構成一弧地平線，映襯漆黑太空、綻現一圈藍色光暈。

這道光圈就是大氣，地球擁有最寶貴的禮贈。地球的璨藍色澤不是得自海洋，而是染自天空。凡是見過那道細膩光暈的太空人，返航之後都會告訴我們：他們不敢相信，那讓地球顯得多麼嬌弱，卻又無比美麗。

回到地表，沒有了那種崇高視角，大家往往等閒看待我們的大氣層。然而，空氣是宇宙間最奇妙的物質之一。單憑這道黯淡藍線，就讓地球從荒涼岩塊，轉變為充滿生命的世界。而且在地表和要命的太空環境之間，也唯有靠這道屏障，保障脆弱的地球生靈。

基廷格卻越出了大氣保護圈。到了太空邊際高處，大氣十分稀薄，只要壓力衣失靈，不消幾分鐘他就會死亡。首先他的口水會冒泡，接著他的雙眼爆出、腹胃腫脹，最後血液也要開始沸騰。儘管他是美國空軍的試飛員，歷經種種凶險，然而這樣的危險處境卻也是有生以來第一遭。

他獨自待在吊艙裡面，對這種險境瞭然於胸。他有種奇妙感受，那裡的近真空似乎觸摸得到，彷彿有層毒氣團團包裹。黑暗景象令人心驚，他遙望下方雲層屏幕，卻看不穿障壁也完全瞧不見家鄉，這更令他不安。他用無線電和地面管制站通訊。他說：「我上方的天空很不友善，人類永遠不可能征服太空。或許可以到那裡居住，但想要征服卻是永無指望。」

他拖著腳步走向艙門，身負七十公斤重的保命裝備、儀器和攝影機，他的靴子略為伸出邊緣，在那裡站了一會兒。他雙腳下方十數公分處有塊標誌，上書「世上最高的階梯」。他從嚴密封合的頭盔裡吸了一口純氧。他說：「求主保守我，」接著便縱身躍下。

剛開始基廷格並不覺得自己向下墜落，他見得到腳下遠方的暴風雲渦漩，卻看不出雲層逐漸接近。由於周圍的空氣十分稀薄，他聽不到聲音，感受不到風吹，也毫無其他線索足以顯示，他正在人類有史以來最凶險的環境中向下急墜。他在空中攤開四肢，心中湧現幾可算是祥和的感受。他飄浮在一片虛無的海上。

儘管那裡的環境危險，卻仍在保護他。太空中的無壓力情況並非唯一風險，那裡還有大半來自太陽的密集輻射，它們不斷轟擊。太陽每天都為地球帶來光和熱，讓我們能夠生活在這裡，但它也同時釋出彩虹頻譜致命的那端——X射線和紫外光。

感謝我們的天空介入干預，這種輻射始終不會抵達地表。基廷格上方約八十公里處，少數空氣原子稀疏散布，它們發揮警戒哨的功能，負責攔截、吸收那批致命X射線。那批原子在這個過程中被撕扯擊碎，加熱到攝氏一千度。它們構成電離層，那層稀薄大氣的主導力量是電。那裡有龐然藍火從雷雨雲的頂部向上噴發，從地表卻見不到這種上下顛倒的雷霆閃電。來自太空的隕石在這裡灰飛煙滅、化為道道燦爛光芒，變成我們口中所說的流星。隕石帶來金屬在大氣中層層潑灑，從而使電流得以在地球上空四處飛竄。無線電廣播便由這處荷電表面反射，朝四面八方彈往全球各處。

再往上看，基廷格上方的空氣還要面對更猛烈的攻勢，那種打擊力量稱為太陽風。來自太陽的荷電粒子噴流以極高速度朝地球射來，時速超過一百六十萬公里，還趁勢劫掠我們的大氣、把氣層向地球後方推湧構成一道尾跡，讓地球看來就像顆龐大的彗星。

不過在此之前，太陽風必須先通過我們強固無雙的精銳防線：地球磁場。磁場拉動羅盤針指向北方，除了這項用途，我們在地表很少注意到它。但其實地球的彎拱磁場影響遠播，及於我們頭頂幾萬公里高空，磁場還迫使太陽風向四方繞道，就像水流受迫繞過船頭；基廷格上方遠處，道道磁性防護拱弧會導開太陽風，不致造成傷害。磁場防護十分周密，只有少數粒子漏網滲入兩極空域並與大氣對撞，帶來舞動極光，照耀南、北兩極。

儘管如此，我們的防護大氣幾乎全都位於地表上方幾公里範圍，而基廷格進行那次畫時代高空縱躍之時，大氣也大半位於他的下方。墜落幾秒鐘後，他踢腿扭身面朝上方，這時就可以見到他那顆白色飽脹渾圓氣球，以極端高速朝暗空直射而去。基廷格知道，這只是個錯覺。氣球仍然在他躍出的位置緩緩飄浮。其實是他自己以接近聲速的速度，由高空向下墜落。

這時基廷格正翻滾穿越地球的另一道重要防護屏障：臭氧層。他的周圍散布一團無形氣體雲霧，所有溜過電離層的無形紫外線，全在這裡被吸收盡淨。臭氧是種奇妙的東西。地表附近的閃電和火星塞偶爾都會生成臭氧，它聞起來像電線失火，還會讓你氣噎。然而在上空高處，臭氧卻十分機敏又很容易再生。基廷格周圍的臭氧分子受紫外線轟擊分裂，接著便沉著重新構組。就像摩西遇見的著火樹叢，儘管烈燄不止，卻永遠不會燒毀。

兩萬五千公尺、兩萬公尺，繼續往下。壓力危機解除，這時就算壓力衣出現破洞，基廷格的血液也不會沸騰蒸散到空中。不過他還要面對最後一項危機：他已經抵達這趟下墜歷程的最寒冷階段，到了那裡，溫度已經降到零下七十二度左右，他的壓力衣加熱裝置也成為最重要元件。

接著就遇上雲層和氣流，基於種種跡象顯示基廷格終於逐漸接近老家了。一萬兩千公尺、一萬公尺，繼續往下。他就要下墜到聖母峰標高以下了。這時若有噴射機恰好飛經附近空域，就會看到一個身著古怪服裝的人，飛竄飆過窗口。他早先在吊艙見到的雲層，那時遮擋視線讓他見不到老家的屏障，現在便急速向他衝過來。儘管他知道雲朵只是一群觸摸不到的細小水滴，卻依舊蜷曲身體，雙腿上抬，下意識預備承受衝擊。他觸及雲朵那一剎那，降落傘同時開啟，這時他知道，自己可以活下去了。「四分鐘三十七秒自由下墜！」他對著語音記錄器發話，「哇啊！」

這時基廷格已經安全下墜到大氣的最低層：對流層。這裡的大氣，與其說是一道防護屏障，倒不如說是促成地球轉變的契機，這是一層濃密的空氣厚毯，還有氣流和氣候現象，為我們的行星帶來生命，也把地球轉化為可居之所。基廷格越過了極度乾旱的太空，這時雲朵染上片片濕氣在他的面罩上。空氣逐漸濃密，他可以感受到那種拉扯。這時天空已經充滿生命，只是他還見不到它們。隨風攀升的菌群黏附於雲霧微滴，在遠離家鄉的地方搜尋新的侵染對象。昆蟲一路飄盪前往新的覓食場所，而種子則飄向更肥沃的土壤。

還有，謝天謝地，兩架搜救直升機就在附近盤旋。隨著地面迅速接近，基廷格持刀奮力切除他的重裝備套件好減輕著陸衝擊，然而最後一條管子，卻是怎麼切都切不斷，他放棄了，改打開頭盔護罩深吸一口新鮮空氣。空氣湧入他的肺部，氧氣躍過細胞膜進入血液細胞，讓它們轉呈帶了燦爛生機的血紅色澤。（其中有些氧氣則著手引發一場歷日曠久、從這輩子吸入第一口空氣開始，便延續不斷的狂躁歷程。這批無賴分子，還會繼續在基廷格臉上留下痕跡，拖累他的身體，持續我們所說的老化進程。）

最後，經過了十三分四十秒飛行時間，基廷格跌撞摔入矮樹叢中，著陸地點位於新墨西哥州土拉羅沙（Tularosa）以西約四十三公里處。醫事、地勤人員、後援隊伍和媒體記者，紛紛湧出直升機，趕往他著陸的地點。他的面罩開啟，對眾人露出笑容。他說：「我很高興回來和大家重逢。」儘管沙漠景致實在稱不上蒼翠，但在這個曾經超越大氣層的人眼中，絲蘭和灌木艾卻是充滿生機。後來他還說：「我在十五分鐘之前到了太空邊緣，而現在就我看來，自己是身處伊甸園。」

美國空軍上尉，約瑟夫・基廷格二世成為墜落地表生還的第一人。這項壯舉無人能及，他從太空邊陲出發，穿越稀薄空氣，進入濃密大氣並回返家園，彰顯出地球的若干非凡特色。太空幾乎近得觸摸得到。我們頭頂區區三十數公里以上，就是一片風險四伏的駭人環境，我們到了那裡就要被凍僵、燒焦，終至沸騰喪命。然而，我們的周遭大氣，卻提供那麼周延的防護，甚至讓我們對那些凶險都懵然無知。這就是基廷格那次飛行帶來的訊息，也是所有探測地球大氣的先驅人物留給我們的啟示：我們不只是住在大氣中。我們的生命都是拜它所賜。

第1篇

和暖覆蓋的毯子

地球誕生之時，周圍包覆了一層空氣汪洋。就像太陽和太陽系內的其他行星，地球也是從一團不定形的氣體雲霧、塵埃和岩塊碎屑，緩慢塌陷、凝聚而成。

第一章

一片空氣汪洋

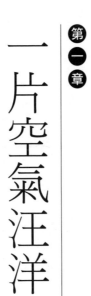

將近四百年前，如今我們稱為義大利的地區，還分由眾多封建領主割據，一場思想革命就在那時艱困成形。傳統世界觀開始遭受新生代抨擊，天啟聖命和抽象推理❶不再是理解世事的金科玉律。當年還沒有發明「科學家」一詞，那群後起之秀自稱為「自然哲學家」。他們並不端坐空談萬象之所運行，他們起身到現場實地觀察。但這恐怕不會是教會（當年的正統學問大本營）所賞識的途徑，自然也不見容於身為教會幫辦的異端裁判官。那批裁判官和羅馬總部有熱線往來，對此已是議論紛紛。當時，一位自然哲學家和那群異端裁判官惡言相向，被迫終止他的天空構造研究。他叫作伽利略．伽利萊（Galileo Galilei），我們的故事就從他開始講起。

羅馬彌涅耳瓦女修道院（Convent of Minerva），一六三三年，六月二十二日

敝人為伽利略．伽利萊，七十歲，先父乃佛羅倫斯人士，名叫文欽佐．伽利萊（Vincenzo Galilei）。敝人奉傳訊親身出庭，跪見諸位最尊貴的樞機主教閣下，對抗全基督徒共和政體異端邪說的全體異端審判官尊駕……經宗教法庭宣稱為具有強烈異端之嫌疑，亦言之，即抱持太陽為世界中心且恆定不動，而地球則非中心且運動不止之信念。

因而，為求冰釋諸位大人暨全體虔誠基督徒心中對敝人之合理強烈疑慮，乃誠心

誠意起誓：敝人棄絕、詛咒、痛惡前述謬誤和異端邪說。同時敝人宣誓：將來敝人永不再以言辭或文字，陳述或主張任何或有可能同樣啟人疑竇，從而詰難敝人之事例。

初揭空氣的神祕面紗

偉大的伽利略跪受無恥逼審，逼不得已乃改弦更張，據說最後他起身時，一邊喃喃自語：「可是地球會動啊！」他心知肚明，不論異端裁判官如何逼他自白，地球依舊繞日運行。然而，由於他虔信基督，實在不想背棄自己的教會。同時，他也不想步前人後塵，踏上僧侶喬爾丹諾．布魯諾（Giordano Bruno）的悽慘命運。幾十年前，布魯諾就是抱持相同見解才被公開燒死。伽利略或許是當年全義大利最著名的哲學家，不過他知道，光憑這點還沒辦法讓他逃脫火焚。

而且儘管當時已經七十歲，心力衰竭，視力也逐漸減退，他卻還不打算就死。他的視力受損，全因長久使用望遠鏡凝望他親自發現的奇觀所致：太陽表面週期出現的斑點、月球上的坑穴，還有在繞木軌道上若隱若現卻又明確可辨的衛星群（誰能料到，其他行星竟然自有成群衛星？）加上旁人毫無所悉的星群。這時伽利略還能視物，他必須趕在白內障和青光眼終於遮蔽視覺之前，完成最後一項工作，逼不得已只有祕密從事。伽利略早就料到會有這場「審訊」；他在若干時日之前，已經知道自己不能再繼續研究天空，於是他歷經數年、審慎改弦易轍，將焦點轉往地球本身。儘管視覺衰減，他仍改變了世人的眼界，讓我們改採不同觀點，以看待世界上最普通不過的物質：空氣。

異端裁判官對此一無所知。他們見伽利略撤銷前說便心滿意足，決定寬宏大量饒他性命，後來更恩准他回到位於佛羅倫斯阿切特里區（Arcetri）的自宅別墅。不過裁判官也提醒伽利略，他仍然被視為危險人物，因此要接受軟禁處分。除非事先獲得教會批准，否則他不得接見任何訪客。另外，伽利略平日還必須誦讀聖經詩篇來苦修贖罪，以祈求他的靈魂能得永生。

伽利略奉指示回到自家別墅並勤奮苦修。異端裁判官曾令他宣誓，永遠不再發表會觸怒宗教法庭的論述，不過他並不想奉守諾言。因為他前往阿切特里時，已隨身帶了一部接近完成的手稿。

早先他等候傳喚前往羅馬期間，已經根據手稿內容展開幾項實驗。那時伽利略已經不再運用望遠鏡，卻逐漸迷上物體在空氣中的各種運動方式❷。後來這項研究還成為他的名作。那份手稿記載了好幾項發現，更發展出和木星衛星群同等著名的成就。舉例來說，伽利略完成一項驚人發現，闡明地球的重力絲毫不理會物體是輕是重，從高塔上投落一顆砲彈和一顆石子，兩件物體會在同一片刻觸及地面❸。不過在手稿篇幅中，他還記述了另一項發現，儘管較不出名，然而其重要性卻不亞於其他。伽利略測出空氣的重量。

這種想法看似古怪，像空氣那般虛無飄渺的東西，怎麼可能有絲毫重量？其實地球上的空氣始終以強大力量，向下對我們施壓。由於我們習以為常，所以才沒有注意到，這就好比龍蝦在海床四處漫步，全然無視上方海水帶有千鈞重壓。或許我們對自己上方的空氣汪洋太不重視了，甚至不時還有人形容充滿空氣的空間為「空無一物」。

回溯伽利略那個時代，有關空氣的概念也同樣含糊不清。多數人都採信亞里斯多德在西元前四世紀提出的見解，認為世上萬物都由四種元素構成：土、空氣、火和水。土和水明顯受到重力牽引向下，火顯然不含重量，然而空氣卻是個問題兒童。空氣究竟是重得足以被拉到地表呢，還是輕得可以像火燄般飄升，或者完全無視地球重力拉扯，在半空盤旋？

伽利略認為空氣很重，並開始動手測試他的概念。他所做實驗通常都獨具創意。首先，他取出一支帶密封皮質瓶塞的細頸玻璃瓶，接著在瓶塞插入一根注射器，並連接一具風箱。他用力擠壓風箱兩、三次，瓶中原本就有空氣，這下又打入更多空氣。接下來，他把玻璃瓶擺上天平，並不斷增減最細小沙粒砝碼，以最精確作法來測定玻璃瓶的重量，直到他對答案滿意為止。接著，他打開瓶塞活門，被壓縮的空氣馬上從容器湧出，同時，瓶子也突然減輕了相當於幾顆沙粒的重量。重量減輕肯定是由於空氣逃逸所致。

這便證明，空氣並不如我們平常所想那般虛無飄渺。但是這時伽利略還想精確知道，多少空氣相當於多少顆沙粒。就此他必須尋思，該如何測定逃逸空氣的重量和體積。

這次他也使用同一支細長頸玻璃瓶，不過他並不在瓶中打入更多空氣，而是加入一些水。當瓶子裝了四分之三水量，原有空氣便受擠壓、侷促於原有空間的四分之一角落。伽利略精確測量瓶重，然後打開活門讓壓縮空氣逃逸，接著又測量瓶重，求出有多少空氣消失了。就體積方面，原本在他加水的時候，水分佔據了原本空氣的位置，裡頭的空氣被推擠到一旁，所以逃離瓶子的空氣體積，肯定與殘留水量完全相等。他只需要倒出水，測量水的體積，於是看哪，他已經求出給定體積空氣的重量。

伽利略求得的數值高得令人吃驚：空氣的重量似乎相當於等量水重❹的四百分之一。若是你覺得這沒什麼大不了，還請斟酌一下。花一點時間設想某特定體積的空氣，好比紐約市卡內基音樂廳內「沒有東西」的空間。你覺得那麼多空氣應該有多重？是五公斤呢？或五十公斤？說不定還可達到一百公斤？

答案約為三萬兩千公斤。

空氣極重，連伽利略都無法通盤領悟其中意涵。他甚至不曾尋思我們如何能夠肩負起那種壓垮一切的千鈞重擔，因為他壓根沒想到我們上方的空氣也是很沉重的，他測出瓶中空氣的重量，卻認為當空氣由瓶中釋出、回歸自然環境，馬上就不再有絲毫重量[5]壓在我們身上。伽利略認為，我們的整體大氣並不具有推擠力量。這是那位偉人犯下的少數錯誤之一。

儘管教會反對，伽利略依舊完成他的手稿，還公開發表。他在佛羅倫斯、羅馬和威尼斯設法說服書商出版作品，結果沒有人膽敢違抗異端裁判官，最後伽利略只得把手稿偷運出境，委請荷蘭一家印刷廠印製。四年之後，開始有幾本作品漏網被攜回義大利，那時他已經風燭殘年來日無多。每本作品上都印有伽利略刻意寫上的違心之論，寫道自己多麼驚訝，儘管他如此遵從教宗勒令，但不知怎地他的著作竟然仍找到門路付梓印行。

同時，雖然伽利略誤判我們上空的空氣，但他偉大的研究終將發揮影響力，引領兩個非常不同的人物發現真相。

空氣重量和真空吸力

這兩人恰巧都在一六四一年十月，伽利略死前幾個月來到佛羅倫斯，約略在相同時日抵達。其中一位是三十三歲的羅馬數學家，叫作伊凡吉里斯塔・托里切利（Evangelista Torricelli）。伽利略生前最後三個月期間，便曾與他協力進行研究。

托里切利早先迷上了伽利略的空氣實驗，對他「打入瓶中的空氣很沉重，處於自然態的空氣則全無重量」的信念也深感興趣。他特別側重鑽研伽利略和義大利熱那亞省一位哲學家的舊有爭議。那位哲學家叫作喬凡尼・貝里亞尼（Giovanni Battista Baliani），雙方曾就運用虹吸管把一處的水運往他處的相關問題僵持不下。虹吸管輸運法常需跨越山丘等垂直障礙，這種輸水方式和從汽車油箱抽取汽油都遵循相同的原理。長管裡裝滿水，一端伸入池塘或溪流，另一端則拉到山丘另一側。這樣就可以輕鬆把水輸送到遠端，而且水流源源不絕，直到你把原來那處池水抽光，或者把管子拉出水面為止。

貝里亞尼注意到，虹吸管似乎有個高度上限，超過這個門檻就不靈了。若是山丘海拔過高，約超過十八佛羅倫斯肘（Florentine ell，略超過九公尺），虹吸管就不再生效，也不會有水湧出來。

他認為沿管道推水前進的力量，就是地球大氣的重量。他說，空氣不斷向下壓迫池面，由於空氣很沉重，才能夠把水向上推進管中。他推論，虹吸管之所以不再運作，是由於就算把大氣層整個算進來，其重量都有上限。當高度超過九公尺，空氣對池面的下壓力量不夠大，無法克服把水拉回下方的重力，於是虹吸管就會失靈。

然而，伽利略並不同意這點。他無法相信大氣本身帶有重量，他認定雙方爭議的作用力不是推力，而是吸力。他說，山丘兩側的水都設法墜回下方並流出水管。然而當水下墜，便在後面管中產生空間。由於那裡完全沒有任何物質、構成所謂的真空地帶，從而產生特殊性質，包括吸引的力量。就是這種力量把水吸過山丘。倘若山丘高於九公尺，管中的水就太重了，真空吸引不動。

托里切利認為伽利略錯了，也認為大氣確實有推力。他決心證明這點。

首先，他構思出如何仿效虹吸作用，而且採用一種比較方便處理的尺標。他不用水，改採水銀，當時稱之為「流銀」（quicksilver），倒不是由於水銀能敏捷運動，而是由於水銀看來似乎有生命。金屬都顯得森冷、死寂，水銀卻不一樣，液態水銀會自行蜷縮成顆顆明珠，在桌面四處滾竄，跌落地面時還四處潑灑燦爛珠粒。然而，水銀和其他金屬同樣也非常沉重。由虹吸管研究結果推斷，若是托里切利採用清水來秤量大氣的重量，他就必須使用超過九公尺的長管。既然水銀的重量遠高於水，管子長度約只需九十公分就夠用了。

托里切利取了一根九十公分的玻璃管[6]，其中一端封合，在裡面裝滿水銀，然後用一指摁住開口。接著，他把管子上下反轉置入一盆水銀裡面，然後小心鬆開手指。倘若空氣沒有壓力影響，那麼水銀就只能屈從重力作用力，一路向下直墜，並從開口溢出管外。不過若是托里切利對了，那麼水銀就會停在某個位置上，顯示管外空氣的重量和水銀的重量，就在那點構成壓力均勢。他權衡水銀和水的相對重量，算出水銀不會像虹吸管中的水那樣停在十八吋處，而是停在一・二五吋加上一指高度[7]。

結果正是如此。

不過究竟是哪種力量讓水銀保持在那個高度？是空氣的壓力嗎？或者就如伽利略的觀點，肇因於真空的強大吸力？

托里切利略事改動實驗，希望再做一次找出答案。他拿兩根管子並列在一起。一根是長約九十公分的筆直玻璃管，全管直徑相等。另一根大體相同，只除了封合那端帶了一個大型玻璃圓球。兩根管子裡面都裝了水銀（帶玻璃球的那根裝的水銀量略多），接著上下反轉管子，置入同一個盆子裡面。

若是伽利略的論點正確，那麼一端帶圓球的管子就會產生較多空間吸扯水銀，從而把水銀拉到較高的水平面。不過，若是托里切利對了，那麼兩根管中的水銀，就會墜落到同一處水平高度。

兩根管子裡的亮銀色水銀都沿著管壁下滑，最後停在完全相等的高度，也就是盆中液面以上一．二五肘加上一指處。托里切利對了。不論水銀上方的真空範圍多大，維持水銀向上的力量都保持相等。不是真空吸扯的，是空氣推上去的。

這是一項十分高超的見解，點出地球大氣時時刻刻對我們產生的作用，而我們對此卻毫無所悉。當你用吸管喝飲料，或許你會認為，那是你的吸吮力量把飲料吸進口中。其實不然。你吸吮時只是把吸管一端的空氣吸走，接著就要仰賴你周圍的空氣，施加千鈞重量把飲料壓進你口中。嬰兒吸吮母乳之時也有相同現象。嬰兒的熱切吸吮動作，只是把母親乳頭周圍的空氣吸走；接著母親上方的空氣便施力擠壓乳房，送出母乳並噴進嬰兒口中。真空吸塵器也依循相同原理，吸塵管兩端的空氣原本壓力相等，由於一端空氣被移除，於是管外的空氣就由另一端推著塵埃和殘屑進入管中。若是在太空中使用吸塵器，你就吸不到宇宙塵埃，因為管子另一端並沒有空氣來發揮推擠作用。

托里切利採玻璃球管進行實驗，得願所償證明大氣有重量。不過，要想說服其他世人，還需要更多佐證才辦得到。這道難題，部分要歸咎於那項概念和我們的直覺大相逕庭。我們實在不覺得，空氣有那麼沉重。我們四處穿梭走動，絲毫不會注意到沿路存有空氣。倘若空氣真的以這種巨大力量，不斷向下對我們施壓，那麼我們為什麼沒有被壓垮？（答案是，我們身體的大半部位都不受壓縮，而少數會被壓陷的空間，內含空氣的壓力和體外的氣壓又正好相等。大氣向下對我們施壓，我們也以相等力量反壓回去。）

結果令人遺憾，這組重大實驗成果，卻只能藉由口語傳聞點滴向外散布。儘管托里切利對自己的發現深感自豪，他卻不敢對外倡言所見。問題出在他研究的內容是「真空」。教會曾就物理學領域頒布了好幾項令人遺憾的裁定，其中一項指稱真空是種異端思想。

教會之所以切齒痛恨真空，主要肇因於遠比基督時代更早的眾多哲學家的教誨學說。舉亞里斯多德為例，他認為就邏輯推論，真空是不可能存在的。在他心目中，空間的意義早有定論，那就是指物體存在的地方。若是空間不含物體，那就不成為空間，也因此不會有真空。然而另一邊，德謨克利圖斯（Democritus）和較晚期的盧克萊修斯（Lucretius）兩位唯物派學者，卻認為所有物質都由纖小的粒子組成，那種粒子稱為原子，彼此由空無一物的空間隔開。

往後二十一個世紀期間，這項問題並沒有多大進展，到了十六世紀，天主教會已經決定支持亞里斯多德學說。相反的，德謨克利圖斯和盧克萊修斯把整個宇宙創世成果，簡約為原子集結構成的產物，這讓精神或靈魂無處倚仗，進而引發若干難解問題，科學上無法解釋酒和聖餐薄餅如何轉變為血和肉，教會因此詛咒他們的哲理。不幸的是，世上所有關於真空的信念，受此牽連同淪異端。按宗教當局說法，神諭真空乃不自然現象，空氣肯定會即刻湧入，不使真空成形。凡違此論都要面對異端裁判所的嚴厲斥責。

托里切利眼見伽利略稍述真相便招致惡果，於是刻意低調行事。他從不公開他的研究成果，唯一例外是一封著名的信函，在一六四四年六月十一日寫給他的密友，米開朗基羅・里奇（Michelangelo Ricci）。里奇是個耶穌會會士，然而他也堅定擁戴托里切利的研究，托里切利翔實敘述他的實驗細節，還在信中附上儀器草圖。大體上他只描述實際論據，不過偶爾也流露出他發現的喜悅。他描述我們看不見的空氣如何把他的水銀推上管中，同時寫道：「這是多麼奇妙啊！」他心懷敬畏寫著，覆蓋我們上空或可達八十公里高空的空氣厚毯，不斷擠壓底下的地球。於是他就此精簡描繪出一幅壯麗圖像，他說：「我們深潛棲居一片空氣汪洋的底層。」

托里切利以他的水銀實驗，如願以償證明空氣的壓力作用。然而他對結果極度守密，再加上主流思潮頑強抗拒這項卓越新見，意謂著至少在一時之間，舊有思想仍然為當世顯學。

再現空氣的重量

所幸在伽利略垂死之際，還有另一個人來到佛羅倫斯，而且那個人也像托里切利一樣，注定要承續伽利略的衣缽。那個人叫作羅勃特．波以耳（Robert Boyle），他在一六四一年十月來到佛羅倫斯，當時的他才十六歲，還是個學生，對科學也還沒有特殊愛好。

波以耳的父親是愛爾蘭極為富裕的貴族。他曾與一位兄弟及家庭教師，車馬巡行遍遊歐陸，其中一程由日內瓦出發，並在當年夏天來到佛羅倫斯。當年的權貴年輕仕紳常不顧天花、鼠疫疫情，甘冒盜匪凶險、周遊歐陸來充實履歷，而波以耳卻有點不同，他是真心希望能夠學習。他走到哪裡都隨身攜帶書本；他邊走邊讀，翻山越嶺手不釋卷。他在旅店和客宿的民眾爭辯哲學和宗教議題，對所見所聞也都精思熟慮，探究其中深意。

抵達佛羅倫斯沒多久，波以耳找到一本伽利略的最後著述，讀之深受感動。他得知作者就在區區幾公里外的自家別墅瀕臨死亡，如此悽慘命運令他義憤填膺。波以耳在他的日記中，寫下那位「偉大觀星家」接見來訪僧侶的對話內容。僧侶怪他得罪上帝才遭致瞎眼懲罰，伽利略素富急智，他答道，至少「他在失明之前得遂所願，見到了天國，瞻仰了凡人之所未見」。

就波以耳看來，教會也蒙受失明的懲罰。他堅信宗教的宗旨是彰顯神工奇蹟，不該以沉悶教條矇蔽神蹟。波以耳可不想任人束縛他的信仰。他要窮究世事萬象，自行發現真相來榮耀上帝。

然而，伽利略在他心中播下的種子卻歷經多年風霜，眼看就要逐漸凋萎。波以耳離開佛羅倫斯之後不久，他的故鄉爆發叛變，愛爾蘭陷入亂局，而英格蘭本身也在此時爆發內戰。波以耳花了兩年多時光才回到故國，而且還只能來到英格蘭，首先回到倫敦姊姊家中，接著又住進斯塔布里奇宅第（Stalbridge），那是他父親在得文郡（Devon）幫他買的一棟樸實的莊園住家。

波以耳在這裡度過一段鄉紳生活，照講他應該感到滿足，因為當時英格蘭已經較少出現動亂，查理一世國王已然就逮，後來應訊受審還被斬首示眾。況且這時護國公奧利弗・克倫威爾（Oliver Cromwell）掌握了大權，加上他的「新軍」武力，政局大體恢復穩定。這段時日波以耳身居田園，逍遙置身事外，他大可以沉浸仕紳消遣，騎馬、射擊、釣魚度日。

但是，他曉得他的生活還欠缺某些東西。滿腦子念頭，眼前卻找不到管道可供抒發所見。波以耳淺嘗宗教著述，他接連寫了幾篇「反思偶得」，寄給他最喜歡的姊姊凱塞琳・拉內勒弗夫人（Katherine, Lady Ranelagh）。這幾封信的內容往往包含道德教訓，坦白講，這類描寫往往引人生厭。他的靈感常得自生活瑣事，好比〈見擠奶玉女對牛歌唱感言〉和〈談我的西班牙獵犬隨我到陌生地方如何審慎預防走丟〉等經歷，他也因此遭人嘲弄，其實這對他並不公正，波以耳虔誠信教卻絕不矯揉造作。他和藹可親，還頑強堅守正義，在這方面幾乎稱得上是無可救藥。同時，儘管他的宗教情操是自然天成，終究還只是個二十剛出頭的小伙子。

幾十年後，諷刺作家喬納森・斯威夫特（Jonathan Swift）也仿效波以耳的「反思」書寫諷刺文，成為戲弄波以耳最著名的摹倣文之一。當時斯威夫特擔任一位朝臣夫人的私人牧師，由於夫人對波以耳的論述神魂顛倒，時時想聽人對她朗誦其內容。斯威夫特對此十分懊惱，於是越權偷偷念了一篇非常有趣的文章，標題為〈就掃帚竿子虔思心得〉：「然而你或許會說，掃帚柄象徵顛倒屹立的樹木；還祈禱，所謂的人，只不過是種顛三倒四的生物……」（儘管斯威夫特拿波以耳當笑柄，然而他最著名的小說《格列佛遊記》〔*Gulliver's Travels*〕，卻大有可能是參酌了波以耳的鮮明想像力，才激發創作靈感❽。）

波以耳寫過一部浪漫小說，內容卻富有高度道德寓意，而且有那麼一陣子，他似乎要動用他的求知能量，涉足文藝創作。然而，他對於世事萬象的好奇心卻擾動他的思緒。他希望從嶄新角度，依循伽利略顯現給他的觀點來探究世界。畢竟，他想做的是實驗。

於是，一六四九年波以耳便在斯塔布里奇宅第建立一間實驗室。他向歐陸訂製熔爐，還涉入煉金研究，想把鉛轉化為金。不過他的幾次實驗嘗試似乎都漫無目標，他有必要和同樣渴望藉實驗來探究自然界的人士往來，單憑獨自推敲是沒有用的。早先他前往倫敦住在姊姊凱塞琳家中的時候，就認識許多這樣的人物，當時他們已經開始討論探究自然的最佳方式。他們彼此互訪、在成員家中聚會，還自稱為「無形學院」（Invisible College），不過波以耳始終稱這群人為「無形派」（Invisibles）。（後來倫敦著名的「皇家學會」就是由此初試啼聲。直到克倫威爾死亡，君主政體復辟之後學會才正式成立。）波以耳與這群人士交遊、討論，獲益良多，也向他心思細密又聰明的姊姊學到許多東西。不過倫敦政局動盪愈甚，他們開始覺得不安，許多人到牛津大學任職，藏身那所遠稱不上無形的學院，藉校園高牆來保障平安。到了十七世紀五〇年代中期，波以耳決定加入他們的陣營。姊姊幫他向一位藥劑師租了幾個房間，於是他離開宏偉的莊園宅第，搬進房東家中。

這下子波以耳終於找到稱心的環境。儘管他是世家子弟，對社會地位卻始終不是特別感興趣。（他對聲望和錢財也不感興趣，這輩子曾多次婉拒榮譽推崇和高薪職位。他以典型賢明語調說道，他喜歡做「啟思」的事情、不喜歡「圖利」的工作，也就是說，與其靠工作聚財，他寧願從事啟思的工作。）於是，他身邊終於圍繞了一群和他有相同愛好的人物，其中有化學家、數學家、物理學家和醫師。這群人士包括理查・羅爾（Richard Lower）和湯姆・威利斯（Tom Willis），不久之後，這兩人合作進行了世界上第一次的輸血實驗；還有堪稱宏儒碩學的建築師暨科學藝術通才克里斯托弗・雷恩爵士（Sir Christopher Wren）。牛津似乎充滿好學之士，他們渴望做實驗、自行發現世事的運作方式。

前幾年期間，波以耳眼觀耳聞求知學習，他還沒有決定要投入哪個研究領域。同時，托里切利拿水銀做實驗的風聲，已經逐漸流傳遍及歐陸。當時法國大半地帶都非羅馬異端裁判官勢力所能企及，那裡有位叫作布萊士・帕斯卡（Blaise Pascal）的哲學家，曾以幾根長九公尺多的玻璃管公開演示造成轟動。他實驗時管中裝了水和酒，另外還採用托里切利偏愛的水銀，不過效果就沒有那麼搶眼。他還以不同液體受空氣上推所達高度，求出大氣的總重數值。他宣布，我們的空氣汪洋，總重約為3,757,513,512,532,770,000公斤，他的結果並沒有太過離譜[9]。

這次實驗的消息從法國跨越英吉利海峽傳往倫敦，「無形派」欣然採信，還實際動手重做多次。其實波以耳在前往牛津之前就經常去倫敦，也早就見過那項實驗，於是這次新聞迅速燃起他的興趣。後來他寫道，空氣是理想的研究課題。空氣不單是呼吸不可或缺的要素，而且我們的身體內外，日常活動，也是每天都要接觸空氣。這種既是十分必要又屬四處可見的事物，肯定充滿迄今猶未引人注意的科學寶藏。然而，托里切利的實驗已經是從內到外徹底為人解析，還經常仿效重做，恐怕沒有多少留待波以耳來鑽研推展。

馬德堡半球的啟發

一六五七年傳來幾則聳動新聞。德國馬德堡（Magdeburg）市長發明了一種唧抽空氣的作法，那人名叫奧托・馮・格里克（Otto von Guericke）。他的作法有點簡陋，不過他極擅長吸引大眾目光，運用他的新式氣泵演出精彩的效果。他取兩個銅質半球，直徑約為五十公分，仔細研磨讓兩半球邊緣完全吻合。他把兩個半球兜攏，構成一個密合圓球，然後用氣泵把球內的空氣大半抽光。最後，他調來兩隊馬匹，分別繫在兩側半球上，然後要馬隊拉扯。由於大氣施加千鈞力道將兩半球壓在一起，最後動用了三十二匹馬一起使勁出力，才扯開兩個半球。

波以耳對這項實驗著迷不已。他寫道：「由此可見，外界空氣具有強大力量，那種強度比我先前聽過的任何實驗結果，都更顯而易見。」不過這項爭議依舊未平息。先前採信空氣壓力之說的人士，詮釋說法和波以耳相同，然而這種現象還是可以解釋為，馬德堡半球不是受外部空氣重壓才緊緊密合，而是球體內部的真空吸力所致。

但是就這個故事來講，更重要的是馮．格里克發明了一種嶄新作法來研究空氣。在此之前，要產生真空只有一種笨拙作法，那就是把托里切利管裝滿水銀，在頂端生成真空。這時卻出現一種新式作法，而且肯定可以拿來作為實驗用途，這正是波以耳尋尋覓覓的法門。

馮．格里克空氣泵設計，還不夠適合用來進行波以耳心目中的實驗，因為裡面沒有多餘空間來裝設其他儀器，而且不論用來泵什麼東西，全都必須在水面下操作。但這至少是個可以拿來改良的起步，波以耳馬上僱請英格蘭最高明的實驗設計師，羅勃特．胡克（Robert Hooke）來幫忙設計。

胡克是個駝子，性情暴躁，憂鬱成疾，反應機敏但尖辣刻薄，行為舉止令人生畏。不過他是個天才。隨後不到幾年，倫敦失火、市區大半毀於祝融之時，他投入重建工作，在工程、建築上大展長才，成就只亞於克里斯托弗．雷恩爵士。儘管他才剛在牛津完成學業，卻已經以創意技能享有盛名。胡克著手設計出符合波以耳一切需求的空氣泵。於是他不必仿效托里切利的作法，手忙腳亂處理水銀和薄壁玻璃管，也不必像馮・格里克那樣在水中操作氣泵。有了胡克設計的機器，波以耳很快就可以隨心所欲移動空氣。

胡克一邊埋頭工作，外界局勢也愈來愈令人憂心。克倫威爾為英格蘭帶來的穩定局面開始瓦解。連大自然也似乎和他作對。一六五七到五八年的那個冬季凜冽難熬，打破一切紀錄，刺骨低溫延續到六月。民眾持齋多日，期望能躲過肆虐英國的惡魔。克倫威爾在八月二十一日病倒，舉國屏息待變。十天之後，一場暴風雨吹襲英格蘭、風雨狂猛異常，擁護克倫威爾的民眾宣稱那是神明示警，若有人再詆毀克倫威爾就要受到天譴，而他的政敵則表示，那是惡魔乘風而來，要拘提那個叛逆弒君首謀的靈魂。不論狂風暴雨的真正起因為何，克倫威爾都只有幾天好活了，在他死後，緊接著掀起了另一場動亂。

保王黨開始鼓吹國王復辟，同時圓顱黨人則擁戴克倫威爾的阿斗兒子，高舉旗幟集結力量。至於波以耳和胡克，他們在這段期間仍然完全置身事外，安然棲身牛津，按部就班打造他們的氣泵。

但這段日子對波以耳來說可不容易[10]，波以耳罹患瘧熱、雙眼不適，處境十分艱難。幾年之前，他在愛爾蘭因墜馬染病，久年不癒且身體日虛。過沒多久他的視力開始出現問題，有時他簡直連儀器都看不清楚。不過他依舊迫切希望做出結果，他稱之為「我誓言要藉由我們的動力機取得的首要成果」。因為波以耳已經認定托里切利和馮・格里克的作法正確，而且托里切利的水銀實驗，正是得力於空氣的重量才能實現。同時他也相信，等到新氣泵完成之後，他就可以說服世人認同他的見解。

波以耳的構想是在真空裡面，全盤重做托里切利的實驗。已經有人數度嘗試這種作法，然而由於沒有氣泵，過程非常凌亂，進行時要先產生真空，然後把裝了水銀的玻璃管擺進裡面，疊在另一支管子上。胡克採用馮・格里克的發明，可以大幅簡化實驗作法。

最後氣泵終於完成。胡克設計的儀器包括一個大型玻璃球，頸部帶一廣口瓶嘴，容積將近二八・五升。這可作為氣泵的「容器」，也就是實驗的執行場所。玻璃球底下連接一根中空黃銅圓筒，長度略超過三十公分，裡面有個活塞，活塞外圍包覆鞣革並搥打密合。此外還裝了一套巧妙的閥門，玻璃球和圓筒都可以開啟以導入空氣，也可以密封與外界隔絕。只要向下拉動活塞，便可以把空氣抽出球外。於是只要適度調節閥門，重複相同程序幾次，就可以輕鬆產生真空狀態。

第一步是重做托里切利的實驗。波以耳和胡克採用一根細長的玻璃圓管，長度約九十公分，封合其中一端，然後在裡面裝填水銀。接著，他們按照前例把管子上下顛倒，置入裝了半滿水銀的盒子。結果一如預期，管內水銀開始下墜，最後停在七十五公分高度。

下一個部分比較細膩。包括盒、管等所有裝備全都以細線吊掛，懸垂在玻璃球中央。（玻璃管頂端依舊從容器的長頸突出，不過波以耳拿一個塞子緊緊封合。）結果就玻璃管中的水銀而言，情況完全沒有兩樣。水銀柱頂依然超出底下盒中的水銀液面七十五公分[11]。

這時開始抽出玻璃容器內部的空氣。倘若伽利略是對的，這就不會造成任何改變。根據他的說法，把水銀撐在高處的唯一力量，就是玻璃管頂密閉空間的真空吸力；不論球外有沒有空氣，都應該沒有影響。然而，倘若托里切利和波以耳對了，那麼抽走球中的空氣就會挪除撐持水銀的力量，於是水銀應該按理向下墜落。

操作氣泵的助理抓住把手，開始用力轉柄向下唧動。相當於一個氣筒量的空氣，從大玻璃球抽出來了。同時，水銀肯定無誤向下滑墜。轉動閥門、歸位活塞，再試一次。又有相當於一個氣筒量的空氣從球體消失，這時，由氣泵頂端向上突伸的玻璃管內水銀，也再次向下滑墜一段距離。很快，水銀就滑墜到圓球長頸以下，看不見了。原先波以耳貼了一張用來標示高度的記錄紙，這時他再也無法在紙上標示高度。由於視力很差，看不清楚，他必須透過玻璃球壁仔細端詳，才能辨識水銀的閃亮液面，看著它在管中隨著曲柄每次轉動，朝著下方的盒子逐步晃盪滑墜[12]。

這無疑就是波以耳尋尋覓覓的證明，不過為小心起見，他決定嘗試逆轉程序。他轉動閥門讓空氣回流湧入玻璃球。管中水銀馬上迅速攀回高處。波以耳讓空氣湧入球體，向水銀面朝下施壓，流入的氣量愈多，水銀管柱就攀升愈高。若是他排除球內空氣並減輕壓力，排除的空氣愈多，水銀就滑墜愈甚。水銀得以待在高處，肯定是肇因於空氣壓力。這是再清楚不過了。

然而，爭議卻還沒有平息。這時波以耳被誘入陷阱，竟和他避之唯恐不及的耶穌會會士槓上了。那個人叫作利努斯（Linus），他固執己見，堅信真空不可能存在。利努斯宣稱，水銀之所以能夠懸空吊掛，要歸功於他所謂的「縛拉索帶」（funiculus）。那是他發明的古怪觀念，認為有條奇異的隱形細索懸在水銀上方全無一物的空間，就像吊掛傀儡那般把水銀掛在半空中。

世上第一位科學家

波以耳秉性溫和，面對這種荒謬觀點依舊禮貌回應。不過，就連他也忍不住表示，那種觀念：「有點信口開河，有點晦澀難懂，還有點捕風捉影，同時也」——這就是最後一擊——「無此必要。」

最後的確鑿證據早就找到了，足以證明空氣確實有壓力，而且朝四面八方施力，這是得自波以耳的另一項氣泵實驗成果，第三十一號實驗。波以耳執行這項實驗的時候，完全省掉整個玻璃球。他只需要氣泵本身就夠了。

實驗觀念簡單得令人驚嘆。首先，開啟圓筒（汽缸）頂部的閥門，把活塞由底部直推到頂，填滿圓筒不留絲毫間隙，接著關閉筒頂閥門不讓其他空氣湧入。最後，在活塞底部吊掛重物，設法向下拉動活塞。五公斤、十公斤、十五公斤……三十公斤。活塞依舊固定不動。直到掛上四十五公斤重物向下施力，活塞終於開始下墜。

波以耳以這項實驗證明自己的觀點，這時在圓筒內部，活塞上方完全沒有東西，裡面沒有真空，也沒有「縛拉索帶」拉住活塞。儘管有這麼沉重的重物向下施力拉扯，活塞卻依舊保持定位，這個撐持力量肯定是來自外界。那只可能源自環繞我們身邊，表面上虛無飄渺、無關緊要，卻永遠向下擠迫我們、無日或缺的東西，那就是無所不包的空氣汪洋。

波以耳在一六六〇年發表他的結果。當時牛津的知識份子多已四散各處。其中許多人都曾支持克倫威爾，如今保王勢力重新崛起，他們深恐禍在燃眉。波以耳本人一向穩健保持中立，不過就連他也離開牛津一陣子，遷往一個朋友的鄉間住宅，等待初發的政治亂象局勢明朗。他在這段期間籌備他的專書，後來書名便定為《關於空氣彈性的新物理——力學實驗》（*New Experiments Physico-Mechanical Touching the Spring of Air*）。

儘管波以耳擅長多種語文，拉丁文也同樣流利，他卻選擇以淺顯易懂的英文著述，這在當年哲學界實屬罕見。更奇特的是，他不遵循科學著述「常規」（以虛構人物對話來論述哲理），卻開門見山直接描述他的儀器，還有每項實驗的作法、他獲得的結果。他希望民眾清楚明白他的研究作法，甚而能依循重做他的實驗。就此而論，他是世界上第一位真正的科學家⓭。

那本書馬上廣受歡迎，書中不只證明空氣壓力還提出更為精闢的見解，難怪要掀起熱潮。僅只驗證托里切利已經成就的發現，絕對不會令波以耳心滿意足。既然手頭掌握了新式氣泵，他總要精益求精才行。

波以耳成就幾項新發現，其中一項是空氣和水不同，空氣似乎有彈力。當他嘗試排出玻璃球內的空氣，幾乎馬上就注意到這點。第一次拉下活塞，在黃銅圓筒內產生真空，接著（直到這時）才打開通往玻璃球的閥門，空氣立刻由球體呼嘯湧入圓筒。屋裡所有人都聽得到那陣聲音。若是關閉閥門、清空圓筒，再重複相同程序，這時依然會發出呼嘯聲響，不過這次湧出玻璃球的空氣較少，因此比較不引人注意。接著再嘗試一次，這次湧出的空氣又更少了。

波以耳推論，空氣肯定包含某種會彼此擠壓的微粒。當圓球裝滿空氣，那裡就像是過於擁擠的房間；一旦閥門開啟，微粒便向外溢出。然而每當你拉動氣泵，殘存微粒都隨之四散八方——結果就遠比先前更不容易離開。

波以耳的見解，和我們如今的想法並不十分相同，他設想空氣就像是充滿彈性的團團羊毛。如今我們知道，方糖般大小的一團空氣，約含有兩千五百萬兆顆分子，全都以超音高速四處飛竄。所有分子不斷互撞，每顆每秒五十億次，也就是這種接續不斷的鋼珠衝撞現象，讓空氣帶了彈性。因此輪胎內部的幾十億顆彈跳分子才能夠撐起卡車，也因此空氣的重量並不只是向下施壓，還朝四面八方產生作用[14]。

波以耳希望驗證這種彈性空氣是否影響聲音知覺，若有影響，那麼扮演的角色為何。當時還沒有人真正了解聲音是以哪種方式傳播，不過已經隱約明白，聲音知覺和大氣有若干關係。

波以耳的空氣探險

他決定試做一項細膩實驗。他用絲線綁住一支滴答作響的鐘錶，小心掛在大型玻璃球內。那支錶是當年最新款式之一，除了較常見的時針和分針之外，還擁有一根秒針。這樣一來，實驗者就可以確認鐘錶掛在球體內部之時，是否仍舊保持運作。

剛開始，滴答聲響清晰可聞，就算離開球體三十公分也沒問題。然而，當氣泵開始抽出空氣，情況就不同了：滴答聲響愈來愈模糊。最後，當氣泵把能抽的空氣都盡量抽走了，波以耳和他那群幫手，便紛紛把耳朵貼上圓球外壁。他們見得到新式秒針繼續繞著錶面運行，然而，儘管室內所有人都豎起耳朵，想聽出最輕微的滴答聲響，卻沒有人聽得到任何聲音。空氣離開圓球，也隨之把傳播聲音的能力帶走。如今我們知道，聲音是振動引發的。聲音可以藉一切能晃動的東西來傳播，只要你的耳朵接觸到任何振動的事物，就不必靠空氣來中介傳播。不過我們在乎的聲音，多半發生在一段距離之外，於是大氣便十分重要。地表上一切會發出聲音的事物，全都會讓周圍的空氣抖動，而我們整個濃密大氣，作用就像一張會產生振動的巨鼓。這張鼓並不是由鼓皮銜接起來，而是由空氣分子世界不斷互撞來串連相接。只需花些許力氣，你就可以發出聲音、傳遍整個房間，因為你的喉頭震顫時，也會把振動傳遞給幾十億顆橫衝直撞的空氣分子，接著這群分子便衝撞相鄰的分子。若沒有空氣，就算一尊大砲貼近你耳旁發射，你也聽不到、感覺不到任何東西。（就連爆炸威力也得藉由空氣傳播。炸彈引爆會推動無數空氣分子朝你這邊飛來，把你打倒在地上。）倘若沒有空氣，地球就會像墳墓般死寂。

　　接著，波以耳還想知道，空氣對飛行究竟有什麼影響。人類顯然只能在地表活動，然而鳥類和昆蟲卻能輕輕鬆鬆在空中飛翔。牠們是不是就像海中的魚類，也是藉了某種力量，才能在我們上空飄浮？（果真如此，那麼為什麼我們不能也像牠們那樣在空中遨翔？）

　　波以耳動手探究為什麼必須有空氣才能飛行，他從一隻嗡嗡作響的蜜蜂下手。（他原本想用蝴蝶，蝴蝶似乎更仰賴空氣，牠們完全靠飄盪氣流來飛行，可惜季節不對、天氣還太冷，讓他有點失望。）他把蜜蜂擺進圓球空腔，靠近球頂吊了一束花朵，用一條絲線掛著。接著他戳刺逗弄那隻可憐的生物，讓牠停上花朵並保持在那個位置。接下來，他開始緩緩抽出空氣。剛開始那隻蜜蜂並沒有警覺，接著實驗猛然終止。那隻蜜蜂無助跌落球壁，絲毫沒有設法使用翅膀。等到他設法讓空氣回流進入球腔，蜜蜂已經死了。

這恐怕不是最後定論。究竟那隻蜜蜂飛不起來，是由於牠沒有空氣，或者是因為牠悶死了？波以耳再試一次，這次採用的是一隻百靈鳥，那隻鳥的翅膀被獵人射斷，但波以耳寫道，除此之外牠「非常活潑」。然而一旦百靈進入球腔，空氣逐漸流失，不久牠也開始萎靡。很快牠開始抽搐扭動，猛烈翻滾不可自抑。波以耳的助理倉促轉動氣閥讓新鮮空氣流入，結果這次也太遲了。波以耳寫道：「這整起悲劇，在十分鐘之內就結束了。」

波以耳明白，用氣泵探究飛行是得不出任何結果了。他的試驗對象都半死不活，根本沒有機會揮動翅膀。於是他轉移注意焦點，改探究呼吸課題。空氣對生命為什麼這麼重要？他感到好奇，倘若讓一隻動物熟悉密閉空間，牠的表現會不會比較好？但是把一隻小鼠「擺進這種陷阱，儘管不會傷害牠，卻把牠嚇壞了」，結果小鼠也步上鳥兒後塵。

波以耳做實驗時一向歡迎外人旁觀，這時他卻覺得旁邊有人礙手礙腳。他用另一隻鳥進行一次試驗時，由於「某淑女」搭救受試動物，結果只好終止實驗。那位女子見鳥兒抽搐便嚇壞了，堅決要求波以耳立刻重新導入空氣。從此以後，他都在夜間進行比較有爭議的實驗。

他開始感到好奇，他的動物為什麼面臨死亡，是否由於牠們呼出某些東西，塞滿球體所致。於是他安排讓一隻小鼠留在密閉容器裡面過夜，裡面用紙張當床供牠睡臥，還有一些乳酪以防牠飢餓。然後他把容器擺在火旁確保小鼠不會受凍。隔天早上，那隻小鼠不只還活著，而且幾乎把乳酪全部吃光。

這整件事情都非常難解。那個時代有眾多理論解釋為什麼必須呼吸，卻沒有一項真正引人注目，這大概不會令人訝異，因為沒有一項是對的。波以耳本人比較認同一種概念，他認為我們呼吸是為了冷卻肺部，否則肺臟有可能過熱。畢竟魚類等冷血動物並沒有肺臟，但就另一方面而言，波以耳也正確猜到，魚類有可能採某種方式運用溶於水中的空氣。

不只是動物需要空氣。波以耳還發現若把火燄擺進圓球，一旦他抽出空氣，馬上就會搖曳熄滅。他在幾次實驗中使用灼熱煤炭等材料，這時重新導入空氣就可以讓火燄復燃。不過若是把煤炭擺在裡面超過四、五分鐘，火花就會徹底熄滅。波以耳不由得想起，火燄和生命的相同之處。他論述表示：「空氣一經抽出，燈火也延續不了，幾乎就像動物生命那樣瞬間即逝。」空氣對這兩種歷程顯然都是不可或缺，波以耳對箇中原因卻毫無頭緒。

至少他說明，他已經發現空氣具有「彈性」，而這種性能讓空氣極難移除。每次他操作氣泵，殘存空氣就益發不願離開球體，波以耳認定這是上帝的恩賜，「這引我們感激反思，想到英明的造物主讓空氣帶有彈性，造就出人類所發現的現象——若要排除動物的生命必需品是非常不容易的事。」

不過，他仍舊努力探究原因。結果他差一點，只差臨門一腳就找出答案。他的著述滿是合理推測，和目標接近得令人惋惜：「我們發現，沒有空氣就很難讓火燄和生命存續，不過短暫時間倒是還好，於是我有時往往要猜測，外界大氣裡面，有可能遍布某種奇特物質，有可能得自太陽、星體或其他奇特源頭。」還有一次，他說明：「我經常猜測，空氣中或許具有某種更隱匿的性質或力量，得自它所含的相關成分。」

最後這個論點高瞻遠矚特別精闢。當時還沒有人知道空氣是不同氣體的混合產物，就連氣體各具類別的見解也還沒有發明。那時認為空氣是種「元素」，一種瀰漫各處的物質，其本身是不能分割的。這是一道高聳障礙，必須先克服這項偏見，空氣最獨特的祕密才會開始展現。

波以耳的氣泵有一項問題，倘若空氣的威力得自所含個別成分，氣泵運作時會把所有東西一併抽走，那麼波以耳就永遠無法區辨不同成分的作用。他憑藉理性思維並結合鮮明想像力已經推展到這個地步，然而下一步終究非他所能企及。最後，他轉向研究其他題材。隨著視力愈益惡化，他也投入鑽研當時幾乎一無所知的視力作用和眼疾課題。他始終抱持希望，不放過治療機會，但他的療法也愈來愈奇怪，好比研磨糞便成粉並吹進眼中，或用蜂蜜浸泡雙眼。昔日他每天能閱讀十個小時，這時他卻幾乎看不清白紙黑字了。

隨著眼疾趨於嚴重，波以耳的健康也不斷惡化，他在一六九一年死亡，得年六十五。波以耳在遺囑中吩咐，把他的科學藏品遺贈給皇家學會，「祈願他們和鑽研自然真理的其他研究人員，能夠心懷誠敬拿他們的成就來榮耀偉大的自然創世者，並藉此造福人類。」

就像伽利略和托里切利兩位前輩，波以耳也終生未婚，不過他始終戴著一只神祕的戒指，上鑲兩顆小鑽和一顆祖母綠。他把這只戒指遺贈摯愛的姊姊──凱塞琳──表示姊姊會明白他的用意。然而，她卻在短短一週之前先過世了，祕密也隨她湮滅。

不過，空氣的祕密並沒有消失。十七世紀這三位偉大科學家，伽利略、托里切利和波以耳，其中兩人失明，一人畏懼異端裁判所，他們徹底改變了我們對周遭世界的看法。他們發現我們住在一片空氣汪洋的底部，現在，後人就要發現，這片海洋是如何把一團岩塊，轉變為活生生，充滿生機的行星。

首先是讓波以耳遍尋不著，令他深感挫敗的答案。空氣之靈以某種方式，為動物和火燄帶來生機。不過是怎麼辦到的？

注釋

❶由此竄起的知識份子宣稱他們的方法出自一項希臘傳統，這肯定要讓第一位實驗主義學者亞里斯多德感到詫異。

❷見伽利略的《關於兩門新科學的對話》。順道一提，這「兩門新科學」其一指的是固體耐受破壞的抗力，另一門則是就各種運動型式所做論述。

❸事實與傳說不符，其實他沒有在比薩斜塔進行這項演示。

❹精確來說，他所得數值過高，為實際重量之兩倍，不過依然接近得令人驚訝。

❺這種概念最早出自西元前四世紀的亞里斯多德，並一直延續到當時。伽利略生平就這麼一次，因循守舊抱殘守缺，卻沒有自行思考，於是才犯下這項錯誤。

❻目前還不清楚究竟是誰執行那項名聞後世的實驗，不過托里切利或許是委託和他同在伽利略門下受業的摯友，賓珍卓．比比亞尼（Vincenzio Viviani）負責製作儀器，並實際動手完成實驗。

❼採用水銀的念頭是誰想出的，如今意見依舊紛歧；這或許是出自托里切利，也可能是比比亞尼或甚至伽利略本人。根據一份伽利略的《對話》抄本，有個段落描述運用抽吸泵抽水能夠達到的高度限制，隨後隱約指出，伽利略曾向比比亞尼口述幾則重點，記載在書頁邊緣，大意是，其他液體也應該產生相仿作用，不過抽吸高度要看所用液體的相對重量而有高下之別，而且還明確提及酒、油和流銀。

❽波以耳還有一篇文章，名為〈吃牡蠣偶思〉，情節純屬虛構，描述兩位朋友討論一種不公正的現象；世人往往把其他國家的習俗當成半開化舉止，卻未能體察外人是如何看待我們自己的習性。其中一人說：「我們怪罪印度等許多國家，竟然有像野獸那樣吃生肉的粗野習俗。然後還說那種劣習，遠比我們吃生魚更為粗鄙。而我們竟然在吃……整隻牡蠣，連腸子帶糞便通通吃下去。」他的同伴回答表示：「你這番話讓我的腦海浮現出你的朋友，波以耳先生的身影。」接著繼續描述，波以耳是怎樣希望以南太

平洋某座島嶼為背景，來創作一篇浪漫小說。那座島嶼採烏托邦理性律法來治理島民，小說描述，島上一位原住民前往歐洲，遍歷各處之後返家，他滿心疑惑，敘述我們自己古怪、荒誕的習俗。儘管斯威夫特始終不曾坦承自己由此受惠，不過這幅景象大有可能為他帶來靈感，後來才創作出《格列佛遊記》。

❾這約等於三千七百五十兆公噸，低於華生引述的五千六百兆公噸。一六四八年，帕斯卡也曾說服他的姻親兄弟，攜帶流銀液盆和玻璃管上高山，以此證明高處空氣重量較輕。帕斯卡的姻親兄弟完成壯舉並大有斬獲，不過，攜帶亂糟糟一堆液盆、玻管和流銀，手忙腳亂登高，恐怕並不輕鬆，而且他還得把全副裝備，搬上多姆山省海拔約一千五百公尺的圓頂山（Puy-de-Dome）頂峰。結果他反覆實驗，總共做了五次，「一次在座落於山上的小禮拜堂庇護下進行，一次在室外，一次在掩蔽處所，一次在風中，一次氣候不錯，還有一次在不時下雨起霧的天候當中。」

❿波以耳成年之後，大半歲月都飽受病痛折騰，不過他採典型務實態度來應付。為了保護自己免受寒氣侵害，他準備了多款斗篷，可以因應一切氣候變動以選擇穿戴。他外出之前會參酌一種新發明的儀器（稱為溫度計）讀數，來決定該穿哪件。

⓫其實這不盡然符合波以耳的預期。托里切利曾表示，水銀高度維持在液面以上六十六或六十九公分處，卻非七十五公分高處。倘若水銀是由大氣的重量下壓力量撐起，那麼為什麼會出現這種差異？畢竟，英國和義大利所受下壓力量，都是得自同一大氣層。是否儀器出了問題，或者，更糟糕的是，理論有誤？就這些方面有許多令人憂心的想法，不過，就在波以耳有機會循此略事考量之前，他便發現，問題主要是出在歐洲境內協調不足，和大氣層的行為關係不大。他寬心指出：「我們英國的英寸，長度略短於外國各地所用數值。」

⓬水銀永遠不會一直降到盒內液面水平，因為泵永遠沒辦法抽光所有空氣。不論胡克的設計多麼精良，一定會出現某些漏洞。但是液面下降幅度相當大，足夠讓波以耳感到滿意，最後還讓全世界都信服。

⓭他有種令人遺憾的傾向，就是論述往往過於長篇大論。你可以想像他向可憐祕書口述文稿的情景，他的視力太模糊了，沒辦法親自動筆書寫，然而他腦中卻有種種念頭奔騰飛竄，還下定決心不留錯誤、

不使存疑，還有一件事情，再加一件事情，另外我還必須再提一件事情。單獨一個句子，所含字數往往遠超過一百字。

⓮波以耳還發現了以他姓氏為名的著名定律，該定律稱，若是你把任意體積的空氣壓縮成較小體積，壓力便會提高。壓縮空氣使壓力提高，也改變了煮沸水所需溫度。聖母峰頂空氣稀薄，約攝氏七十一度就可以把水煮沸，因此在那裡不可能泡出一杯好茶。這就是壓力鍋背後的基本原理，壓力鍋是波以耳時代的人，德尼·帕潘（Denis Papin）在一六八二年發明的。新近才成立的倫敦皇家學會諸位紳士，便曾以一具壓力鍋來料理晚餐，後來他們寫道，結果「讓我們興高采烈，所有人都樂不可支」。

第二章

空氣的成分

一七七四年八月一日

維特郡伯伍德府邸（Bowood House），第二代謝爾本伯爵宅第

約瑟夫．普利斯特利（Joseph Priestley）手持鏡緣，小心拿起嶄新取火鏡，高高舉起對著陽光。玻璃大小如餐盤，寬約三十公分，看來就像一片不帶柄的巨型放大鏡。玻璃由一位工藝大師研磨成鏡片造型，耗費驚人，共花了他六基尼金幣。不過他深信這筆錢應該花得很值得。

他的其餘裝備已經備齊好一段日子，這就是唯一缺失的組件。現在，他終於能夠將陽光聚焦，匯為灼熱光束，照射擺在他前面桌上、已經組裝完成的古怪設備，並讓光束穿透玻璃、閥門和裝滿水銀的液槽元件。

普利斯特利竟然出現在謝爾本（Shelburne）伯爵的鄉居處所，他和四周的壯麗景象實在不怎麼搭襯。當時他四十一歲，中等身高，體格細瘦。他的頭髮稀疏，沒什麼特色，而且他也很少費心依循當時的社交時尚，戴上細心蜷曲、上粉的假髮。他身著教士的灰褐色衣物。由於童年曾經染病，導致他的相貌略顯消瘦，而且他還長了一雙灰眼珠，儘管外觀樸實，卻散發出一種難以抑制的氣息（這在他執行一項實驗之時還特別明顯），那是種極度興奮的激情。特別在這個下午，出現那種興奮激情更是合情合理。他就快要成就重大發現，這會讓他大大出名，而且比他過去的任何著作、他往

後的一切論述，都要帶來更響亮的名聲。

普利斯特利生性好問。他在信仰虔誠的家庭長大，不過家人並不墨守成規，而且就他來講，向公認規訓提出挑戰就像呼吸一樣自然。當他年紀大得足以肩起聖職，他已經問了許多問題，有的是針對十八世紀掌控英格蘭的教會、國家，也對貴族的頑固、偏狹階級體系提出質疑。事實上，他就是這樣一路質疑，從而放棄了英國聖公宗的許許多多基本信條，最後也遭禁不得進入大學（當時大學只收循規蹈矩奉守聖公宗信條的學生），而且第一次帶領集會時表現也不好，結果大體上就這樣被開除了。

普利斯特利並不愛挑起紛爭，不過他形容自己是「狂怒的自由思想家」。他的行為舉止和藹可親，講道風格就像會談，語調並不激昂。最重要的是，普利斯特利相信理性的力量。他一輩子都心懷喜樂，深信理性辯論才是致勝良方。

結果很少如他所願。問題在於，神職人員理當身為表率，奉守公認規訓，而非試圖改變規範。然而就普利斯特利的情況，他的態度屢屢讓他遭致遣散。由於他抱持可恥觀點（儘管語調溫婉），加上他有種討厭的習性，經常設法改變旁人心意，於是他在一處地方最多只能待上少數年頭。他偶爾擔任神職人員，有時擔任教師，有些時候則當雄辯師，同時還寫了許多小冊子。到他晚年，總計已經寫成一百五十本書籍和小冊子，加上一百多篇論文，於是有些當代人士發牢騷，埋怨他的著述速度比讀者閱讀速度稍嫌快了一點。

普利斯特利之所以寫出這麼多文字，部分是為了因應他的拙劣記憶力。有次他為了撰寫一本小冊子，必須採集猶太人逾越節傳統的詳細資料。他諮詢了好幾位作家，把資料濃縮寫成速記篇章。後來他一時心不在焉，搞丟了那份文稿。只不過經過兩個星期，他卻完全忘了先前做過的研究，只好全盤重新再做一次，甚至深入到重製速記筆記部分。第二份筆記完成之後，他意外發現了第一份並拿來閱讀，感覺到「些許恐慌」，表示自己的心智能力已經開始不聽使喚了。他進一步深入回憶，察覺之前也發生過相同的事情，從此以後就養成習慣，寫下不希望忘記的事項並悉心保管。

對於普利斯特利這樣的知識份子，記憶力衰減會帶來嚴重妨害，不過這或許也是他部分才氣的源頭，能幫他從嶄新視角來觀察世界。他的日子總是活在當下。他和其他頭腦冷靜的人物不同，旁人必須藏身安靜處所才能專心。普利斯特利則可以在任何地方工作。事實上，他最喜愛在壁爐旁邊寫作，家人環繞身旁，吵雜歡笑，他不時會停筆閒聊或輕鬆打趣幾句，然後再回頭繼續工作。

普利斯特利的麻煩多半是急躁輕率惹來的，他很少因循耽擱，而他的一切作為，則完全是受了洶湧好奇心的驅使。他之前已經深入鑽研文法結構、哲學史、法學理論和靜電，做出精闢成果，有時還引發不安。他表示：「我始終是全心專注於一項課題，直到相關研究能令自己滿意為止。」他也是一位不恥下問的熱情學者。他是啟蒙運動的真正後裔，他想像知識就像波浪，朝四面八方向外傳播，還認為這就很快就會傳遍世界，終結一切、篡權政府當局。有一次他還宣布，英國政權「面對區區氣泵都有理由顫抖。」他就是以這類宣言引來民眾擁戴。（其中一位還寫了一首詩，頌揚普利斯特利直言不諱的氣度：「真理的擁護者……精怪、辛辣、無畏／像他發出的陣陣閃電，不受任何束縛規約／放下戒慎，蔑視藝術／他坦露心胸，不求防護。」）然而，也正是這類聲明讓他總是與雇主相處不好，到頭來，也導致他一蹶不振。

普利斯特利絲毫不怕起手失誤或認識偏差，還詳述他的所有錯誤，造福往後要追隨他腳步的「實驗哲學冒險家」。他也不怕自己犯了錯被揪出來。有次他寫道：「凡是不愚蠢造作，不僭稱自己不具人性弱點者，當事實證明他只是個凡人，便不致心生羞愧。」

新近引他矚目的題材，正是自然哲學界最新的熱門課題。從波以耳死後到現在，將近過了一百年，研究氣體（當時稱為「空氣」）的學問已經開始嶄露頭角。除了環繞我們周遭，供我們呼吸的尋常「普通空氣」之外，似乎還存有好幾種「空氣」。當時已經發現一種會熄滅燭火的「固定空氣」（fixed air），這種空氣得自某些植物和礦物質，條件合宜時就會湧出，而且那時剛發現若干跡象顯示另有其他幾種空氣，包括一種接觸了裸露火燄便會爆炸的種類。

這則新聞令人振奮，因為幾個世紀以來，自然哲學界全都集中鑽研比較碰觸得到的物質態，那是液態和固態物質。氣體倏忽萬變，很難研究，因此在普利斯特利時代之前，沒有人注意到氣體不只一種。不過，那是許久以前的情況。這時有不少人用玻璃器皿製造出氣泡，並動手試探這些新的氣體，只是還沒有人明白，空氣本身便含有不只一種成分。每有蛛絲馬跡，顯示普通空氣或許包含不同種微量氣體，往往都被歸咎於雜質汙染所致。大家依然相信，最純淨的普通空氣是種單一元素，是完整而不可切割的。

早幾年之前，普利斯特利就已經對新的氣體感興趣，當時他住在一家釀造廠隔壁。釀造槽會冒出「固定空氣」（如今我們稱之為二氧化碳）籠罩槽上空間，集結成令人窒息的霧氣，當時他就注意到，若引導這種空氣滲入水中，便可以製成一種非常提神的飲料。換句話說，他發明了蘇打水。後來他說：「我第一次喝了這種水，感到十分舒泰，我相信，世上從來沒有人品嚐過這樣的水。」最初他只是把氣泡導入水中持續一整夜。後來他還用上一具風箱，設計出更高明的技術。他製造這種清新提神的新飲料，請朋友和賓客享用並引為樂事。他完全不知道（或許也毫不在意），他的發明最後會成為全球飲料業❶的生力軍，創造出十億元商機。

發現「氧氣」

更複雜的空氣實驗有個難題，那就是所需器材太過昂貴，以襤褸教士、學者的財力實在負擔不起，就算才華橫溢如普利斯特利也無能為力。然而，他新近獲得一位富人賞識，願意出資贊助。每當普利斯特利被辭退或努力遭人橫加阻撓，他往往會感到氣憤，不過怒氣很少延續超過一天光景。他樂觀設想總會出現不同情況，結果往往確實如此。最新的資助人是第二代謝爾本伯爵，威廉・佩帝（William Fitzmaurice Petty, second Earl of Shelburne）。佩帝很年輕，長相英俊，最重要的是，他富甲一方，而且對革命之士感同身受不能自拔。兩人都同情美洲殖民，認同他們奮力擺脫英國封建君主統治，追求相當程度的獨立自治。普利斯特利和班傑明・富蘭克林（Benjamin Franklin）是好朋友，同時他的著述還啟發傑里米・邊沁（Jeremy Bentham）寫出名句「最大多數人的最大幸福」（the greatest happiness for the greatest number），更別提還有其他句子在兩年之後納入美國《獨立宣言》，談到生命權、自由權，以及追求幸福之權。

謝爾本伯爵斷定，把普利斯特利帶入家中可以增添樂趣，於是延攬他掌理圖書室，年薪兩百五十英鎊。普利斯特利對謝爾本和他的富家奢靡朋友並不怎麼賞識。後來他寫道：「坦白講，我對那種生活模式絲毫不感興趣，」而且「最高美德和最大幸福，都見於中等階層生活，不只是這樣，連最真誠的禮貌也是如此……就另一方面，高級生活圈的民眾比較不能控制他們的感情，也比較容易激動；他們抱持階級意識，自視高人一等，他們很少放下這種心態。」謝爾本伯爵本身就喜怒無常，加上不時表現一股特權氣息，就連同儕都覺得他很難相處。不過，普利斯特利向來不曾感到畏懼，也從不羨慕謝爾本這等人物，反而可憐他們，因為那些人很少考慮到別人。他表示：「就這點來講，他們實在值得憐憫，這是他們的教育和生活模式造成的，恐怕也無從避免。」

實際上，普利斯特利完全善加利用他和謝爾本相處的時段。儘管薪水並不優渥，特別是當時普利斯特利還要養活一家四口，不過總算足敷應用。而且他不必費心盤點藏書，也不必處理家事俗務。只要他偶爾在謝爾本宴客時現身，展現最新構想、獲得來賓青睞，那麼他就可以隨心所欲進行想做的實驗。謝爾本甚至還額外撥款，每年四十英鎊供他購買設備，就是這樣，普利斯特利才終於有錢買到那片夢寐以求的嶄新取火鏡。

這是普利斯特利一套精緻系統的必要元件，他設計、製造這套系統來研究新的空氣。他知道，許多固態物質加熱時，都會散放出不同空氣。問題是該怎樣陷捕這些空氣，不使散失混入周遭的「普通空氣」。為了解決這項問題，普利斯特利發明了一套巧妙的系統，並納入一批玻璃容器。實驗時可把某種物質擺進一支玻璃長管底部，這次擺進的是一塊紅色的固態「水銀灰」（mercurius calcinatus，即氧化汞，這是種礦灰，以水銀在普通空氣中加熱可得）。接著他把水銀裝入管中，隨後將管子上下顛倒，置入水銀槽中。就像托里切利實驗，管中有部分水銀滑墜槽中，並在頂端留下一段空間，裡面完全沒有空氣。普利斯特利實驗的唯一不同是，這時管中緊繃的水銀弧形液面上頭，緩緩漂著一小塊紅色物品。

現在，普利斯特利只需要為那個團塊加熱，就可以採集所生成的空氣，並拿來研究。因此他才要買下那片新的取火鏡。他終於能夠聚焦太陽射線，瞄準玻璃容器為水銀灰加熱，看看會出現什麼情況。

水銀礦灰是他隨便選定的。普利斯特利的科學方法和他的好奇心，全都是百無禁忌雜亂無章。他向來不很肯定會出現什麼情況。有次實驗，他把材料塞進一根槍管，一起擺進火中加熱。結果他產生的氣體，以高速從束縛空間猛烈衝出，終於引爆整支槍管，炸碎了普利斯特利擺放妥當、用來採集輸出氣體的玻璃設備。所幸他在最後一刻警覺出了問題，即時跳開爆炸範圍。他好奇心大盛，又重做全套實驗（包括爆炸那段），不過他多安排了一個容器，仔細擺放以陷捕部分爆出的氣體。（最後發現，那就是如今我們所稱的氧化亞氮，也就是「笑氣」。）

如此看來，這次實驗風險確實稍微低一點。普利斯特利使用取火鏡小心對焦，讓光點照射水銀灰並靜待結果。某種氣泡漸漸冒出，緩緩流向他的採集容器。這種簡單程序可以生成大量氣體，讓普利斯特利很開心。不過，這是什麼氣體呢？

化驗新氣體時，首要步驟之一就是檢測它對燭火有什麼影響。普利斯特利做了這項測試，結果讓他驚詫不已。那不像固定空氣，並沒有讓燭火立刻熄滅，也不像普通空氣，因為燭火沒有先穩定燃燒、接著逐漸黯淡。實際上，普利斯特利的燭火冒出光燄，燃起烈火，比他這輩子所見燭光都更燦爛。還有呢，燭火持續燃燒，過了按理早該燒盡的時間，仍在燃燒。

普利斯特利沒有想到他意外找到的空氣成分，就是為我們帶來生命的氧元素❷。如今我們知道，任何東西在空氣中燃燒時（包括燭火在內），都會消耗周遭的氧氣。普利斯特利所稱的「普通空氣」不是單一元素，他和他那個時代的人都想錯了，其實空氣是由許多成分組成的，其中的主要成分是氧和氮。氮氣很遲鈍、不起化學反應，佔空氣體積幾達五分之四，主要只是用來填補空間，氧氣才是有用的活性成分燃料，約佔有其餘五分之一體積。有氧氣，蠟燭才能燃燒。一旦氧氣耗盡，空氣中只剩下不起化學反應的氮氣，於是燭火就會熄滅。因此普通空氣只能讓火燄燃燒一段時間，也因此，普利斯特利的新空氣（純氧）可以讓火燄燒得那麼旺、那麼久，遠超過普通空氣。

然而在當時，普利斯特利和那個時代的人多半抱持另一種看法。他們認為，蠟燭燃燒時會釋出一種奇怪的物質，稱為「燃素」。容器中的燃素愈多，蠟燭就愈沒辦法迫使這類物質混入周圍空氣；這就像是房間已經很擁擠，但還想再塞進更多人。點燃了蠟燭在普通空氣中燃燒，蠟燭會釋出愈來愈多燃素，最後終於塞滿容器，無法再塞進更多，於是燭火熄滅。

由於這項教條根植於普利斯特利腦中，他怎麼也想不通燭火怎麼會表現這種行為，只得百思不解地進入夢鄉，醒來依舊為此煩心，最後斷定他的新空氣完全不含絲毫燃素。倘若房間剛開始是空的，你就可以穩穩增添人數，並持續一段時間直到擠滿為止。照這樣看來，普利斯特利推論，若是新空氣不含燃素，燭火就可以不斷散放那種東西，不至於扼殺自己的火燄。於是普利斯特利為他的發現命名，而儘管他著述很多，選定的名稱卻不怎麼有格調，那個名字很繞口，叫作「去燃素的空氣」（dephlogisticated air）。

普利斯特利馬上開始對他的新空氣進行實驗。他拿新空氣與另一種新近發現的氣體混和，那種氣體叫作「可燃空氣」，如今我們稱之為氫氣。可燃空氣和普通空氣混合時，很容易點火燃燒，因此起了這個名字。點燃時，你甚至還聽得到一聲輕柔的轟響。然而，普利斯特利卻發現，若是把他的新空氣拿來和氫氣混合，並插入一根燭火，引發的爆炸會更精彩。這時就不是一陣輕柔轟響，聽來還比較像是震耳欲聾的手槍爆響。普利斯特利並不知道，他發現了威力最強大的混合氣體，也就是如今我們用來推動火箭的燃料。但他倒是知道，這可以當作很棒的派對花招。他把混合原料裝進幾支小玻璃瓶，小心安置妥當、擺進口袋隨身攜帶，好用來嚇唬朋友和熟人，事實上，只要有人願意稍歇聽他講話，他都願意演示。這時他會取出一支瓶子，拔開瓶塞，瓶口靠近火燄，然後注視觀眾的神情。他說，結果令人心滿意足：「凡是見過我做這項實驗的人，沒有一個不感到吃驚。」

純氧初體驗

他拿他的新空氣來測試對生物的可能影響，這裡舉小鼠為例。普利斯特利做實驗用上小鼠的時候，總是想方設法讓老鼠活命，部分原因是為了節約使用（因為不見得每次都容易逮到牠們），部分則是同樣是小小生命，將心比心所致。當他覺得老鼠在他這次所測試的空氣裡面恐怕沒辦法存活，他會先緊抓老鼠尾巴不放，然後才把老鼠推進水中或水銀中，接著再往前推進容器裡面。隨後當牠們開始顯現痛苦神色，他就盡快把牠們拉出來。有時他認為空氣很可能適於小鼠生活，這時他就為牠們搭建擱架，讓老鼠離開水面安憩休息。

根據先前實驗，普利斯特利知道，只要燒瓶裡面裝滿普通空氣，一隻老鼠就可以在裡面生存約十五分鐘，之後才有必要拯救牠出來。然而，當他把老鼠擺進新空氣中，那隻小動物卻能繼續呼吸達半個小時，然後他才需要輕輕取出老鼠。儘管那隻老鼠看來似乎是死了，不過普利斯特利知道，牠只不過是凍僵了，擺在火邊一陣子之後，牠就完全甦醒過來了。

普利斯特利為此深感振奮，於是（基於鹵莽天性）決定親身嘗試吸入那種新的空氣。他並不特別擔心後果，事實上，他還很喜歡那個想法，就是親身體驗迄今只有老鼠呼吸過的東西。結果比他期望的更好，他說：「吸了之後，我想像自己的胸膛特別輕盈、輕鬆，而且還延續了一段時間，」他還表示：「誰知道呢，說不定不久之後，這種純淨空氣還可能成為時髦的奢侈品。」

這又是一項領先時代的獨到見解，恐怕就連普利斯特利也想像不到，兩百多年之後，從東京、洛杉磯到倫敦，世界各地的時髦酒吧，都提供純氧來處理從宿醉到頭痛等種種症狀。

呼吸純氧肯定感覺很好，卻不見得有益健康。普利斯特利本人就注意到，「在這種純淨空氣中，蠟燭的火力、生機更旺，」因此裡面潛藏警訊。「由於蠟燭在（氧氣）裡面遠比在普通空氣裡面更快燒光，」他推論表示，「我們也可能，或許可以說是，太快活完，而且待在這種純淨空氣裡面，動物的力量耗竭得太快。」

他說得對，呼吸純氧太久是有危險。在洛杉磯酒吧吸個半小時並不會有任何壞處，不過倘若呼吸純氧太久，肺部充滿血液，幾天之後就會死亡。這是由於氧氣造福我們的必要性質，也正是最大的風險所在。我們必須呼吸的氧氣，本身就是個特殊的能量釋放者，我們需要氧氣的反應性能，使我們精力充沛活躍度日，然而就算我們呼吸普通空氣，即使吸入的是稀釋氧，對身體仍然帶有風險。

普利斯特利對他這種新空氣的用途還有其他幾種想法。好比他曾提議，在屋內規畫好擺放瓶子的地方，就可以「減弱多人共處狹窄室內的空氣毒性……（並使空氣）甜美又有益健康。」不過，他依舊固執己見，認為那種空氣和普通空氣完全是兩類事物。連素富遠見的普利斯特利都堅稱，「普通的」可呼吸的空氣，是最純淨不過的型式。因此他才感到十分困惑，為什麼他的新空氣，似乎比普通空氣更為純淨，也因此他煞費苦心發明了「去燃素現象」說詞，來解釋新空氣的種種特性。燃素教條妨礙我們揭露氧氣的完整真相，讓我們無法領會它對所有人的重要意義。就普利斯特利而言，氧氣始終只是種新奇的玩意兒，一種宴會花招，還帶有幾種潛在商機，可供頭腦清楚的創業家採擷開發。要想發現這種空氣對地球生命的重大影響，必須仰賴另一個徹底不同的人，那個人做實驗時心思冷靜、條理井然，和普利斯特利的雜亂無章相映成趣，而且那個人能夠毫不遲疑、樂於採用空前方式來構思理念。

天之驕子

安托萬．拉瓦節（Antoine Lavoisier）是個很有福氣的幸運兒，出身法國富裕中產階級家庭，又是獨子，正逢父親事業節節高升，因此從嬰兒期開始就受人溺愛。拉瓦節早年喪母，由一位膝下無子的姨媽撫養長大，而且姨媽始終深信，拉瓦節注定要成為偉人。

拉瓦節比普利斯特利年輕十歲，生於路易十五掌政期間。路易十五濫用特權、腐敗墮落，據說還曾公開說道：「我死後，管他洪水滔天[3]。」（After me, the deluge.）不過在拉瓦節童年期間和青年階段，肯定沒有什麼跡象可循、看不出不久就要爆發革命和屠殺事件，也看不出這對他的生活會產生何種影響。

事實上，他的家庭似乎是時通運泰。區區幾個世代，他的祖先便從郵務派遣人員一路攀升，逐漸取得相當程度的社會地位。拉瓦節的應對進退一向是有板有眼，加上身受良好教養，更是強化他這種傾向。在他成長階段，家庭極其注重衣著打扮，還特別講究儀節，嚴謹依循一套繁複的社會規範。

他十一歲進入一所專收權貴子弟的巴黎學校，就連那裡，也認為精確是種寶貴的概念。拉瓦節的數學和科學老師是位著名的天文學家，名叫阿貝・拉卡伊（Abbe La Caille），曾經前往好望角進行天文考察四年，在那裡觀測到一萬顆新的恆星，還為十四個星座命名。拉卡伊在回程途中算出這趟開銷，精準得讓許多巴黎人吃吃發笑。他宣布這整趟旅程花了九千一百四十四「里拉」和五「蘇」，這就好比讀大學四年累加總開銷，核算到幾分錢那麼精確。

不過，拉瓦節倒是從拉卡伊和其他老師身上學得不少知識。他們沒多久就察覺，眼前這名學生具有不凡才氣。講明白一點，拉瓦節的人文學科表現不怎麼穩當，他始終無法嫻熟運用各種語文；他對藝術的了解，只是欣賞技巧而不是由內而發。不過，他在數學和科學的表現卻十分出色，加上老師善加鼓舞，更激發他的天生抱負。他下定決心要成就真正卓絕的發現。他寫道：「我很年輕，我渴求榮耀。」他多方涉獵，淺嘗地質學、天文學，還有天氣奧祕，想找到能讓他功成名就的科學領域。

拉瓦節的家人對他溺愛有加，任憑他表現過度自信也不加抑制。他年輕時，有一次隨同一位姓蓋塔（Guettard）的地質學家外出旅行進行研究。數週之後，拉瓦節的父親提議，他打算在他們返家途中，駕車前往一處小鎮和他們會合。好極了，拉瓦節回答，還要求父親攜帶一缸金魚，因為他們師生倆最近都住在一位女士家中，他要拿金魚當禮物來答謝那位女士。就此，連溺愛他的父親都感到震驚，他抗議道，這樣一來，沿路都要把魚缸抱在懷中，馬車一路顛簸，水也會左右晃盪。但最後，他還是把金魚帶來了。

拉瓦節肯定是傲慢自大，不過他做人公道，至少和那個時代的腐敗頹風相比還算不錯。一七六七年，他二十四歲時，動用家族遺產購買惡名昭彰的「租稅承包局」的股份，期能藉此累加他的資產。當時法國靠一套非常不公正的課稅體系來維持國事運作。官府橫征暴斂，連食鹽等日常必需品都不放過，農民無力繳稅，無奈被放逐到船上當奴隸、做苦工抵償，而富人卻不必繳稅。當時，食鹽和菸草等間接稅捐都由一個影子機構經管。這個團體稱為「農民總會」（Farmers General），不過他們本身幾乎都不從事農務。事實上，只要向國王繳交規定款項，這個團體就可以隨心所欲，任意向倒霉的農人徵收高昂的間接稅捐。後來偉大的經濟學家亞當．斯密（Adam Smith）曾評述：「凡視民眾血汗為無物，奉王公收益為要務者，才可能讚許這種徵稅作法。」

拉瓦節插手租稅局賺了大錢，他卻憎惡其不公正作為，於是盡他所能矯正最不義的舉措。他達成幾項成就，其中一項是推動廢除「偶蹄稅」。這條稅則規定，凡猶太人想通過特定區域，都必須支付三十塊銀幣才准通行。他還致力依律辦事，只要是他經管的事務、在系統容許範圍內，都盡量誠實課稅。

儘管他不喜歡這套租稅體系，部分是基於道德因素，然而至少還有一項讓他困擾的起因，那就是課稅效能低落至極；某些人稅負沉重，幾乎活不下去，另有些人卻完全不需繳稅，任何效能低落現象都讓他感到痛苦。拉瓦節處理財務十分謹慎、精準，和做科學實驗沒有兩樣：他和租稅局多數同僚都不同，他記錄每筆業務，每「蘇」都不放過。

五分之一的普通空氣

拉瓦節的租稅局業務幾乎佔掉他所有的時間，消耗的創意能量卻極低微。他依然雄心勃勃，期望不只是賺錢，還能有更輝煌的成就。於是他開始全心鑽研，想找出值得他投入的科學題材。他每天早上從六點到九點，晚上從七點到十點都進行研究，此外，每週還騰出整整一天（快樂日）來從事他最喜愛的活動。

他有一陣子專門研究氣象學。幾年來每天都測量氣壓，隨後大半生的時期都奉行不輟，不過他在這個學域找不到令人傾心的火花。後來他投入大筆資金，實驗證明鑽石可燃，於是拉瓦節開始尋思，為什麼某些物質可燃，另一些卻不能燃燒。

他知道盛行當代的燃素說，卻不相信那套學理。就當代多數自然哲學家（包括普利斯特利）而言，燃素說是種非常合理的概念。只要觀察某種物質燃燒，你很容易就要相信，火燄會把那件物質裡面的某種材料釋放出來，同時那種材料（燃素）含量愈高的物質，就愈容易燃燒。

然而，拉瓦節卻依然感到困擾，因為許多物質，好比鐵，在空氣中加熱並不會變得更輕，反而變重了。截至當時為止，理論學家都瞎掰答案來解釋這道謎題，他們宣稱，燃素肯定具有某種反向重量，於是失去燃素會增加重量。拉瓦節認為這簡直就是胡扯。他推論，若有東西燃燒時增加重量，它肯定是吸收了某種東西，而不是釋出材料。問題是，吸收了什麼東西？

拉瓦節想找出答案，於是他開始蒐羅、研讀所有曾經研究這項課題的自然哲學家的相關論述，包括普利斯特利的著作。拉瓦節不講英語，不過他的年輕妻子通曉多種語言，也花了許多時間為丈夫翻譯。丈夫對她是恩同再造。她十四歲時遇上麻煩，一位五十多歲的權貴富人向她求婚，然而在她看來那人就像怪物。拉瓦節當年二十八歲，認識她的父親也喜歡上她，當機立斷和她私奔結婚，拯救她擺脫悽慘命運。

拉瓦節對普利斯特利的研究氣度深自感佩。他描述那項研究是「最苦心孤詣又最有趣的作品。」不過，他對普利斯特利的研究作風卻十分反感，包括雜亂無章、率性任意改變題材，幾乎不曾考量哪項課題和整體有關連。拉瓦節表示，普利斯特利的研究成果，「由一些略帶關連的實驗交織而成，幾無絲毫推理介入影響。」

拉瓦節就在這裡找到良機。他知道自己的頭腦很好，至少和失序、激昂的普利斯特利同等聰明。而且拉瓦節還有另一項特點，那就是金融家的冷靜頭腦和精準習性。結合這些要件，他就可以取得前無古人的成就，不僅可以發現東西燃燒時有何現象，還能找出原因。

婚後不久，拉瓦節便展開連串嚴謹實驗。首先，他驗證其他人都已經知道的事實。他細心秤量各種物質的重量，好比磷和鉛，接著在普通空氣中燃燒這類物質，最後秤量殘留灰燼的重量。結果不出他所料，每次測量都發現——灰燼比剛開始時採用的原料更重。

拉瓦節的下一項實驗還要更巧妙得多。他把天平放進一個玻璃罐，裡面裝滿空氣，在天平上擺放一些鉛，然後把罐子封起來。接著他細心秤量罐子、鉛、天平等所有事物的總重。其次，他從外界對鉛加熱，觀察天平逐漸傾斜，顯示鉛的重量增加了。最後（這就是他聰明之處），他不打開罐子，再次秤重。儘管他可以看穿玻璃壁，由罐內的傾斜天平得知，鉛的重量已經大幅增加，然而整個罐子的重量卻完全保持不變。不管是什麼東西讓鉛增加重量，肯定都是來自罐子內部。

這額外重量不太可能得自玻璃壁或天平。最顯眼的來源就是空氣。不過該如何證明？拉瓦節推想，若是罐子裡的空氣有部分納入鉛中，那麼消失的空氣肯定會留下空缺，構成等待填補的部分真空。於是他打開罐子封口，結果不待贅言，外界空氣急速湧入填補空缺。接著他又秤量容器重量，看新進入的空氣有多重。答案：正好就是納入鉛中，消失的空氣份量。

由於拉瓦節的測量作法精確，才得以開始發現各項答案。許多人都曾逐一燃燒各式材料，凌亂秤定重量，據此臆測其中現象。拉瓦節則以細密心思和精準習性，率先統合所有要件、構成完整的量化成果。鉛增加的重量、上頭空氣失去的份量，由於兩個數值完全相等，肯定有部分空氣納入鉛中。同時，既然殘存空氣不再能維持燃燒，遺失的空氣（約五分之一）肯定和餘下的部分不同。

這是破天荒的大消息。拉瓦節發現，普通空氣顯然是其他種種東西的混合體，並不是單一的、不可分割的元素。空氣當中，有種佔了約五分之一體積的成分，這就是那種威力強大、能夠維持物質燃燒，並在燃燒過程與之結合的神祕事物。

不過，拉瓦節依然不明白，這種物質究竟是什麼東西，這令他感到挫敗。他可以讓它從普通空氣中消失，卻不能讓它重現。鉛經過燃燒，一旦吸收了氧氣，接下來不管你怎樣加熱，它都不會再釋出氧氣。拉瓦節拿木炭點火燃燒鉛灰和其他礦灰，設法讓這類材料釋出固定空氣，然而他卻無法回收當初礦灰從普通空氣吸收的那種氣體。他必須先得到進入鉛中的空氣，才有辦法釋出它、拿來研究，並查出那是什麼，然而它依舊頑強不肯現身。

拉瓦節知道，他必須找出另一種原料，一種經過加熱，便能夠從空氣吸收那種神祕成分，而且隨後還會把它釋出的原料。鉛沒有這種性能，硫或錫或其他試過的原料也都不行。他陷入困境，至少在這瞬間，他是一籌莫展。

關鍵的水銀灰

一七七四年十月，拉瓦節聽說普利斯特利親身來到城裡。普利斯特利隨他的贊助人謝爾本伯爵周遊歐洲各國，這一站來到巴黎。普利斯特利對這座都市並不是特別感佩，儘管建築確實漂亮，但城中部分地區卻殘存中世紀的老舊氣味。臭氣沖天又沒有加蓋的下水道在各中心區橫流（再過幾百年，這幾處地區就會鋪設起條條優雅大道），至於倫敦則已經鋪設人行道，讓街道更為優美，這裡卻連一條都沒有。普利斯特利是位英國鄉紳，這等人物和陌生人往往不相往來，於是他斷定，他遇見的許多人，都是「太過自我本位，不容自己對他人表現出絲毫親善態度，然而這正是禮貌的要件」。

儘管普利斯特利對巴黎人和他們的習性有這些批評（這或許多是由於他的法語平庸所致，和真正的無禮舉止關係不大），他在巴黎倒是廣受歡迎，成為名人。由於水銀灰實驗才完成沒幾個月，消息還沒有傳開，但他先前針對新空氣的研究成果卻已傳遍歐洲，因此這時已經很有名了。此時此地，拉瓦節號稱法國一流自然哲學家，雙方不免要見個面。因此，當年秋天一晚，拉瓦節伉儷邀請普利斯特利到家裡晚餐，常居巴黎的博學之士也大半獲邀作陪。當然啦，那晚宴席，普利斯特利以生疏法語，偶爾還由拉瓦節夫人幫他翻譯補述，結結巴巴向拉瓦節講述他的實驗。

他講述自己製作水銀灰的方法，說明他把水銀擺在空氣中燃燒，直到銀色液體變成酥脆的紅色粉末，接著又解釋他如何把這種粉末封進裝水銀的管中，並以他的寶貝取火鏡加熱，最後從粉末噴出一種神祕的新空氣，這會讓蠟燭燒出燦爛奪目的強光。這簡直就像是水銀灰把火的精髓陷捕在裡面。

拉瓦節大受震懾。難道說這就是他在尋找的原料？普利斯特利走後，他拋開沒用的鉛和錫，開始研究水銀灰。

首先，拉瓦節取出一百一十多克非常純淨的水銀，擺進密閉的玻璃容器，裡面還裝有約八百二十毫升普通空氣。接著加熱直到接近沸點，並保持這個情況達十二天。最初沒有絲毫變化，之後水銀的銀色表面逐漸出現紅色斑點，而且每天都愈見增長。到了第十二天結束之時，反應似乎已經達到極限。拉瓦節失去一百五十毫升空氣，得到四十五顆水銀灰。容器中的殘存空氣不能維持燭火燃燒，而且也不像固定空氣，並不能讓石灰水變得渾濁。這是另一種型式的空氣，其存在價值顯然只是為了稀釋充滿生機的活性成分。

拉瓦節戰戰兢兢採集那四十五個紅色顆粒，擺進一支小玻璃瓶中。那支瓶子帶了長頸，彎曲環繞本身好幾圈，接著突伸進入一個裝滿水的鐘罩容器裡面。現在，他只需把水銀灰顆粒加熱。在他加熱時，水銀灰顆粒便釋出先前陷捕的空氣，冒著氣泡向上飄升。最後恰得一百五十毫升飄入上方鐘罩。拉瓦節進行最後一項證明，他把這種空氣重新混入第一次實驗殘留的東西，也就是不能維持燃燒，也不能讓石灰水變得渾濁的東西。一混合完成，這種空氣馬上與普通空氣沒有兩樣。燭火在裡面正常燃燒；動物愉快地呼吸，維持時段也一如預期。

拉瓦節發現了那種神奇成分，空氣的活性部分。他成功抽出那種成分，用水銀陷捕、釋出，拿來和沒有作用的部分再混合，重新生成普通空氣。他把一絲不苟的會計系統應用在科學研究，深入鑽研火燄核心。這時他已經知道，是哪種東西促成地球上的一切燃燒現象。

不過，該怎樣稱這種東西？普利斯特利稱這種新氣體為「去燃素的空氣」，拉瓦節對這個名稱十分不以為然。他的實驗證明燃燒與否，完全要看是否存有這種關鍵活性成分而定，和燃素則毫無關係。既然這種成分似乎可以被多種酸質陷捕，於是他改稱之為「oxy-gene」，意思是「酸載的」（acid-born）。

呼吸的本質

拉瓦節對他這種新氣體十分著迷，迫切展開研究。他特別希望深入探究燃燒和呼吸的關係，還有「酸載氣」在這兩種作用當中可能扮演的角色。就如普利斯特利，拉瓦節也注意到這兩種歷程的雷同之處。把燭火擺進裝了普通空氣的密閉罐中，最後火燄就會嗶剝熄滅。把一隻活老鼠擺進罐中，過了一會兒，老鼠就再也無法呼吸。按普利斯特利的觀點，燭火和老鼠都散出燃素。就拉瓦節的見解，兩者都把「酸載氣」耗光。這時，他還想知道，這兩種歷程相似到什麼程度。同一種物質，怎麼能維持火燄燃燒，也維持生命存續？

截至當時為止，還沒有人真正條理鑽研呼吸的本質。顯然，生物都必須呼吸、食物也能維持生物的生命，兩者卻同樣原因不明。食物進入人體，怎麼就像是燃料輸入機器裡面，這點毫無道理。亞里斯多德認為，呼吸的目的是為了冷卻血液，這項觀點流傳久遠，甚至到了拉瓦節時代還十分盛行。其他哲學家則認為，在狹窄空間呼吸會愈來愈困難，原因是呼吸會降低空氣彈性，從而無法充分適度反彈，讓肺部膨脹所致。至於這和進食有什麼關係，沒有人真正明白。

於是拉瓦節就這樣展開實驗。這次他一反常例，和一位年輕人合作進行實驗，那位數學奇才叫作皮埃西蒙．拉普拉斯（Pierre-Simon Laplace）。拉普拉斯成就許多發現，包括一項他後來才構思出的，支配太陽系行為的複雜方程組。然而他就這方面的努力卻半途而廢，或有人說，這是由於他的方程組效能高超，足以說明現有論據，除非完成更多觀察，否則已無資料可供解釋。拉普拉斯這時已頗具名聲，號稱舉世最有才氣的數學家。他和拉瓦節協力合作、設計出連串實驗，以探究呼吸的本質。

他們採用最近才由南美叢林帶回來，一種毛茸茸的小型齧齒動物進行實驗。拉瓦節寫道，這種「天竺鼠」是非常便利的實驗對象，因為牠們是「溫馴、健康的生物，很容易飼養，而且體型夠大，有充分吸氣、排氣量可供測定」。拉瓦節已經設計了一種巧妙設備，用來探究這群天竺鼠的酸載氣消耗量和牠們發散的熱量之關係。熱量是較難測定的項目。早先拉瓦節決定用融冰來測定熱量。他以三個同心圓環組成一個大型密閉圓形艙室。最內環裡面安放天竺鼠，接著秤量冰塊並塞進第二個環裡，然後在第三個環內填裝雪花，以免室溫熱量讓冰塊融化。拉瓦節和拉普拉斯開始監測，首先觀察天竺鼠休息時有何現象，接著看牠們漸漸開始活動的情況。

拉普拉斯按觀察所得、構思出繁複的方程組，彰顯了其中意義，結果和拉瓦節的預期完全相符。天竺鼠活動愈多，酸載氣消耗愈甚，釋出的熱量也愈多。拉瓦節得到明證。他寫道：「呼吸是種燃燒過程，雖然進行得非常緩慢，卻完全可以和煤炭燃燒現象相提並論。」煤炭為火提供燃料，相同道理，食物的某些衍生物肯定也提供原料，從而生成我們維生所需的能量。酸載氣供應灼熱火燄繼續燃燒，相同道理，它也肯定能釋放貯藏在我們體內某處的能量。

拉瓦節發現了某種十分重要的現象。火燄確實消耗氧氣，並由蠟燭或木料生成能量，而且他也說對了，當我們呼吸，正是消耗氧氣來燃燒體內的食物，而且作法大體相同。我們說「燃燒卡路里」的道理就在這裡。這看來好像有點危險，不過事實正是如此。普利斯特利曾猜想，由於我們呼吸氧氣，日子才能過得這麼活躍又生氣蓬勃，而這時拉瓦節也開始證明這點。只是我們也要為此付出沉重代價，因為我們會老化、死亡，正是氧氣造成的。

生命的開端

所有生物都必須呼吸。也就是說，生物必須因應所需，由貯藏體內的食物儲備來生成能量。就我們而言，我們的儲備包括糖、蛋白質和脂肪，安置在體內各處，就像一堆木料等著引火燃燒。每次呼吸都消耗氧氣，把部分食物儲備轉換為能量，供我們運動、保暖，並從事其他一切必要活動。

不過，生物呼吸並非靠氧氣這一種化學物質不可。地球最早的生命，細菌就是一例。原始菌群只能運用效率低劣的物質，理由很簡單：地球在四十五億年前形成之初，大氣完全不含氧，氧氣是在二十多億年之後才在大氣中出現，而且完全是由於一場十分猛烈，卻不引人注意的全球汙染所致。若非那場空氣散溢意外事件，地球上就不會出現體型超過針頭的生物。

地球誕生之時，周圍包覆了一層空氣汪洋。就像太陽和太陽系內的其他行星，地球也是從一團不定形的氣體雲霧、塵埃和岩塊碎屑，緩慢塌陷、凝聚而成。岩塊和塵埃把部分空氣陷捕在彼此間隙，就像磚頭之間夾了灰泥，其餘氣體大半裹繞行星外圍，由重力束縛在固定位置❹。

這片早期空氣汪洋和今天的大氣密度差不多，模樣也非常相似。然而，地球表面卻由於缺氧而展現迥異風貌。以岩石為例，沒有氧氣，岩石所含鐵質便不生鏽，不能產生如今我們所見的紅色和赭色秀美岩塊，那時的岩塊都呈晦暗的灰色。但是早年的地球卻也非無美感可言，天空不時降下含有硫元素的柔黃雨水，最早期的灘岸則閃耀著黃澄澄的黃鐵礦石。黃鐵礦又稱「愚人金」，如今只存於地下深處，安然遠離會促成氧化的空氣。迄今，沒有經驗的採礦人，在搜尋真正的金塊之時，依然會被那種鮮明色澤騙倒。

就我們這類動物而言，那種早期大氣令人窒息，動物在那裡完全無法生存。不過地球的最早住民，卻採取另一種方式釋放能量。它們不消耗氧氣，卻是「呼吸」普利斯特利和那個時代的人士口中的「可燃空氣」，也就是呼吸氫氣來維生。它們在呼吸過程中生成甲烷，也就是「天然瓦斯」。由於這種呼吸方式完全比不上耗氧的效率，那群生物的體型不可能增長。結果它們就一直維持最早的樣子，以非常渺小的體型延續生命。

情況就是這樣，而且若非在距今二十五億到三十五億年前某段期間，有種稱為藍綠藻（cyanobacteria）的微生物發明了嶄新化學反應，那種情況還會一直延續至今。這類生物十分纖小，一微滴水量就可含幾十億顆，數量和全球人口相當。況且它們還到處見得到。如今，你可以在排水管、水坑，或其他含水地點找到它們。任何地方只要含水一段時間，它們就會開始呈現那種獨有綠色，顯示它們正在施展神奇手法。就是這種微生物，學會如何運用太陽的能量來分解水並製造食物，所採程序就是我們所稱的光合作用。它們就是藉由這種作用、發散纖小氣泡，排出一種廢物：氧氣。

這就是我們能夠呼吸的起因。如今，藍綠藻和後來採納它們發明的綠色植物，共同構成一個龐大企業，扮演地球的肺臟角色。我們動物呼吸消耗氧氣，植物也以同等速率生成氧氣回歸大氣。這簡直就像是活生生的植物努力要使地球適於我們居住一樣——彷彿大氣最重要的成分，就是由生命製造以維繫生命。

事實上，從最早出現光合作用生成氧氣，隨後又過了好幾億年，這種副產品才出現在大氣中。剛開始，氧氣的生成速率，和氧氣與地表岩塊暨各大洋的反應速率相當。舉海洋為例，溶於海水的鐵質轉變為鐵鏽並沉落海床，堆成遼闊的鐵屑山脈，後來便轉變為世界上最大的鐵礦。每當你使用不鏽鋼叉，或駕駛汽車，或許都是受惠於這批遠古灑落的鐵鏽。

氧氣極容易起反應。當氧氣涉入化學作用，就會釋出大量能量，成為生物活動的燃料。所以，空氣中出現氧氣對演化進程產生了醒目的影響，當大氣所含氧氣太少，生物還不能運用的時候，只好維持顯微體型懶散度日。幾十億年期間，地球表面除了原始黏膩生物[5]之外，什麼都沒有。

不過時光漸逝，氧氣涓滴進入空中、愈積愈多，到了近六億年前，大氣含氧量終於達到一定程度，悄悄溜過門檻，引發了地球史上最精彩的演化變動。巨大的新型生物突然現身，有些身長超過一公尺，而且牠們不只是體型碩大，牠們是前所未見的生物，和先前那種遲鈍的黏膩生物有如天壤之別，令人幾乎不敢相信。牠們有眼睛、牙齒、腿肢和外殼。牠們不只擁有一顆細胞，甚至已經懂得以許多細胞來建構身體。牠們是世界上最早的動物。

這項演化步驟重要極了，再三強調也不算誇張，幾可比擬為家庭工業過渡到工業革命的歷程。在此之前，單細胞必須肩起生命一切所需，舉凡進食、排泄、呼吸、繁殖，全都發生在單一纖細囊中，改變之後，這群細胞就能分工合作。其中有些變成臂肢，有些形成毛髮、腦部或骨骼。生物不再受限於針頭般大小。此外，牠們還有肌肉來推動新式軀體，而這也表示牠們終於可以移動。想像日常生活無法移動，再想想突然能動了，這其中有多大差別。新的地球生物可以四處尋覓嶄新食物來源，包括其他的生物。有些能追，還有些能逃。牠們發展出護身甲冑和攻擊武器。牠們學會新的技能，展現新的造型和色澤，最後更發展出千變萬化的樣式，構成如今我們在地球上見到的生命型式，包括人類在內。

沒有人真正明白，最後那次氧含量提昇，觸發了哪種機制，從而演化出動物❻。有一點倒是很肯定，沒有這種機制，就沒有複雜的生命。體型碩大的多細胞生物需要大量能量，同時必須有氧氣才能生成那麼強大的動力。其他呼吸方式全都太過拙劣。我們需要氧氣，因為我們需要那種活潑的反應能力。沒有氧氣，人類永遠不會出現。

而這種反應能力本身卻帶了風險。普利斯特利見到燭火在這種新氣體裡面、燃燒得那麼熾烈，當時他猜想，呼吸氧氣也許就像玩火，我們（我們所有人）每分每秒都如引火焚身。

呼吸的必然代價

每當氧氣涉入化學反應都會釋出纖小的粒子，這種帶負電的粒子稱為電子。所有原子和分子都包含這種粒子，而且就像人類，當它們匹配成對的時候最穩定。有些化學實體只包含落單而不受羈絆的單一電子，這種物質稱為自由基，這是地球上反應最活潑，也最具有毀滅性的力量之一。自由基會穿過任何擋道的東西，把穩定的配對拆散，從而生成更多自由基，接著新生自由基也起身前行並沿途破壞。舉例來說，當你暴露在放射線下就會發生這種情況。輻射傷害的元凶並不是輻射本身，而是藉此生成的自由基。

問題是，當我們呼吸氧氣，總有若干電子要擺脫羈絆。就算你什麼都不做，光是呼吸，你消耗的氧氣仍有約百分之二會逃逸成為自由基。當你進行激烈運動，比例可能達到百分之十。根據一項計算結果，單就呼吸一年所造成的潛在損傷，相當於照射一萬次胸腔X射線所引發的輻射破壞。

約二十二億年前，氧氣首次出現在地球上，當時的最早期微生物，肯定有許多種類都要被氧氣毒死。那群產生甲烷的生物，突然遭受自由基侵襲，自由基貫穿它們的身體、撕裂重要的化學物質，令它們完全無法應付。那群生物必須找到避難所才能存活。它們生存下來了，如今，它們棲居濕潤、舒適，又能躲過大氣刺探觸角的地方。因此水田才會散發甲烷，也因此林沼才會產生沼氣，還偶爾引燃傳奇的鬼魅般搖曳火燄，也因此動物（包括人類）的腸道會生成天然瓦斯。我們會放屁，就是當初遭受毒害的地球生物後裔造成的，它們現今便藏身腸道這處不含空氣的庇護所。

另有群生物（我們的遠祖類群）則發展出各式複雜對策，來應付氧氣最慘烈的荼毒。最顯眼的是，我們的身體夙夜不懈，隨時能夠派出一批稱為抗氧化劑的化學物質。我們體內的每顆細胞，分分秒秒都有大規模征戰，期能制止自由基成形、肅清已經成形的，或者當入侵力量勢不可擋，便發起細胞自殺行動。雖然如此，我們細胞內的動力來源卻終生都在玩火，經年累月下來，這種緩慢流失讓我們逐漸耗竭。老年常見疾病（癡呆、癌症和心臟病等），全是由於逃逸的自由基造成損傷，逐漸累積才引發的。吃水果和蔬菜可以幫助我們預防這類疾病，其中一項理由就是，這類食品飽含抗氧化劑，可以幫我們肅清自由基。

基於相同道理，抽菸會提早觸發這類疾病，若不抽菸，疾病不會那麼年輕就發作。尼古丁本身不是問題，不過它會令人上癮，從而激使你抽更多菸。真正的損傷是煙霧本身造成的，這裡面塞滿各種化學物質，和氧氣起反應之後，就會產生大量自由基，有時候每一口菸，就含有一萬兆顆左右。

那麼，使用更多人工抗氧化劑，會不會產生某種作用並抑制老化？看來不會。儘管吃水果和蔬菜的好處很明顯，卻沒有跡象明白顯示，服食「抗氧化補充劑」也能帶來相同益處。你在本地食品百貨賣場的健康食品部門購買這類產品來吃，並不能預防老化。事實上，吃太多盒裝抗氧化劑沒有幫助，反而可能有害。人體精心演化出嚴謹對策，來保護我們免受自由基的最惡劣作用影響，因此我們活很久之後才會老化。服食更多抗氧化劑，有可能干擾這種自然機制，這就像是不受管束的外籍兵團，打亂了訓練有素部隊的作戰行動。

氧氣會造成損傷，也是人類分有兩種性別的原因之一。我們體內的每顆細胞，都擁有一批細小的動力來源，稱為粒線體，氧燃燒現象全都發生在這種胞器裡面。粒線體是直接面對自由基一切損害的前線部隊，因此必須有絕對保障，務使傳給下一代時不受老化影響而受損。女性的卵子，在她出生時已經存在體內，而且基本上終其一生都不消耗絲毫能量。卵子的粒線體都以原始狀態封存，預備留給孩子使用，因此卵子只靜待受精，並不主動搜尋精子。

同時，當男性每次重新製造精子，新生的精了所含粒線體就會老化些許。精子還要消耗大量能量（燃燒氧）四處泳動，尋找靜止的卵子。找到之後（這就是聰明之處）精子會立刻拋棄粒線體，像火箭拋棄燃料燒完的分節，所有胚胎再由母親遺傳取得全新的粒線體，於是老化進程只會在胎兒開始形成之後才啟動。倘若人類只有一種性別，這種作用就無緣出現。因此男女浪漫戀情的煩憂（和喜悅），其實都是源自於氧氣的小小化學作用。

氧氣的教訓顯示，許多令人振奮的好事都有風險伴隨而來。我們生龍活虎、精力旺盛，這種生活的各方層面，全都要付出慘痛的代價。為了擁有靈活的頭腦、強健的身體和兩種性別，也為了運動本身所需的動力，我們必須接受不可逃避的老化和死亡。你吸入的每口氧氣，都為你帶來值得活卜去的萬般理由，然而到頭來，這卻要付出生命為代價。氧化學作用和人類的核心處境緊密相繫。

科學與革命

拉瓦節並不知道氧氣發揮超凡作用、塑造我們的世界和生活。但他倒是明白，他必須證明，生命最基本、最活潑的成分，便是來自空氣。當時他也已經發現，我們呼吸是為了燃燒身體的燃料，這項發現讓十八世紀的科學家大感意外。截至那個時代，進食和呼吸還被視為完全不相干的活動。於是公正無私的拉瓦節，由此導出一項令人不快的結論。他寫道：「只要我們認定呼吸完全是種消耗空氣的作用，那麼看來貧富便無兩樣；空氣可供所有人使用，而且是免費的。」

然而事情很明顯，工作較辛苦的人呼吸較快，這就表示，他們身體的食物也燃燒得更多。他質問：「為什麼有這樣不幸的事實，難道說窮人、以勞力工作的人，不得不竭盡身體所能、投注努力求得溫飽，還被迫消耗更多物質，遠超過較少需要修補損傷的富人？做個駭人對比，為什麼富人能有豐足享受，超出身體所需，而不是讓勞苦的人士來享用？」

這個問題提得正是時候。拉瓦節和拉普拉斯把發現寫成專論，投遞到皇家科學院（Royal Academy of Sciences），在一七八九年法國大革命那年發表。軟弱的路易十六，繼祖父路易十五之後登基為王，由於暴亂衝擊，政權已然瓦解。巴士底監獄此時已經陷落，巴黎人心思變充滿期許。拉瓦節滿心樂觀，深信他熱愛的法國終於遇上徹底革新的良機。他寫道，人們不應該因為大自然對於富人和窮人天生的不公平，而埋怨大自然。「且讓我們改從哲學和人性的進展以尋求倚仗，兩者聯合起來制定優良的制度，從而全面平均所得，提高勞動的代價，並保障其公平酬勞；這可以為所有社會階層，特別是貧困人士帶來更豐足的歡樂和幸福。」

在英格蘭那邊，普利斯特利繼續和拉瓦節通信，針對燃素存在與否的課題爭辯不休。不過，他對巴士底監獄陷落也同感興奮。眼見法國政局發展，加上幾年前美國獨立成功，於是普利斯特利認定世界正面臨「人類歷史上最驚人又最重要的時期。」他還表示，「我們可以預期，國家偏見和敵意終要消弭，世界和平必然實現，所有國家也都會和善共處。」

但願他們的政治直覺和科學直覺同等高明！他們除了具備許多共通特性，像是自信、有點不夠圓滑、勇敢無畏、對任何表象都不肯照單全收，還擁有強烈的好奇心，從而看出先前無人知曉的空氣性質，此外拉瓦節和普利斯特利還有一項共通特點：儘管兩人都歡欣鼓舞為法國大革命喝采，這場革命就要毀掉兩人的生機。

一七九一年七月十四日，英格蘭伯明罕

巴士底獄陷落之後兩年，法國大革命爆發兩週年紀念日當天，普利斯特利和幾位朋友正在籌備慶祝活動。普利斯特利已經不再受雇於謝爾本伯爵。由於他敢言直言，已經開始讓伯爵感到難堪，儘管伯爵賞識革命熱情，卻仍有所保留，而且他明白普利斯特利的直言誹謗，已經開始對他的政治抱負造成危害。於是普利斯特利又一次被迫搬遷，這次是前往伯明罕，住進他姻親兄弟提供的房子。

他不怎麼在意這次改變。謝爾本仍然繼續支付撫恤金，其他幾位贊助人也供應他一流科學設備，讓他繼續鑽研最愛的空氣課題。他擁有圖書室、著作，身邊還有家人和珍貴無比的同伴，其他同樣好奇又堅毅不撓的知識份子：蒸氣引擎發明人詹姆斯·瓦特（James Watt）、查爾斯·達爾文的祖父，曾宣稱自己的目標是要「奉科學旗幟來延攬想像力」的伊拉斯謨斯·達爾文（Erasmus Darwin），還有陶瓷發明家約書亞·威治伍德（Josiah Wedgwood），他創辦了一家著名的瓷器公司，至今仍在英格蘭營運。威治伍德的女兒嫁給伊拉斯謨斯的兒子，因此也是查爾斯·達爾文的外祖父。這幾位熱衷研究的朋友，每月見面一次交換心得，聚會日期選在月圓那天，這樣會後才能尋路回家。於是他們稱這個團體為「太陰學會」（Lunar Society），後來卻由於他們的觀點變得荒誕之極，旁人改稱他們為「瘋人學會」（Lunatics Society）。普利斯特利從這群志同道合的新朋友處得到嘉許、鼓舞，令他如沐春風，就某方面來講，這是他此生最快樂的日子。

同時他還比以往更能暢所欲言，傳講引人不快的異議觀點。他在當地教會覓得牧師新職，一邊從事空氣研究，其他時間則撰寫如何改良眾人心性的文章，日子過得稱心如意。尤其是，他對近年來在美國和法國爆發的革命事件感到意氣飛揚，他覺得這顯示情勢開始扭轉，理性和才德終將戰勝世襲精英主義。

然而，發生在外國的這兩起事件，卻讓英國的統治階層深自警惕，引發一股橫掃全英的愛國主義熱潮。在這種氣氛之下，普利斯特利卻不知節制，把英國的教會、君主政體和貴族等高層權勢體制形容為一種「真菌」，還說他們是寄生蟲，嚴重折損國家元氣。他的見解不受伯明罕的忠誠父老賞識，在他們看來，普利斯特利並不想進行理性辯論，反而比較像是叛國謀反。他對牆上「該死的普利斯特利」塗鴉已經見怪不怪，走在街上也已經習慣後面跟著一群兒童，對他轉述肯定是長輩教他們講的話。這些他都不十分在意，欣然接受，因為他明白這是誤解。

然而，當他的朋友為紀念法國大革命籌辦一場晚宴，這時謠言開始流傳，說是普利斯特利徵求英王頸上人頭，還威脅要炸毀聖公宗國教教會。民眾憤怒難當，當晚稍後就群聚鬧事。普利斯特利一反常態的審慎，甚至還不去參加晚宴。當晚他在家裡下十五子棋，這時幾名年輕人猛敲大門，跑得上氣不接下氣、結巴說出消息。一群暴民把舉辦晚宴那家旅館的窗子打破，還縱火焚燒普利斯特利講道那家教堂。現在暴民豁出去了，都朝他的房子湧來，要取他性命。

普利斯特利不覺得自己有什麼危險，畢竟，有誰會想傷害這樣全然無害的人呢？不過他認為留下來有可能讓自己陷入不快處境，於是他同意暫時前往鄰居家中。他從容上樓，把幾份論文和貴重事物擺在安全的地方，相信歹徒應該不會找到那些東西，然後穿著身上原來的衣物離去。他交代僕人門戶全要上鎖，若有人拋擲石塊就要遠離窗戶。

普利斯特利的兒子卻沒那麼鎮定。他四處奔忙、想盡辦法要保住房子，並熄滅所有爐火蠟燭。暴徒在午夜抵達。天氣清朗無風，普利斯特利在區區一公里半之外的鄰家，聽到陣陣叫囂和詛咒，還有工具破門碎窗的撞擊聲響。接著就傳來家具被砸毀的聲音，然後是玻璃碎裂聲。普利斯特利愈來愈恐慌，他明白，那群人不只是砸碎玻璃；他們開始破壞他的科學設備。他心愛的實驗室有良善設備，在歐洲首屈一指。現在他卻只能坐視它被毀而無計可施。

還有更糟糕的。他們開始找火。他們要把他的圖書室燒掉。普利斯特利聽到暴徒叫囂找火，他心痛如絞。起先還尋不著，後來有人高呼，懸賞整整兩基尼金幣徵求燭火。普利斯特利想起他的日記，過去四十年來，他幾乎每天都記日記，逐日記載他的心態、他的期望，還有他來年的目標和前景。他想起許多筆記本，裡面寫了他的閱讀心得，幾乎從他最早懂得構思見解便記載至今。他的圖書室還藏有他所寫的一切佈道詞、他打算在死後發表的傳略論述，還有他從摯友和外國飽學之士收到的所有信函。

他還想起他的藏書。他閱讀時總是手持鉛筆，畫記標示他想再次閱讀的段落，或者他覺得有用，可供往後深入鑽研的部分。他還在書末空白頁面編寫目錄，羅列這些段落。他的圖書室，他珍貴的實驗室，不只藏有書本還包含他的辛勤心血，以及閱讀評述心得。這一切只能任憑那群正在劫掠他住家的暴徒處置，最後命運就看他們找不找得到火。

接著，不知道從哪裡、用了什麼辦法，他們找到火了。起初只是一點橘色光芒，開始穩定燃燒染紅。火光熾烈，絲毫不亞於普利斯特利第一次把蠟燭插入「去燃素空氣」，令他心醉神迷的那陣亮麗燭火。當初讓他成名的氧氣，這時卻為火光提供大量能源，燒毀他說明氧氣祕密的全部記載。熾熱瓦礫四處灑落，他的曲頸瓶、燒杯和實驗容器燒得只剩殘破碎瓷，全被灰燼蓋住，連他率先用來發現氧氣，並向世人發表所得的巨型取火鏡也付之一炬。所有東西都燒得精光。

在這漫長的一夜，普利斯特利不斷構思下一篇佈道詞，打算在聚會所廢墟上傳講經文：「父阿，赦免他們。因為他們所做的，他們不曉得。」然而，當他感受到暴徒的強烈怒氣，便明白想做理性討論是全無指望了。新消息接二連三，危機迫在眉睫，他不勝其擾、四處奔逃借宿，先到倫敦，最後還離鄉前往美國。他在那裡很安全，家人也平安無虞。不過他已經六十多歲了，終生作品也大半成過往雲煙，化為灰燼。

在劫難逃

拉瓦節在法國也遇上麻煩。他沒有什麼理由要害怕大革命；事實上他還喝采認可。儘管他極為富裕，本人卻不屬貴族，而且長年以來他總是指陳治國愚蠢舉措，哀嘆國家獨厚特權，批評他口中所說毫無價值的世襲精英。幾個月前，國民議會廢止租稅承包局的課稅合約，這時拉瓦節已經賺進大筆財富，他沒有必要，也不想繼續在那裡工作。事實上，他面對的問題（至少剛開始時），多半出自一種責任感，覺得有必要把能量投入試行社會改革。

拉瓦節身為法國教育水準最高、思想最先進的人士之一，他覺得自己理應奉獻所有時間為全民服務。他成為政府首席財務顧問，為紛亂不清的國家財政引進一套高效率的簿記體系。他制定國家農工大計，還估算貴族人數，完成當代一位人士口中「十分愛國的計算」，證明貴族只佔全人口百分之三。投入這些活動之餘，他已經沒有時間來探究他腦中的眾多科學構想，並遺憾自己心愛的實驗室受到冷落。

而拉瓦節眼前還有更嚴重的問題，那就是他的宿敵，讓・保羅・馬拉（Jean Paul Marat）。馬拉一生經歷坎坷，滿懷抱負卻始終沒有完全實現。他受雇擔任一位聲名狼籍的皇室貴族，阿特瓦伯爵（Comte d'Artois）的醫官，時時親眼目睹富人所享特權，卻無緣親身體驗而沮喪。在科學上也是如此，馬拉竭盡心思想在科學界闖出名號，而且幾年之前，還一度向法國皇家學院投遞一篇專論。他在文章中主張，燭火在密閉空間會熄滅，理由是空氣受熱膨脹，終於將火燄悶熄。當時拉瓦節是皇家學院的重要人物，他對這篇論文不屑一顧。所述不只有誤，更糟糕的是失之輕率。拉瓦節做什麼事情都務求精確，自然回絕馬拉的專論，還親自交代，當馬拉完成研究寫出結果，不准向學院提請認可。

馬拉始終沒忘記這件事。到了這時，大革命爆發不過數年，巴黎窮人的生活還沒有多大改變，馬拉已經成為平民的代言人。他終於掌握權勢，也看出報復的機會來了。他開始譴責拉瓦節是「豪強地霸之子」。他集中火力抨擊拉瓦節最不受歡迎的舉措之一。拉瓦節在租稅承包局任職其間，曾下令搭蓋城牆圈繞巴黎。這和他的心態相符，也令人想起他的空氣科學實驗，作法極端有效，可以封鎖全城、精確登錄所有進出品項，妥當算出稅額。馬拉批評這項措施，高明點出其中諷刺之處。他宣稱，為世界帶來氧氣的人，建了這道城牆，也阻斷了城市的空氣給養。

拉瓦節沒有看出其中危機。他沒有設法逃離巴黎，只是靜待激情平息，也沒有出面答辯馬拉的愚蠢指控。世界一向待他不薄。理性和科學論述始終更勝一籌，拉瓦節看不出有哪種因素會改變這種態勢。然而，就像普利斯特利，拉瓦節也是在理性暫時失控的時候，全心仰仗理性。因為革命情勢已經自行其是，在這段新興恐怖時代，一陣耳語就能釀出大禍。於是拉瓦節愕然就逮，隨同許多前租稅承包人員，連罪名為何都不明白，一起被關進監獄。

他們在一七九四年五月八日接受審訊。起訴書在前晚分送給每位犯人，然而光線太暗，囚室又不准點蠟燭，他們無法閱讀荒唐捏造的指控。奉派為拉瓦節辯護的律師並沒有出庭，其實縱然他出席了，恐怕也不會有什麼差別。那位法官叫作皮埃安德烈．考費那爾（Pierre-Andre Coffinhal），那人以行為殘暴和裝模作樣著稱。他曾經審訊一位前西洋劍大師，判處他極刑，據聞決議文宣布之後他還說：「好吧，老鬥雞，這一劍看你躲不躲得過。」他在庭上雄辯高談，不讓拉瓦節宣讀他細心寫好的辯詞，也不許友人和支持者為他聲援。他慫恿陪審團喧譁嘲笑被告一切發言。訴訟進行半途，幾位前租稅局承包人意外脫身；他們暗中求情，請託得人，也尋著了對象在最後一分鐘獲得暫緩處置。沒有人為拉瓦節說情。他的審訊從頭到尾都被馬拉的陰影籠罩。最後裁決徒具型式。他和其他租稅承包人都被判共謀違抗共和國有罪，當處極刑。拉瓦節最後訴請暫緩行刑，讓他完成部分對人類有極大價值的科學研究，法官以一句話駁回，如今這已經成為名言：「共和國不需要學者。維護正義勢在必行。」

辯論時間到此結束。拉瓦節馬上被帶進一間休息室，他的雙手反綁，頸背頭髮也被剪掉。接著他就和其他死刑犯一起被塞進兩輪貨車，載往不遠處的共和國廣場。拉瓦節是第四名被處決的囚犯，前一位受刑人是他的岳父。整段程序約只花了一分鐘：抬腳走上斷頭臺，頭靠在木塊上，靜聽刀子振動聲，等它回升，準備開始下墜。刀子下墜瞬間，拉瓦節最後一次深吸一口氣，這是維生不可或缺，後來還讓他成名的空氣。拉瓦節的朋友和同輩思想家，天文學者約瑟夫路易斯・拉格朗日（Joseph-Louis Lagrange）聽到這個消息，他說：「他們在短短一瞬間就砍下他的頭，然而再過一百年，也未必再有這樣的頭腦出現。」

豐富的空氣

氧氣是空氣中最活潑的成分，不過，普利斯特利和拉瓦節進行實驗期間，也無心插柳分離出大氣的另一種主要成分：氮。當「酸載氣」完全耗盡，留下的就是具有稀釋功能的氮氣，體積約佔大氣五分之四❼。後來還發現，氮對維持地球生物有多項重大功能。氮是我們身體蛋白質的基礎建材之一，因此我們都必須攝食「固氮」蔬菜，這類蔬菜能夠從空氣直接吸收氮氣。不過，氮的重要功能還不僅於此。

普利斯特利說得對，倘若大氣只包含氧氣，我們就會「太快活完」。若沒有氮，地球大半地區都會自發起火、爆成一團烈燄，而遲鈍的氮可以稀釋氧含量，還能拯救人類，以免我們吸一口氣會獲得太多氧，就這點來講，我們都該心懷感激。普利斯特利便曾說過：「道德學家會說，有怎樣的人類，大自然就給我們那樣的空氣。」

我們呼吸的空氣，絕大多數都是由氧和氮兩種元素組成。不過，空氣還包含另一種物質，對我們的生命也同等重要。我們需要氧氣來燃燒燃料，然而我們的燃料卻是得自其他來源。這個來源是另一種氣體，由於它在大氣中只佔微小數量，因此多年以來，其重要性都為人輕忽。然而，地球上的食物，一點一滴全都得自這種氣體。

注釋

❶在普利斯特利的時代，他的新蘇打水發明已經成為眾所矚目的焦點，也是眾相競逐的珍品。後來消息更傳進海軍部耳中。長久以來，海軍部不斷想方設法對抗壞血病，當時已經熟知，蔬菜中有某種成分能夠對抗這種疾病；然而水手歷經數月無法取得新鮮食品，在望見陸地、獲得新的蔬果補給之前，半數船員都會牙齦出血、疲憊倦怠，終至死亡。由於腐敗蔬菜食材也會生成「固定空氣」，和發酵作用的產物相同，一位醫師據此指出，固著於植物中的空氣肯定能預防壞血病。當普利斯特利偶然發現巧妙作法，能夠迫使固定空氣溶入水中，海軍部迫切希望深入了解，甚至曾提供一個職位，延攬他隨科克船長出航。或許是運氣好，至少就這一次，因為他總是抱持異議，結果行前最後一刻被撤銷資格。蘇打水完全不能治療壞血病，如今我們知道，有效成分是維生素C。

❷普利斯特利並不知道，幾年之前有人已經做過這項實驗，那位瑞典年輕藥劑師叫作卡爾．舍勒（Carl Scheele）。舍勒生性謙沖自抑，既沒有發表自己的發現，也不曾真正嘗試解釋結果。（他曾寫信給法國化學家拉瓦節，向他提起研究發現，結果拉瓦節始終沒有回信。）不論如何，至今仍有人堅稱，舍

勒才是「真正」發現氧氣的人。

❸也有人認為這段引言出自他最愛的情婦龐巴度夫人（Madame de Pompadour）。

❹這圈最早的大氣，受一次宇宙撞擊波及，大半散逸。那次碰撞生成了月球，而地球火山噴發大量氣體，於是大氣層重又自內迅速補充。

❺當東英格蘭大學（University of East Anglia）化學家安迪．華生（Andy Watson）讀到這個部分，義憤填膺出面替微生物講話，表示它們完全不「遲鈍」。他提出一種出色的觀點，這裡我完整重述他的講法：「我要指出，細菌或許並不是非常大、非常快，不過從生物地球化學角度觀之，它們的創新表現就讓動物顯得非常遲鈍。有些細菌能使用光、有機或無機化學反應來作為能源，有些能利用二氧化碳、碳酸鹽或有機碳來作為碳源，有些能在有氧或無氧環境下生存（有些則兩種環境皆可），還能耐受從攝氏負一度到四百度，以及從零到至少一千巴壓力區，它們還執行一切骯髒工作，我們連想都不願意去想的苦工，若是沒有細菌來清理我們動物產出的屎尿穢物，我們眼前所見的地球，只需一眨眼功夫就要消失！」華生說得自然沒錯，不過另一種觀點依然成立，倘若地表除了微生物之外別無他物，這個世界就會變得索然無味。

❻一項可行的解釋是，演化是由幾次席捲全球的壯闊冰期觸發生機。

❼約從此時開始，其他許多化學家都注意到氮，不過，實際「發現」那種元素的功勞，卻往往歸於一位名叫丹尼爾．盧瑟福（Daniel Rutherford）的蘇格蘭年輕化學家，他在先前幾年便分離出氮氣。

第三章

二氧化碳、生命和氣候

為所有人提供食物的氣體發現於十八世紀早期，比普利斯特利和拉瓦節發現另一種氣體（氧氣）的時代早了幾十年。這種氣體由一位溫和的蘇格蘭天才鑑定出成分，他曾兩次造出這種氣體，第一次是隨性為之，幾乎可說是種意外成果。

一七五四年一月，愛丁堡

我確實很想寫完並趕上最後一批郵件，然而在這時候，我恰好專注於其他事物，就忘記這件事了。實際上，我正在試做一項實驗自娛，我進行時，把一些白堊和硫酸擺進大型玻璃圓筒底部混在一起；強烈沸騰生成一種蒸氣，還由玻璃筒頂端湧出，撲滅立在左近的一支燭火；點燃紙張放進裡面，結果火燄就像浸入水中一般熄滅：然而氣味並不難聞……

與世無爭的科學家

當約瑟夫．布萊克（Joseph Black）寫信給他的前任家庭教師，心中完全沒有想到他的奇怪新「蒸氣」將變得多麼重要。他偶爾抽空研究，自得其樂，同時還有更重要的工作待辦，他要預備論文，還要研究該如何改進療法，為病患治癒各種疾病。布萊克正在接受醫師訓練，而且他對這項專業十分認真。

所有人都喜歡布萊克，據說他從來不曾失去朋友，有時候甚至好得太超過了。有次他把所有資金全部投入一家金融商號，後來那家商號陷入困境，害他損失了四分之三的存款。但早在那家機構破產之前一年多，他就知道出問題，卻克制自己不去提領現金，只因為怕會令對方難堪。

他十分自信卻不張揚，待人和藹可親，好奇心則強烈得不可救藥。他愛好實驗，不只是希望發現新藥物，也想檢視自然萬物如何運作。布萊克有個特色，在當時和現今的學術界或許都可算獨一無二：他與世無爭。儘管他終生完成多不勝數的實驗，卻幾乎連一項都沒有發表。他不想當第一人，也不想出名。他只想「知道」。

布萊克還喜歡教學。到了生涯後期，他成為格拉斯哥大學（Glasgow University）解剖學教授，把大半精神花在備課，結果極受學生歡迎。他不表現激情，只柔聲細語溫和展現熱情，他的聽眾也恭敬保持肅穆，安靜得連後排都聽得到他的輕柔語調。布萊克最大特色是沉穩；他可以高舉一支燒杯，安然把杯內硫酸倒入細細瘦瘦的玻璃管中。的確，不論他用酸、粉、染料和火燄來演示哪種實驗，實作時手從來不曾發抖。

布萊克終生未婚，不過他特別愛慕愛丁堡的仕女。他謹慎斟酌，嚴格分配時間和精神與她們交往，其中尤以心思較為活躍的女性特別討他歡心。他最親暱的朋友也都是終生不結婚的單身漢，而且就如波以耳善交良朋益友，布萊克和這群朋友往來也是獲益良多。這些人顯赫得令人生畏，集結了當代蘇格蘭的博學之人，因此倫敦一位著名史學家為文論道：「我一向抱持最誠摯敬意仰望這座島嶼的北方地區，我們遼闊首都的品味和哲學，似乎已經在煙塵和忙亂當中退居那方。」

哲學家大衛・休姆（David Hume）、現代經濟學之父亞當・斯密，還有地質學的奠基人詹姆斯・赫頓（James Hutton）和布萊克同在愛丁堡。倫敦的自然科學家嚴守古風，繼續鑽研星體，在此同時，新產業的核心人士則已經開始採行另一個走向。就像前輩伽利略，他們也想轉移焦點。別管天空了，他們提出己見。請問我們「這裡」有什麼？

布萊克這幾位著名朋友也和他同樣和藹可親。他們四人組成一個團體，每週聚會討論，稱為「牡蠣會社」（Oyster Club），並開放供所有對藝術或科學感興趣的愛丁堡居民參與，來訪旅客也一律歡迎。聚會採非正式談話形式，也沒有哪個創辦人令人生畏或冷漠待人。有個人評論指出，這四個朋友令人感到輕鬆愉快，很健談又樂意聆聽，而且「他們真摯的友誼，從來不曾因為忌妒而失去光彩」。

然而，布萊克卻由於身體虛弱、時時受到病痛折磨，生命光彩大打折扣；他被迫放慢研究步調，而且經常為此感到沮喪。他只要連續幾天奮力求知就會咳出血來，同時還偶爾在回給父親的信中表示，他的處境「太過悽慘」以解釋自己為什麼失敗。到了晚年，他的身體日益虛弱，靠小心運動和愈來愈寒酸的飲食延續生命。最後在他死時，膝蓋上依然穩穩擺了一杯牛奶，「彷彿，」日後一位朋友寫道，「有必要以實驗向朋友顯示他消逝的本領。」他一滴都沒有灑出。

布萊克幾乎可說是無心插柳、意外投入空氣研究。他是個徹頭徹尾的醫事人員，當時正鑽研療法來處理一種會引發劇痛的疾病。那種疾病荼毒十七世紀民眾，時至今日依舊不斷肆虐：膀胱結石。如今已經有十分人道的療法，然而十七世紀並沒有消毒設備、也沒有麻醉劑，因此在當年動手術帶有致命風險。有些比較間接的療法，施行時要把苛性（腐蝕性）物質注入膀胱，這當然有助於溶化結石，卻也會溶解其他大量組織，到頭來往往引發更劇烈的疼痛，令患者的身體比之前虛弱，危害反而大於治療的效果。

兩種療法都令人怯步，患者只得轉求各種光怪陸離的配方。英國首相羅勃特・沃波爾爵士（Sir Robert Walpole）把自己的結石病痛公告周知，後來他服用一位瓊安娜・斯提芬斯太太（Mrs. Joanna Stephens）的丹方，覺得病情好轉，於是他擔保支付五千英鎊報酬，要求斯提芬斯公開祕方。一七三九年六月十九日，斯提芬斯太太在《倫敦公報》（*London Gazette*）上公開配方，她表示這帖丹方成分如下：

一份藥粉、一份煎劑和幾顆藥丸。藥粉成分為鍛燒成灰的蛋殼和蝸牛。煎劑製法為：取若干草藥加水煎煮（還需添入一種球丸，成分含肥皂和豬水芹〔Swines-Cresses〕，煮至焦黑，添蜂蜜製成）。藥丸成分含鍛燒蝸牛、野生胡蘿蔔子、牛蒡子、梣豆莢、玫瑰和山楂，都燒至焦黑，添加肥皂和蜂蜜。

布萊克對這種祕方不屑一顧，他想找出比較有科學根據的療法。他決定從一種粉末著手，這種粉末以瀉鹽製成，稱為「白色的美格尼夏」（magnesia alba），今稱鎂氧或方鎂石。布萊克知道鎂氧具微苛性，可發揮醫藥用途。他曾開鎂氧處方給患者，好比「一位體型十分豐滿的活躍女士，結果這讓她通便十次」，於是他歸結，「這種鹽，味雖淡卻似乎強過其他瀉劑。」

他的構想是促使鎂氧生成足以溶解結石的新產品，因此必須具備充分苛性，卻又不能太強，使引發的不適情況輕於一般療法副作用。他決定試對鎂氧加熱，然後把成品調水混合，這就是製造苛性藥物的正規作法。他擺了約二十八克鎂氧進坩鍋，以大火加熱達足以熔化銅料的高溫。結果令他大吃一驚，他發現燒出的白色粉末溫和至極，完全不含苛性，調水混合也看不出效果，而且添入酸劑時連氣泡都不冒。這絕對不能用來治療結石。

布萊克生性謹慎，實驗過後秤量樣本重量，結果發現最後成品重為「一一．五三克」，約只相當於原有重量的十二分之五。他深感不解。他的樣本裡面或許含有些許水分，卻遠遠不能解釋嚴重減損的重量。其他的鎂氧到哪裡去了？

這次嘗試失敗了，他沒有發展出結石療法。但是布萊克並沒有灰心喪志，他甚至把沮喪擺在一旁、決心查出原因；事情很明顯，鎂氧失去的水量無法解釋大部分的重量變化，除非，將空氣納入考量。於是這讓布萊克想起一位教士的研究，那個人在將近三十年前出版了一本書，談到他用蔬菜完成的幾項奇怪實驗。

固體中的空氣

史蒂芬·黑爾斯（Stephen Hales）做事單刀直入，簡直到了頭腦簡單的地步。他的講道手法完全仰仗烈燄、硫磺和詛咒。講明白一點，他常訓誡基督徒有責任慷慨捐輸、濟助貧困，甚至經常監看教區民眾，檢視他們是否犯下「失序」或「散漫」舉止。他禁止罵髒話，還嚴詞告誡不准喝杜松子酒和白蘭地等烈酒，不過他本人倒是愛喝葡萄酒，也通融低階層民眾飲用蘋果酒和麥酒。儘管黑爾斯厭惡烈酒的主因是他深信飲酒傷身，不過另一點也惹他不快，那就是烈酒容易讓人失德犯紀。於是他以頗富詩意的警語要民眾當心，「這種火辣烈酒的淘氣銷魂作用。」他抱持著傳統的苦修觀念，教區裡有些不幸的民眾被抓到罪證確鑿的通姦證據，他們奉命光腳站在教堂外面，身披白布、手持白杖，一直站到應答祈禱之前才被領入室內聆聽佈道，並由旁人為他們祈禱。

儘管黑爾斯每逢週日都對他的教眾高談闊論，但其他日子的大半時間卻都投身另一項愛好，那就是「科學」。當初他鵠候教區職缺之時，曾在劍橋大學待了將近十三年，那時偉大的以薩．牛頓爵士還住在校內，黑爾斯就在那時對科學產生興趣。如今，他在倫敦附近的特丁頓（Teddington）教區，花了大半時間在查究萬象，像個好奇的學童般試探、解析事理。他覺得從事宗教和科學這兩項活動並沒有衝突。事實上，就像波以耳，他也認定認識這世界運行愈深，自己就愈能全心信仰。他表示：「當我們思忖造物之工，眼中所見令人怡然，這世界有那麼繁多的樣式、變化，又是那麼美麗、有用，彼此還能相依相屬。」

事實上，唯一的矛盾來自他的動物實驗。舉例來說，他曾經拿人體血液循環來和喬木樹汁循環比較，期間他採用不幸的狗、馬和鹿，完成了幾項陰森的實驗，最後他認定，再這樣下去自己身為神職人員肯定要生病，於是這才停手。他寫信給另一位牧師，表示由於照這個實驗方向再進行下去，一定還要殺死幾百隻動物，「我想我們這行的人，完全不適合再深入鑽研。」

黑爾斯不再拿神所創造的動物夥伴來解剖，他決定拿手邊所有天然材料來加熱，而且全都是無生命物質。他試過豬血、鹿角、豆類、菸草、丁香油、蜂蠟，甚至從人體膽囊取出的結石。就在這時，他的隨機實驗突然變得非常重要。因為黑爾斯發現，當你加熱這些物質，所有東西都散出空氣。

當年的科學家對此深感訝異，就像見到阿拉丁神燈變出一個精靈。液體沸騰時當然會轉變為蒸氣，水就是一例。不過，像空氣這般虛無飄渺的東西，怎麼會被陷捕在固體裡面？更何況，這裡面還含有許許多多的東西。

黑爾斯在一七二七年出版一本書，書名為《蔬菜靜態學》（*Vegetable Staticks*），內容寫道：

> 從一小塊櫟樹的木心生成兩百一十六倍體積的空氣。現在把兩百一十六立方英寸空氣壓縮到一立方英寸空間，若使之維持就會構成彈性狀態，這種壓力會作用在……立方體的六面，強度等於一萬九千八百六十磅，這種壓力足以讓櫟木發生劇烈爆炸。

黑爾斯並不笨，他也注意到櫟樹一般並不會毫無預警逕自爆炸，於是他斷定，那些釋放出的空氣，原先肯定是藉由某種方式固定於特定地點。黑爾斯想像，他的「固定空氣」是由強力互斥的粒子群所組成。他認為在某些狀況下，這種粒子會被束縛在固態物件裡面，遇到其他情況才又釋出。

然而，黑爾斯只關心空氣是怎樣固定下來，還有後來是如何恢復彈性，他完全不知道究竟是發生了什麼現象，氣體才由固體中意外湧現，也沒想到這些「空氣」可能各具不同性質。

固定空氣

生性穩健又心思細膩的布萊克比黑爾斯更有條件想出這其中道理。他從黑爾斯的作品得到啟示，尋思他的鎂氧是否由於喪失若干固定空氣才改變性質。至少那就可以解釋，為何會失去這麼多重量。再者，布萊克並不認為所有空氣全都一樣、只是彈性高低有別，他料想黑爾斯的固定空氣或許具有獨特性質，還可能和常見的普通空氣十分不同。又或許這種空氣具有的特性足以解釋鎂氧為什麼失去苛性，還在空氣喪失之後變得如此溫和。

布萊克完全沒有設法捕捉鎂氧逸出的氣體，他採用和鎂氧有關的苛性物質：大理石。他拿一立方英寸大理石來加熱，當然了，結果生成大量固定空氣，足夠填滿一個六加侖的容器。

現在，布萊克掌握了若干固定空氣樣本可供運用，他決心判定其性質和普通空氣是否確實不同。他設計的檢定實驗相當複雜，卻也十分巧妙。布萊克知道，石灰水（取石灰或鈣溶於水中即成）具有固定空氣親和性。他斷定石灰水中的石灰肯定會吸收空氣，這正是鎂氧和大理石釋出空氣的逆向反應。他也知道，水中始終溶有若干數量的普通空氣，因此魚類在水中才能呼吸，也因此一鍋水在沸騰之前許久，會先冒出細小氣泡。

於是他尋思，溶於石灰水中的普通空氣陷入什麼樣的處境？倘若普通空氣和固定空氣是完全相同的東西，那麼石灰水中的普通空氣就會被石灰吸收得乾乾淨淨，絲毫不會殘留水中。布萊克明白他只需要做一件事，那就是核對石灰水和等量普通水中溶解的普通空氣量。倘若雙方所含數量相等，那麼石灰吸收的空氣肯定是徹底不同，同時也表示他的新空氣確實特別。

布萊克需要一台氣泵才能讓理念付諸實現，結果情況令人洩氣，愛丁堡唯一的氣泵壞了，而且任憑布萊克好言相求，希望盡快動手修理，那位慢條斯理、脾氣暴躁的技師都不為所動。布萊克火了，寫信到格拉斯哥給他的前任家庭教師，要求他動用那裡的氣泵，還鉅細靡遺說明石灰水的製法和處理方式。他的家庭教師很快安排推動實驗。當回報送達，石灰水和普通水各約一百一十克，置放於格拉斯哥新氣泵的接收器底下。當氣泵開始抽氣，兩個玻璃瓶分別冒出氣泡，且釋出的氣量幾乎一模一樣。

布萊克很高興。「由此明顯可知，」他在論文中寫道，「生石灰所吸取的空氣，和混入水中的空氣屬於不同類別……生石灰並不吸收最常見型式的空氣，而只能與某一遍布大氣各處❶的特定種類結合。」為了紀念黑爾斯，布萊克決定稱這種非凡的新種類為固定空氣。如今我們稱之為二氧化碳。

在科學史上，這個看似無關緊要的時間點卻影響深遠。因為這是史上第一次有人證明氣體不只一種，也因為這項發現，後人稱布萊克為「現代化學之父」。拉瓦節、普利斯特利和他們那個時代的人，全都自詡為布萊克的門徒。拉瓦節平常並不輕易稱頌他人成就，然而連他都寫信給布萊克，表達對他研究成果的高度景仰。

這是歷史性的一刻，氣體的本質就在此時為人探知。布萊克生性好奇，他決定暫時放下膀胱結石研究，鑽研新固定氣體的行為方式。他記得自己在一月期間向家庭教師描述的老實驗；當然了，在白堊上添加酸液會生成同一種固定空氣，正是從大理石冒出的那種。布萊克也發現，只需要在一般空氣中燃燒木炭，就可以製出這種空氣。而且一如前例，儘管固定空氣「並不難聞」卻會撲滅燭火，而且動物在裡面無法呼吸，活不下去。

布萊克還注意到，固定空氣會隨著我們呼出的氣息排出。不過他困惑不解，首先，這種空氣在我們體內能有什麼作用？他寫道：「毫無疑問，這種空氣和我們所有的身體部位確實廣泛結合，發揮許多重大用途。且在這種空氣的作用明朗化之前，不該假設人類不需要它，因為我們甚至不知道無此空氣會帶來何等不便。」

結果發現那種「不便」就是，沒有這種空氣，我們和地球上的其他生物，多半都要餓死。

布萊克始終不明白他發現的這種空氣，在我們的生命中扮演何等重大角色。但是，後人很快就體認到它的重要性。拉瓦節完成了呼吸實驗，由此了解人或動物呼吸消耗的氧氣愈多，他們生成的「固定空氣」便愈多。他推論，我們燃燒碳基食物的手法，和蠟燭燃燒碳基蠟質的方式大體相同，背後的原理也相同，兩者都是為了釋出能量。而在氧氣中燃燒碳基物質，生成的氣體正是二氧化碳。

動物和植物的祕密協定

同時普利斯特利還看出，固定空氣和氧氣相互影響似乎與植物有某種關係。他知道老鼠在密閉容器裡面，最後總會變得無法呼吸；他還發現在那個容器裡擺進一株植物，可以無限期防止空氣染上毒性。植物和老鼠似乎能順心合作，協力保持空氣新鮮。

這不僅僅只是種好玩的現象而已，後代科學家已經發現這是我們所認識地球生命的基本要素。世界上存在著二氧化碳以及它與氧氣的關係，就是全世界動、植物間的協約基礎。

我們動物吸收氧氣以燃燒食物，並排出廢物二氧化碳。植物反其道而行。它們吸取二氧化碳來製造食物並生成氧氣，而氧氣就是它們的廢棄產物。（植物和人類一樣必須呼吸，才能釋出它吸收營養時所含能量。它們也消耗本身生成的氧氣，約用掉四分之一，其他的留給我們。）所以，這地球上存在一項協議，讓兩類生物都能存活——植物吸收我們的廢料，我們則吸收它們的。空氣是活生生的呼吸媒介，讓這種交流永續不絕。

這項協約的植物那方，就是地球所有食物生產的基礎。這種作用是在十七世紀中期初露端倪，當時荷蘭有位煉金術士完成一項很稀奇的實驗，那個人叫作揚·巴普蒂斯塔·范海爾蒙特（Jan Baptista van Helmont）。原本他是想要知道植物是什麼東西構成的，更明確來講，製造植物的成分是從哪裡來的。於是他取來土壤擺進火爐小心烘乾，然後拿一個大花盆，填入九十公斤重的乾土。接著他在花盆裡面種了一棵柳樹幼苗，樹重約二·三公斤。然後在花盆邊緣上面，安放一塊滿是孔穴的金屬板，圈繞柳樹的樹幹擺好，這樣就不會有塵土從空氣落入裡面。范海爾蒙特做事堅毅不懈。他投入實驗整整五年，澆水、觀察、等待。到最後，他得到一棵高聳的柳樹，重約「七十六公斤又七百四十克」。

那麼，那棵樹是從哪裡來的？首先要檢定的是花盆中的土壤。范海爾蒙特挖出土壤烘乾並秤量土重。減損的重量只有五十七克。

這看來並不會令人意外。畢竟，凡是種過室內植物的人都知道，就算你不在盆中添加土壤，植物還是會快樂成長。不過就那個例子而言，柳樹的枝、幹、葉片是什麼東西造成的？

范海爾蒙特猜錯了。他只在花盆裡添水，於是他欣然宣布，樹材肯定是得自水分。（他的邏輯推論不怎麼高明，對其他事情也是如此。他有許多奇怪念頭，其中一項是，他深信生物可以從最古怪的成分自發出現。他甚至還發表了一份製造老鼠的配方，原料是髒內衣和小麥：「只要你把一件汗水髒汙的內衣，和若干小麥一起塞進廣口瓶中，約過了二十一天，臭味就會改變，內衣生成的酵素就會滲入小麥外殼，把小麥變成老鼠。」）

這裡有個問題，他根本沒有注意到柳樹周圍還有其他東西，而且是製造植物的絕佳原料來源：難以捉摸的空氣。范海爾蒙特那棵柳樹的實心樹根和枝、幹、葉片，全都得自周圍空氣所含二氧化碳❷。當植物吸收二氧化碳，同時也吸入空氣、轉為成長所需能量，最後還輾轉進入我們的肚子。

植物以繁複的連鎖反應完成這種作用，不過整個結果卻很單純。它們運用太陽的能量來分解二氧化碳，把它轉變為我們食物的碳基分子原料。這種活動的規模令人不敢相信。每年，綠色植物把二氧化碳轉變為一千億公噸的植物。為完成這項作業，植物必須消耗高達三百兆卡的太陽能，相當於地表所有機械能量消耗總量的三十倍。就連我們吃的動物，有些也是以植物作為食物而獲得蛋白質和脂肪。我們大氣中的二氧化碳，是地表所有植物、動物和人類的根本糧食。

樹木和植物從我們的空氣汪洋取得養分，就如海中的搖曳藻葉從海水獲得滋養。

還有當我們呼吸，我們也正是把植物製造的食物，和它們生成的氧氣重行結合，再次重複這整套程序。這種均勢並不理想，結果卻是件好事。如今我們能從大氣中呼吸到氧氣，唯一的理由就是，植物把它們製造的東西保存若干比例，不讓動物用來呼吸並轉換回二氧化碳。那個比例很小，只佔植物生產製品的百分之零點零一，不過這也代表，它們製造的氧氣也有相對比例得以自由飄上空中。過了幾十億年，這已經在大氣中累積到足敷我們生存的數量。

甚至還有部分研究人員認為，植物和動物的協定還比較像是一場戰鬥。過去某段期間，植物曾經取得上風。例如，距今略超過四億年前，植物發現如何製造木質素，也就是轉變為樹木木質部分的堅硬物質。動物界沒有任何種類有本領消化這種嶄新的怪原料，於是木料便原封不動保存下來，也不納入呼吸過程——結果進入大氣的二氧化碳數量便略微減少。

後來動物界出現兩位好手：白蟻和恐龍（吃植物的類群）。兩類動物都學會消化木質素，於是二氧化碳含量再次回升。最後，也就是恐龍滅絕階段，植物學會了如何滋長出遼闊草原，於是均勢再次傾斜。

這件事情影響所及，遠超過植物尊嚴一事。結果證實干擾大氣所含二氧化碳數量會造成嚴重的後果，除了提供我們食物之外，二氧化碳還扮演另一個角色，而且影響深遠，它們決定了地球是否適於生命存活。

大膽登山家

發現這個現象的人類叫作約翰・丁鐸爾（John Tyndall）。丁鐸爾是位活躍的愛爾蘭物理學家，十九世紀中期在倫敦超級熱門的皇家學會當教授。

丁鐸爾這種人物在皇家學會如魚得水；他可以在地下實驗室區進行研究，然後在上層的著名演講廳講授科學。科學早就是倫敦最熱門的娛樂活動之一。學會演講引來大批聽眾，馬車川流不息，為了解決交通壅塞問題，奧柏馬街（Albemarle Street）只准單向通行，成為英國第一條單行道。而且，不只是科學家湧入皇家學會、在不舒服的木質長凳就坐，來聽講的人還包括詩人、政治家、知識份子和貴族，實際上就是倫敦上流社會的多數成員。

丁鐸爾極愛發表演講。大概是因為他很遲才進入研究界，近三十歲才開始接受高等教育，他等不及要轉告世人他的發現。他比較重視和人分享自己的求知熱情，反而沒那麼看重教育。他精心安排演講，嚴謹一如籌辦百老匯戲劇，而且始終兢兢業業，盡力確保演講成功。有一天，丁鐸爾正在預備講稿，不小心把一件設備撞下桌面，還好他俯身接住，沒有跌落地面。

他覺得效果很棒，於是花了好幾個小時練習。當晚他「出了意外」，重複這個花招，博得滿堂喝采。

他的努力得到回報。每當丁鐸爾傳出要發表演講的消息，總是全場爆滿。這種盛況不只出現在皇家學會，丁鐸爾在皇家採礦學校（Royal School of Mines）對文盲工人的幾場演講都引來大批聽眾，至少達六百人。當代有一位評論家寫道：「丁鐸爾教授始終不曾認為平民大眾只配擁有二等知識。他們應該擁有的是最高等、最純淨的知識，也就是他想方設法要提供的。」同時，丁鐸爾在美國巡迴演講期間，《紐約論壇報》（*New York Daily Tribune*）也談到他的特點：

光憑文字敘述，完全無法公正評斷丁鐸爾教授的演講風格。他的演講是那麼討人喜愛、那麼淺顯易懂，不帶一絲傲慢而滿是衷心熱忱，就彷彿他所展現的求知熱情不只我們其他人感到新鮮，就連對他自己而言也是嶄新的體會。他讓科學變得輕鬆，還對觀眾指出，只要跨越難處就能見到難以言喻的美，以此誘人起步前行。總之，他正是科學講師的典雅楷模。

丁鐸爾是個有衝勁、激昂又真誠的人。他的鼻子向外突伸，又大又尖，兩側還各有一道深紋，優雅向下延伸直達口緣。等到年歲較長，他便留起一把令人印象深刻的白鬍子，修成真正的維多利亞風格，鬍毛由下巴和頸部長出，不過臉部倒是刮得乾乾淨淨。他有時很嚴厲，偶爾剛愎自用，但他也有詼趣的一面，孩子都喜愛他。他很喜歡惡作劇，卻不怎麼常講俏皮話，而且每聽到雙關妙語，他往往毫無反應。有一次，他的演化學家朋友托馬斯．赫胥黎（Thomas Huxley）便形容他的反應是「茫然毫無頭緒，也可能是因為個性木訥厚道吧」。

丁鐸爾、赫胥黎再加上其他七名科學同好，合力創辦了一個研討社團，後來還發展成著名的「X俱樂部」，這個名字是因為他們經過多個鐘頭的爭執討論，卻仍然沒有共識，也實在找不出更好的，於是就只好使用這個名稱。這群創辦人還花了許多時間討論是否要延攬新會員加入，後來愈討論愈煩悶，於是大家都同意，除非列入推薦的新會員，他的姓名所含字母包含了老會員姓名所遺缺的子音字母，否則絕不接受這類提案。

「我們沒有斯拉夫朋友，」後來赫胥黎表示，「這項決議讓人數完全不可能增加。」由於丁鐸爾擁有俱樂部會籍，加上他經常表現得過度沉迷，於是被冠上「X怪客」（Xccentric）的綽號。

丁鐸爾的幾位詩人朋友發牢騷，指稱學習科學會扼殺欣賞自然的能力，丁鐸爾本人對這種見解十分惱火。就他而言，對世界了解愈深，便愈能體會其美妙之處，而他闡析事理的能力也引領許多人抱持他這種看法。他說，學科學必須發揮想像力。（事實上，後來福爾摩斯偵探小說《巴斯克威爾的獵犬》（*The Hound of the Baskervilles*）

裡面，還引述了他發明的這句話：「想像力的科學運用。」）

丁鐸爾特別沉迷於原子和分子隱形世界的各種現象。當時還沒有這種等級的顯微鏡，無法捕捉這類細小實體的運動現象；只能靠邏輯思維，並結合鮮活想像力來從事研究。這兩樣才氣丁鐸爾兼而有之，而且都十分高明。赫胥黎說他：「處理物理問題的時候，從某方面來說，我真的覺得他見得到原子和分子，還能感受它們的推拉力量。」丁鐸爾也有這種感覺。有一次丁鐸爾講授輻射學，結束時他說：「有人認為自然科學會扼殺想像力，然而就我看來，研究自然科學和養成想像力是脣齒相依的。綜觀這次演講大半內容，我們已經設想出原子、分子、振動和波的相貌，這些都不曾有人目睹、耳聞，只能動用想像力來察覺辨認。」

這種想像能力和認識無形事物的本領，正是研究空氣行為的理想後盾。不過，剛開始丁鐸爾對大氣沒有投注什麼心思。他比較感興趣在研究磁學和晶體壓縮作用。而他因為這項課題對冰河運動產生興趣，後來還幾度前往阿爾卑斯山脈研究這種現象，在田野研究期間，廷爾得開始對大氣燃起興趣。

丁鐸爾愛山。他是步履穩健、體格強壯的大膽登山家。他依循科學直覺前行，攀登冰崖、閃躲落石，或披荊斬棘跨越地表裂縫。有一次他從事科學探勘，穿越傑昂冰河（Glacier du Geant）的冰塔林，心中異常恐慌。後來他卻興味盎然描述那幅場景：

不論我們轉向哪方，都見到凶險迎面而來……有那麼一、兩次，我站在冰山頂峰，俯視坑洞深淵，我心中開始湧現恐慌。不過，這馬上被行動蓋過了。處境確實十分艱險，最重要的是一定要施出力氣，意志力也幾乎不顧一切取得能量，於是恐慌才剛萌現，馬上就被壓抑瓦解。

丁鐸爾幾次前往瑞士旅行，迷上了阿爾卑斯山區的天空。有次他在山上待了一天，回來後寫道：「大氣變化美妙異常。」還有一次則寫道：「阿爾卑斯山脈的樂趣，半數得自反覆無常的大氣。」他甚至還開始覺得，自己和空氣有某種關連，這是他前所未有的體驗。他說：「實際上，我們是住在空氣裡面，而不是在空氣底下。」

一旦他的注意力著眼於空氣，丁鐸爾馬上就迫切希望探個究竟。他每次前往山區旅行都肩負科學目標。畢竟，倘若沒有嘗試理解景觀，你又怎能欣賞其風貌呢？這種觀點不見得都能引發共鳴，阿爾卑斯山友社（Alpine Club）科學涵養較低的部分社友就不表認同。有一年，山友社冬季晚宴的講員提到丁鐸爾，挖苦他沉迷科學，這社員講述一次登山失敗經過，旁敲側擊地說：

狂熱人士肯定要問：「那麼你想到哪種哲學見解？」按照理性推論，我認為那種人完全不可理喻，不知道為什麼，他們竟然把登高旅行和科學扯上牢不可破的關係。

我要回答他們，氣溫約為攝氏零下一百三十六度（我沒有溫度計），剛好低於冷死人的冰點。至於臭氧，若大氣裡果真含有臭氧，那麼它也是比我想像的更為蠢笨。

丁鐸爾從來不曾等閒看待他的科學。他大為震怒，立刻退出山友社❸。

丁鐸爾希望研究大氣能幫他解釋一項難題，那是山脈親自提出的謎面。他熱愛的阿爾卑斯山脈到處都是證據，在史上某個時期曾經出現一段「冰期」。如今早已消融的冰河在當年推鏟出處處山谷，岩石由遠古冰層輸運到外地、遠離原始產地，還有堆堆凌亂碎石和冰磧沉積，描繪出現存冰河的昔日壯闊覆蓋範圍。世界怎麼會出現那麼寒冷的時代，還有為什麼又重新暖化？丁鐸爾納悶，是否能以大氣的些微變化來解答這項問題。

吸收紅外光的怪獸

丁鐸爾猜想，大氣或許就像包覆世界的毯子，隨著組成元素相對比例的些許變化，有時候能保暖、有時會透入寒意。他這個想法，源自法國科學家約瑟夫・傅立葉（Joseph Fourier）在幾十年前發現的一種效應。傅立葉注意到，照理地球應該比實際情況寒冷得多。我們往往認為地球在太空中位於理想位置，是適合產生生物的棲所。

離我們最近的兩顆相鄰行星，一是金星，卻太靠近太陽，溫度太高，無法維繫生命。另一顆是火星，不過距離太陽太遠，太冷了。地球則是「恰到好處」，位於理想距離，這是擁有流水、拂面清風、舒適又溫和的行星。不過，傅立葉明白，其實我們距離太陽有點過遠，沒有外力協助是無法生存的。

當陽光射抵地球暖化地表，所含能量當然不是原封不動。就像中央暖氣系統的散熱器，溫暖的行星開始輻射大量能量回太空。這兩種效應的平衡作用，便確立地球的恆溫水平。傅立葉算出陽光帶來的熱能和輻射出去的能量差，但是計算結果卻讓他煩憂不安。按理說，地球應該永遠凍結。

傅立葉曾經猜想，空氣中或許有某種東西，能幫忙陷捕額外的熱量在地球表面，而這也可以解釋我們為什麼能舒適度日，不過他不知道那是什麼東西。丁鐸爾思量傅立葉的早期研究，深信道理就在於此。若是能夠找出這種神祕的暖化成分，或許他就可以明白，過去有可能出現過哪種不同的氣候。

一八五九年夏天，丁鐸爾動手在皇家學會地下室搭蓋一片人工天空。那是一件很出色的維多利亞式科學儀器，一根長管裡面裝滿各種氣體，周圍裝了加熱熱源和光源，還鋪設管道像章魚觸角般向外放射。

丁鐸爾喜歡耍弄他的迷你大氣。他點亮白光照耀大氣，結果發現空氣中的細小粒子，且散射藍光的數量遠高於其他所有彩虹色彩的總量。他推測，這就可以解釋天空為什麼是藍的❹。海中也發生相同現象，細小泥濘也散射藍光。丁鐸爾在一次演講時闡明這點，他說：「因此我的聽眾中那些深受仰慕的藍眼女士，她們美目的魅力，基本上都要歸功於泥濘汙染。」只要你曾經在濃霧夜晚搭車外出，你就可以親身觀察到這種「丁鐸爾效應」。你的車頭燈光照射濃霧，經由水汽粒子散射，染上一抹迷人的藍光。

不過丁鐸爾真正想知道的是，大氣是如何留住更多熱量，甚至超出應有數量。他考量加熱方程式的左右兩側。首先，普通可見陽光照射地球帶來熱量。顯然這肯定是穿梭天際暢行無阻，否則就不可能抵達地表，這樣一來天空也會永遠黑暗，我們也見不到太陽、月亮或星體。不過，或許答案就在加熱平衡的另一側，地球把能量輻射回太空的那個部分。

溫度高於周圍環境的事物都會輻射熱量。你會散熱，我也會散熱，所有溫血動物全都散熱。不過，我們看不到對方不斷放射光芒，因為我們射出的光是見不到的。光的成分遠超出尋常的可見彩虹。就如聲音，有些聲音太高、有的太低，因此我們聽不到，光線也有相同現象，光線「太高」或「太低」，我們就看不到。就本例來講，這種不可見光稱為紅外線。這種光線恰好超過彩虹的紅色部分，頻率太低了，因此我們看不到。遙控器就是採用紅外光來和電視與音響聯絡，「夜視」鏡也採用這種原理，因此就算四周一片漆黑，我們也看得到鬼魅般身影四處活動。而且地球也是藉此發散熱量釋回太空。

丁鐸爾完全了解紅外光。他決定探究大氣是否能中途攔下往太空回射的紅外光，陷捕在大氣裡面並保持地球溫暖。不過，他該把哪些氣體納入他的人工大氣？這個時間距離布萊克完成先驅實驗已經過了一百五十年，如今科學已經有長足進展。所有人都知道，大氣是由多種氣體所構成，只是其中多數只佔纖毫比例。由於空氣體積絕大部分由氮氣和氧氣所構成，丁鐸爾便從這兩種氣體入手。但儘管他努力嘗試，卻無法讓他的空氣吸收紅外光。光線暢行無阻，帶著熱量穿梭而過。

有一天，雖然他不抱持太大指望，也不覺得結果會有不同，不過他還是決定試用另一種大氣成分：二氧化碳。機會似乎不大，畢竟，空氣含有近百分之七十九的氮，百分之二十的氧，而二氧化碳勉強只佔了百分之〇．〇四。這樣微不足道的氣體，恐怕無法解釋這麼重大的現象。

不論如何，丁鐸爾還是拿熱源（裝了滾水的銅管）貼近模型大氣一側，並觀察情況變化。結果讓他訝異，他的儀器指針立刻開始晃動。儘管含量這麼微小，事實卻證明二氧化碳是吸收紅外光的怪獸。

二氧化碳的每顆分子都相當大，又十分複雜，因此擅長吸收紅外光。分子都想要像音叉那般振動，或像雜技演員那般翻滾，於是它們才吸收光能。和比較單純的分子相比，複雜分子全都更擅長吸收光能，方式遠為繁多。才華橫溢又深具想像力的丁鐸爾，在先進科技驗證之前早就明白這點。他說：「複合分子肯定遠比單原子更能吸納、促成運動。」氧（O_2）和氮（N_2）都不屬於單原子，它們分由兩顆相同元素原子組成。不過，氧和氮還是太單純，無法吸收紅外輻射；它們的運動方式選項不足。二氧化碳的情況就不同了，二氧化碳由一顆碳原子和兩顆氧原子構成，還能任意振動、自旋。所以才這麼擅長吸收輻射，也因此些許二氧化碳就可以發揮深遠影響。

丁鐸爾發現水蒸氣更能吸收紅外輻射。事實上，我們的大氣充滿紅外線吸收體，包括甲烷、臭氧，還有危害臭氧層的幾種人工化學物質。水蒸氣的暖化作用遠超過其他成分，理由不在於每單位重量的暖化效能，它的單位效能不高，其暖化幅度是肇因於空中的水汽含量相當高。但二氧化碳仍然是影響氣候的重要驅動力量，因為就算這種氣體的含量只有小幅變動，都會導致氣溫大幅起降。由於溫暖空氣從海洋吸收的水蒸氣較多，這兩種氣體（二氧化碳和水）便協力包覆地球，構成一席舒適的保溫毯，維持所有生命存續。

全球暖化效應

丁鐸爾的這項洞見，啟發我們開始領悟著名的「溫室效應」對地球氣候的衝擊。其實「溫室」一詞用在這裡並不恰當，因為溫室主要是藉陷捕室內的空氣來產生作用。玻璃窗讓光線透入，暖化空氣，也可以防範剛暖化的空氣流失。我們的大氣所含氣體的作用方式，和這種作法並不完全相同。大氣中的氣體並不保存溫暖空氣，而是半路攔捕由地表射回太空的紅外線輻射。氣體吸收能量，振動片刻時段，接著便將能量釋回，就像外野手接球之後馬上丟球回去。但氣體是胡亂朝四面八方釋出能量，這點又不像多數外野手，於是部分能量逸入太空。不過，仍有充分能量釋回地球，從而使我們的生命血脈——水——不至於凍結。

丁鐸爾以他如詩般的典型文采描述這種效應。他表示，若無這種效應，「我們田野、庭院的溫熱，都要自行射入太空徒勞流散，當太陽升起，底下便只見一片受霜雪箝制的窒息孤島。」

丁鐸爾和那個時代的人，對二氧化碳的看法和我們今日所見不同，他們不覺得二氧化碳危害眾生，反而覺得它能拯救生命。只是他也明白，由於大氣中的二氧化碳含量極微，過去的含量變動就算幅度很小，也可能釀成氣候劇變，在阿爾卑斯山脈留下那種痕跡的冰期就是個例子。他說，這或可解釋「地質學家的研究所顯示的一切氣候變動」。

儘管丁鐸爾還沒有想到，不過這個觀點率先點出二氧化碳或有負面影響。是的，二氧化碳是我們所有食物的重要來源，而且沒錯，沒有它，我們都要凍死。不過就像氧氣，二氧化碳原本屬於良性的作用，卻也可能發揮太甚而帶來負面影響。保護我們的英雄也可能為惡，威脅我們的生命，帶來致命危機，那就是全球暖化效應。

二氧化碳和氣候暖化

一八九六年，瑞典斯德哥爾摩

斯凡特．阿瑞尼斯（Svante Arrhenius）陷入消沉。這年他三十七歲，剛度過離婚混亂期，他不只失去妻子，還喪失對幼子的監護權。他的眼袋和唇邊兩側低懸垂掛的小鬍子，在在彰顯他的悽慘現況。他迫切需要轉換心境，不過，該分心專注哪件事呢？

阿瑞尼斯是個科學家。他的研究重心是導電液體的化學性質。再過不到五年，他就要獲得諾貝爾獎，表彰他的研究成果。這會讓他的論文審核委員困窘不安，因為他們曾以「平庸」一詞來評斷他的研究成果，還差點沒讓他通過。在當時，儘管他對這種尋常題材十分著迷，卻還想略事淺嘗其他課題。他迫切希望能做點改變。

就在這時，他恰好聽聞丁鐸爾有關冰期起因的見解，得知二氧化碳有可能扮演的角色。阿瑞尼斯迷上了這種觀點，希望更深入鑽研。身為理論學家，他決定算出地球要流失多少二氧化碳才會觸發冰期。

結果這項工作比當初所想更複雜得多。因為阿瑞尼斯明白，單單著眼於直接冷卻作用是不夠的，大氣所含二氧化碳減量還會引發其他重大影響。特別是，他知道較冷的空氣吸收效果較差，也就是冷空氣從海洋吸收的水量較少。

這是個重要因素，丁鐸爾曾注意到箇中原因，由於水蒸氣本身就是非常有效的溫室氣體，因此水汽流失會讓大氣進一步降溫。換言之，二氧化碳的小幅變動就會導致氣候明顯變化。（這凸顯了一個重要觀點，可以解釋二氧化碳含量水平是如何影響地球氣候。許多人質疑指出，水蒸氣才是構成溫室暖化大氣的主要元凶；就以吸收效能而論，二氧化碳遠遠屈居第二。不過，阿瑞尼斯正確指出，只需略微改動二氧化碳含量，便可以大幅改變水蒸氣含量，從而助長全面衝擊。二氧化碳就是以這種手法揮出重拳，威力遠超出本身體重等級。）

阿瑞尼斯知道要想得到合理的答案，他就必須兼容並蓄，同時考量二氧化碳的直接和間接效應。這樣一來，計算工作會變得十分冗長乏味。太棒了。這正是他為求轉移注意、多方尋覓不得的工作。他拿起鉛筆紙張，潛心辛苦工作了好幾個月。

首先，他想像若全球的二氧化碳含量折半會造成什麼情況。接著他畫分緯度區域，分別細心計算各區的空氣濕氣含量，還有進出地球的光能數量。最後他算出答案。這是個粗估數值，背後有許多假設，不過這是第一次有人嘗試運用數值，表示二氧化碳含量改變所生的影響。二氧化碳含量折半，會使全球氣溫約降低攝氏五度。他認為，這大概就恰好能夠觸發冰期。

阿瑞尼斯是位理論化學家而不是大氣科學家，他幾乎可說是隨機抽選，才決定就二氧化碳含量來進行試算，而且他也完全不知道這是否切合實際。於是，他向一位同事徵詢意見。早先阿維德・霍格玻姆（Arvid Hogbom）便已算出二氧化碳的幾項數值，包括由各火山自然冒出的數量，還有被地球岩石、海洋吸收消失的總量。他說，若有某些火山暫時休眠，或出現某些情況導致海洋不再吸收，這時二氧化碳的含量自然有可能降低。然而當霍格玻姆著手運算，他卻注意到一種奇怪現象。別再想降低二氧化碳含量了；含量已經提昇了，起因不是火山，也不是海洋，而且和其他自然歷程也沒有絲毫關連。工業革命爆發以來，為了維持工廠運作，人類燃燒的煤炭數量已經達到空前規模。工廠燃燒煤炭，同時也生成大量二氧化碳。霍格玻姆把這個數值拿來和天然源頭比較，結果發現，人類製造二氧化碳的速率和自然生成率相等。

霍格玻姆對這項結果並沒有特別感到不安。畢竟，就算在一八九六年，工業革命發展似乎已經達到高峰，而整年份的煤炭也不至於大幅提高空氣的二氧化碳含量，或許只提高達千分之一。他完全不知道——沒有人知道——世界人口會以何等速率增長，還有工業化會以無法想像的比例加速進展。重要的是，他的結果促使阿瑞尼斯開始思索空氣和地球溫度的關係。

他領悟到，加熱歷程幾乎完全就是冷卻現象的鏡射倒影。較低溫空氣所含水汽量較少，較溫熱空氣的含量則較高。因此，較多二氧化碳本身就會暖化空氣，同時也助長海洋蒸發出更多水分，而這又會進一步暖化空氣。阿瑞尼斯從頭到尾再做一次計算。倘若二氧化碳增加，好比，達到一八九六年含量的兩倍，儘管數量依然只佔整體空氣的微小比例，阿瑞尼斯預測這仍會導致大幅暖化，氣溫有可能提高達攝氏五度。儘管這看來似乎不大，然而提高全球均溫達這個數值，影響範圍將會遍及全世界，甚至導致整體氣候出現巨大變化。（驚人的是，這個數字也和現今計算所得非常接近。如今我們採用許多電腦模型，運用先進計算方法，根據遠超過當年的氣候運作知識，結果和阿瑞尼斯的研究相符。他在一百多年前就已經踏上正軌。）

阿瑞尼斯的發現引發些微關切，卻沒有人太過擔心這件事情。假定工業規模繼續以同等速率發展，幾千年後二氧化碳含量才會倍增，因此這項計算結果似乎只算一則奇聞，不必為此擔心。還有，就算暖化加速進行那又怎樣？那個時代幾乎一致公認是件好事。誰敢說世界變暖一定不會更好？當代另一位科學家，沃爾特·能士特（Walter Nernst）就認為暖化會更好。他建議把沒有用的煤炭沉積燒掉，刻意讓地球氣溫提高一些。

後來有幾項實驗結果證明，阿瑞尼斯的計算方法完全錯了，於是就連這類想法也銷聲匿跡。一位研究人員嘗試讓紅外光射透一根管子，裡面裝了當時空氣比例的二氧化碳。就如丁鐸爾先前的發現，若干光線被擋住。然而，當那位研究人員把二氧化碳的比例加倍，結果卻沒有兩樣。相同數量的紅外光被氣體吸收消失。

怎麼會這樣？添加二氧化碳當然會攔下更多紅外線。結果發現二氧化碳其實是挑剔得令人意外，它只吸收特定頻率的光，只想取得帶少數幾種「色彩」的紅外線。實際上，由於侷限範圍很窄，極微量二氧化碳就可以把屬於那群色彩區間的光線全部吸光。接下來，任憑你把管中的二氧化碳含量提昇到兩倍、三倍，甚至四倍，殘存的紅外光依舊會原封不動完整通過。

不久，其他的反面結果也開始出現。海洋含有極大量二氧化碳，幾乎是大氣所含數量的五十倍。工廠排放的額外氣體肯定都由那處龐大貯存槽吸收了，只留下微量氣體溜進大氣。

整體來講，這些令人安心的見解，和盛行的世界寫照相當吻合。大自然的力量浩瀚無比，遠超過人類的卑微力量，而且到頭來，世界的自然循環總能以某種方式，讓萬事萬物恢復均勢。沒什麼值得擔心的，甚至也不必特別關注。當時認為出現較多二氧化碳不可能讓地球暖化，看來也似乎如此。

隨後幾十年間，幾位研究人員持續關注二氧化碳對氣候的影響。有些人只是隱約感到好奇，另有些人則深信，阿瑞尼斯的概念或有可觀之處，就整個局面來看，這些人大體上只是讓這個題材保留一線生機。同時，世界各都市開始擴張。許多國家的生活形態開始轉變，從令人心力交瘁的艱辛農耕社會，轉變為工業化的繁榮社會。一年一年過去了，更多工廠出現，煙囪林立，紛紛排出大量二氧化碳進入空氣。接著出現鐵道，還有汽車，然後是噴射引擎，於是原來的二氧化碳涓流便釀成洪氾。從阿瑞尼斯的時代到二十世紀結束這段期間，地球的人口要增長超過四倍，這些人的平均能源用量也會增加達四倍。人類活動生成二氧化碳並散入大氣的速率，則會增長達驚人的十六倍。沒有人猜到會有這種現象，他們哪裡猜得到呢？截至當時，大氣所含二氧化碳的增長數量依然遭人漠視，科學家也仍舊按兵不動。

接著在一九五二年，針對阿瑞尼斯研究成果的一項主要批判意外破局。當初設想，增添二氧化碳並沒有影響，因為我們空氣中的既存數量，顯然足以把紅外輻射一網打盡。然而，新的測量結果和理論卻開始顯示，那項論據或有嚴重瑕疵。早期那批實驗都在普通實驗室中完成，氣溫和壓力條件都屬常態。然而，紅外線大半是在高空被攔下，而那裡的空氣卻十分寒冷、稀薄。這樣一來，結果就徹底不同了。在那種低壓、低溫條件下，二氧化碳不再能把偏愛的輻射全部吸光。

這項新發現為一位武器研發人員帶來靈感。洛克希德航空器公司的吉伯特．普拉斯（Gilbert Plass）專門研究紅外輻射，他的日常工作就是運用紅外輻射來開發追熱飛彈。不過到了晚上，普拉斯喜歡閱讀比較通俗的科學讀物。當他讀到阿瑞尼斯關於二氧化碳和紅外線的理論，那項理論飽受抨擊，卻引發他的好奇、想知道新結果會產生多大影響。所幸，他不必仰賴紙筆花幾個月來計算；這該歸功於他的日常工作，才得以趁便使用剛剛發明的一種數位電腦。普拉斯大半運用閒暇時間，把修正數字輸入電腦。結果正如他所預期：在空氣中添加二氧化碳終究還是會產生作用，而且對氣候的影響，看來也很明顯。

下一個被推翻的觀點是，海洋可以吸收大半二氧化碳。研究人員開始領悟，海洋的溫暖表層並不與下層較寒冷海水均勻混合，這就表示，海洋吸收的二氧化碳，很快就會重新散回大氣。當時還沒有人完全肯定這會造成什麼影響❺，他們需要知道的是，大氣的二氧化碳含量是否真的有起伏變動。果真如此，那麼改變幅度有多大？

基林曲線

就在這時，美國一位年輕研究員踏上舞台，他叫作查爾斯．基林（Charles Keeling），別名「戴弗」。基林讀過普拉斯的報告，也曾經和他討論內容。他對二氧化碳以及其對地球氣候的可能影響都很著迷，接著他認定，若想得到明確解答，唯一的作法就是進行測量。他著手進行、開發出能夠極精確測量二氧化碳含量的精密儀器。接下來，他把儀器運到夏威夷大島，架設在冒納羅亞（Mauna Loa）火山峰頂。那裡遠離地區性工業影響，不致毀掉他的結果。不過，他不想只測量一個月，甚至一年。他希望測量工作能長久持續，永遠不停。

基林充滿靈感、擁有精湛技術，而且（所幸）做事勇往直前。為什麼說「所幸」？

因為他發現，眼前找不到資金贊助他心目中那種長期研究。美國各個科學贊助機構一再對他說，偶爾做幾次測量沒有什麼不對。但是維護極昂貴又非常高科技的儀器，在夏威夷保持常態運作好幾年？根本沒有這種需要。

基林不樂意聽到「不」字。他據理力爭、堅持不懈，總算設法讓儀器保留在原地並啟動運作。不久之後他就得到明證，結果顯示他對了。短短一、兩年間，他已經看出二氧化碳含量的差異。你可以預期，若海洋終究沒有吸收人類排放的大量廢氣，那麼就會得出這樣的結果。

基林進行為期超過四十年的測量。當他把資料標繪成圖，畫出的「基林曲線」成為全球暖化爭議最著名的象徵圖符之一。因為隨著時日過去，二氧化碳含量圖示看來絲毫不像一條平坦直線，甚至也不是和緩上升。實際上，含量是呈指數竄升，就像一陣海嘯浪濤，隨時都要猛撲而來。

全球暖化已然成形

二氧化碳是否真的正逐漸讓世界暖化？根據幾種新式的先進電腦模型，事實或許正該如此，不過歷經折騰，它們卻難以得出一致的答案。有些顯示，二氧化碳含量加倍，會提高全球氣溫約半度，另有些則算出四、五度。或許從氣溫上升實況才能得知到底有沒有暖化，還有正確的上升度數為何。不過，這裡碰到另一個問題。溫度起伏完全是種自然現象，每年都測出不同結果，這樣一來，要從錯縱複雜的常態起伏，辨識出可能的暖化現象就非常艱難。

全球暖化研究之所以擺脫不了爭議，其中一項原因就在於此。只要能夠指出大規模溢油事件，或一片森林遭受酸雨嚴重毒害，你就不難呼籲民眾展開行動。然而就二氧化碳的作用而論，卻只有從長遠眼光才能看出影響。永遠沒有人能夠說「這陣熱浪就是全球暖化造成的」，或指出暖化就是某次洪水的元凶。就實際而言，二氧化碳的潛在荼毒作用，完全是某種極難確認的現象，因為它得出的是趨勢，並非具體可見的危害。

但其實，當年世界對這種新威脅也有所警覺。根據過去一百年的紀錄，溫度似乎略有上升，儘管差異很小、還不到一度，卻是第一個實在的變化徵兆。接著在一九九五年，一群來自多國的氣象科學家率先宣布，依他們權衡證據所見，偏差已經越過門檻。他們宣布，全球暖化已然成形。報告公開過沒多久便傳來新聞，一九九五年是自有紀錄以來最溫暖的一年。一九九七年還更溫暖，接著一九九八年還又更暖。

接下來，一篇科學論文在一九九九年發表，許多人都認為這是致命一擊，徹底肅清全世界對全球暖化的質疑。這篇論文根據幾十年的資料寫成，研究地點位於地球上（經官方認定）最冷的地方。東方科學站（Vostok Station）是俄羅斯的南極洲基地，設於冰雪覆蓋的嚴寒中心點，那裡的冬季低溫足以凍碎鋼鐵，就算夏季也令人卻步。那處地方的氣溫很少超過攝氏零下二十三度，空氣幾乎和撒哈拉沙漠同樣乾燥。那裡的少數居民都住在一處科學站，而且始終缺乏資金，似乎完全靠俄國人的頑強韌性，才得以牢牢依附在冰面。

不過，東方科學站的冰卻很奇妙。冰層厚達三公里多，過去幾十萬年的氣候紀錄，全都冷凍在裡面。幾十年來，俄國科學家由幾位法國研究員輔助，隨後美國研究員也加入，協力在此鑽挖冰洞探入寶庫，隨著鑽探愈深，他們也逐步探入愈久遠的過去。他們公布了過去的溫度紀錄，上溯達四十萬年，還發現了連續四次冰期，每兩次之間都夾了一段溫暖期。然而，他們在一九九九年發現的成果卻引發一場騷動。他們不只取得溫度紀錄，還找到地球遠古大氣的微量樣本。

像空氣這般虛無飄渺的東西，怎麼能夠保存下來？喔，每當雪花落在東方科學站，裡面都陷捕了少量空氣。過了多年，雪花漸漸被後來的降雪掩埋。雪花受到擠迫壓縮，最後終於轉化為冰。這時，被陷捕的空氣不再迂迴冒出表面。空氣保藏在冷凍庫中，細小氣泡成為地球遠古大氣的時間膠囊。東方科學站的研究人員不只是設法取得這些細小氣泡，他們還探入氣泡仔細分析，釋出裡面的遠古空氣，這就是當時我們剛演化出的智人祖先所呼吸的空氣。

接著他們著手測定。這群科學家發揮極高耐心，竭力抽出空氣中微量的二氧化碳，置入他們的測量儀器。他們得出過去的二氧化碳含量紀錄，上溯至四十萬年前，並與他們所建立的溫度紀錄對照比較。

兩套記錄標繪成圖並排對照，顯現出驚人的結果。每當溫度下降，二氧化碳含量也減低。每當溫度提高，二氧化碳含量也提昇。氣候和二氧化碳顯然是亦步亦趨緊密相隨。丁鐸爾和阿瑞尼斯的見解完全正確❻。我們還不知道二氧化碳和溫度的確切關連，也尚未全盤了解地球大氣的複雜糾結關係。但是歷史告訴我們，二氧化碳顯然是驅動地球溫度變化的關鍵力量。

此外還有其他發現，而且還更令人震撼。二氧化碳含量似乎隨著溫度自然升降，產生自然變化起伏。然而，當研究人員更詳細研究所得紀錄，他們驚訝發現，如今的二氧化碳含量，遠遠高於過去四十萬年期間的一切紀錄。

最近有個稱為「歐洲南極冰芯鑽探計畫」（EPICA, European Project for Ice Coring in Antarctica）的歐洲多國研究團隊，在距離東方科學站幾百公里的C圓丘（Dome C）鑽挖出一段冰芯，年份上溯至更遠古時代，幾乎達到八十萬年前。他們發現的情況全無二致。二氧化碳含量對映溫度升降而起伏，亦步亦趨毫釐不差。還有，當他們把手頭那具巧妙的冷凍時光機的性能發揮到極致，結果發現，大氣的含量從來沒有像現今那麼高。在那段期間（包括整段人類歷史），地球因自然起伏創下的最高含量紀錄，約為百萬分之兩百八十，也就是百分之〇·〇〇二八。如今，我們測得的含量卻超過百萬分之三百八十，而且還在攀升。

目前還沒有人知道這對我們的世界會有什麼影響，但是科學家大半認為，如今已經太遲了，就算想制止絲毫變動都無能為力。我們知道，或至少有這種猜想，地球在遠古時期也曾經歷二氧化碳含量超過當前的處境。不過那時還沒有人類，甚至連我們的類猿遠祖都還沒有出現。過去幾百年間，我們殫精竭慮推動社會發展，倚仗的是現有氣候，還有洪水、風暴和降雨，以及作物和牲口的現有模式。我們深深根植於現在的家園和工作場所。一旦氣候暖化海水上漲，淹沒我們的水濱都市，或風暴狂濤開始摧毀我們的海岸線，還有萬一各大洲內陸四處都開始刮起黃塵沙暴，我們也不能就這樣撩起衣襬，搬遷了事。

還有更多證據從冰芯湧現，暗示我們這整套由地球大氣引擎驅動的複雜氣候系統，有時候會在迴異狀況之間保持微妙平衡。稍微一點變動，就可以讓溫度竄升或陡降。一九八七年，紐約一位高瞻遠矚的氣候研究員，小名威利的華勒斯·布羅克（Wallace Broecker）提出評述，認為我們過去都把溫室效應當成一種「雞尾酒會助興話題」，如今也該嚴肅看待了。他說，氣候系統是一頭任性妄為的野獸，而我們卻拿一根尖利棍棒對它戳弄。

二〇〇三年的歐洲熱浪奪走三萬五千條人命，隨後英國首席官方科學顧問宣布，全球暖化是「危害超過恐怖行動的威脅」。然而就在政治家辯解爭論、科學家答辯說明之時，我們的生活仍一如既往，沒有多大改變。然而，每當我們開車、趕搭飛機、打開電燈或從事日常瑣事，都有一股二氧化碳又飄上天際。

金星的前車之鑑

最後再提出一段故事，告誡我們當心二氧化碳的威力，那是發生在我們的姊妹行星，金星上的故事。金星比我們略靠近太陽，你可以料到，那裡的氣溫會高一些，但由其他許多層面來看——好比大小——金星和地球可說是孿生子。然而，在過去某段期間，二氧化碳對金星的空氣施出邪惡魔法。基於某種因素，從金星火山群涓滴淌入大氣的二氧化碳略顯過多。空氣溫度提高，代表海洋的水分會被吸上大氣。額外水汽本身就具有溫室氣體的作用，更強化了二氧化碳的作為。很快，大氣充滿二氧化碳和水分子，全都開始吸收紅外線，熱能在逃逸半途就被攔下並甩回地表。結果，金星海洋早就消失。如今表面的岩石都完全乾透，溫度也高得足以讓鉛熔化。

許多研究員自我安慰，認為金星距離太陽較近，還表示這種溫室浩劫永遠不會發生在我們的地球上。不過他們也可能出錯，最近有一項計畫，借用幾千台個人電腦的螢幕保護程式，來運算種種版本的氣候模型、預測未來可能出現的氣候變化。結果暗示，二氧化碳含量倍增，有可能大幅提高全球溫度，幅度超過攝氏十一度。這會引發乾旱和野火，從而促使更多二氧化碳湧入大氣，最後導致毀滅浩劫。儘管發生機率很低，約為百分之一譜，卻仍有可能成真。

因此，二氧化碳是空氣的關鍵元素，卻也是種危險因子。我們必須靠二氧化碳才能求得溫飽，然而一旦濫用，後果就要自己承擔。氧、氮還有空氣的厚度本身再加上二氧化碳，合力把地球這塊岩石轉變為充滿生命氣息的世界。這種轉換過程的最後階段和空氣成分無關，而是牽涉到空氣的運動。每次感受陣風吹來，還有每次窗戶無故開啟，房門砰然神祕關上，這時你就見識了空氣的運動。然而，地球周圍的廣大氣層也有壯闊的運動現象，就是這樣的氣流，才真正構成孕育生命的媒介。

注釋

❶他必須發表論文才有資格得到學位。幸好如此，否則以他遲疑不肯發表作品的脾性，我們恐怕不可能得知這項畫時代實驗。

❷范海爾蒙特所述部分正確，因為若干水分轉為樹液，並讓新芽硬挺生長。不過，所有固體材料則全都來自空氣。

❸丁鐸爾面對批評，反應往往過於激烈。他三十出頭便由皇家學會提名，成為兩座皇家年度獎章內定受獎人之一。（當年另一位受獎人是查爾斯·達爾文，無論如何這都是個殊榮。）他正打算接受獎項，卻聽說一位審核委員曾強烈反對頒獎給他，還就此大發牢騷。於是他立刻寫信給學會幹事，婉拒這份榮譽。赫胥黎曾設法說服他改變心意，丁鐸爾卻堅持己見。後來，赫胥黎為文寫道，至少這是個「有

益處的錯誤」，還淡然補充，這「就算引來太多人仿效，大概也不會有什麼壞處」。

❹ 他差點說對了。事實上天空的藍色是出自散射，不過並非得自空氣中的粒子，而是空氣分子本身，這點後來由瑞立勳爵（Lord Rayleigh）證實。

❺ 如今我們知道，我們釋出的二氧化碳，部分逐漸被海洋吸收，比例介於三分之一到半數之間，這種作用已經大幅減緩大氣的二氧化碳累積速率。

❻ 二氧化碳的含量降低，還不足以引發那種程度的溫度變化，不過，這篇論文從根本證明，這種作用加上甲烷一類溫室氣體，確實是至關重大的影響因素。

第四章

乘「風」飄盪

幾乎自從空氣開始運動，生物便能夠乘風之便四處飄移。常在空氣汪洋中顯現身影的動物都是會飛的種類。不過，除了鳥類和蜜蜂，還有許多完全靠飄浮飛翔的生物。空氣中到處都是花粉微粒、找機會為植物授粉，也保障它們不致因意外近親交配；種子四處搜尋新的沃土，還有纖細的帶殼海洋生物，隨泡沫激盪飄升。每吸進一口空氣，裡面都含有幾十顆微型真菌，更別提散播神祕傳染病的纖小病毒和細菌。（甚至在我們認識微生物之前，已經有人猜想空氣可能帶來疾病，因此英文以單字malaria，同時代表瘧疾和「瘴氣」。）你每講出一個詞彙，特別是帶有p和t等爆氣子音的字眼，都會噴灑細菌到你四周，等待風起飄往他方。一次咳嗽可以咳出兩千顆，一聲噴嚏可以噴出四十萬顆。病毒還演化出幾個詭詐的種類，能在我們的體內滋長；當我們打噴嚏時，它們也隨之噴發，接著就可以乘風紛飛各處。

其他細菌則搭乘雲朵飄移，甚至還能製造冰晶、誘使雲朵降雨，藉此選定脫身地點。當水分微滴降回地表，細菌便可以隨之下墜。園蛛和蟹蛛泌出看不見的蛛絲，接著彷彿揚帆那般揮舞蛛絲捕捉風勢。幾縷微弱陽光，小團溫暖空氣生成些許上升氣流，蜘蛛就能夠自行起飛乘風而去。迄今還沒有人確切明白，牠們是怎樣安排旅程。或許牠們只是不斷降落又重新起飛，直到尋著理想的棲息地點。不過有些科學家則認為，牠們或許能夠控制飛行，捲回蛛絲以升降風帆，甚至還可能有本事操縱方向。

當然了，風也可以搭載人類。甚至在氣球和飛機問世之前，風已經是跨越四海的唯一工具。歐洲數度發動十字軍征伐中東，陷入國窮民困的黑暗時代，悽慘度過好幾世紀。到了十四世紀，文藝復興萌芽，探勘外界的強烈衝動也隨之湧現。這是偉大海洋探險家的時代，而他們的命運都掌握在風的手裡。伽利略誕生之前約七十年，一位原本做紡織的人便知道氣流對他的使命是多麼重要，他也是義大利人，來自熱那亞。但他並不知道自己就要遇上世界上最強大的兩個風系，也就是貿易風（信風）和強勁的西風帶，而這兩道繞行全球的壯闊奔流，也構成地球生命最後關鍵成分的一環。

發現新大陸

一四九二年八月三日

日出前半小時，一支小型艦隊靜靜駛出西班牙巴羅斯港（Palos）。其中平塔號（Pinta）和尼娜號（Nina）都是卡拉維爾帆船，使用幾面小型三角帆。至於旗艦聖馬利亞號（Santa Maria）則是艘採用橫帆艤裝的宏偉大船，而且艏艉都設有樓堡。船身水線以上部分漆了亮麗塗裝，船帆飾有十字架和紋章圖案。西班牙皇家旗幟高掛主桅，前桅則掛了遠征隊自有旗幟，白底綠十字，上繪四頂金冠。

聖馬利亞號的指揮官在此生四十一年歲月當中，已經冠上好幾個稱號，往後幾百年間還會贏得更多頭銜。他的熱那亞父母一向稱他為克里斯托弗・哥倫布（Cristoforo Columbo），當時他已經擺脫父親的梳羊毛行當，連他的義大利淵源和語言也一併甩掉。這時他是一位海員，統帥艦隊為西班牙出任務。他懷抱典型熱情，全心歸化他的新國家。他只用西班牙文書寫，連最私密的日記也不例外，他書寫自己的姓名時，也採用西班牙文拼法：Cristobal Colon。

如今我們所知道的哥倫布，和他的伊比利人船員長相完全不同。他的頭髮原本是黃褐色的，但在十年之前，他剛滿三十歲的時候，便轉為雪白色澤。他的臉色蒼白帶有雀斑，他的鼻子像羅馬人，藍灰色雙眼經常燃著熱情，還有怒氣。

他的使命，當然是向西航行、抵達東方。十五世紀時的歐洲，到處都聽得到東方繁華富庶令人咋舌的故事。上一個世紀，威尼斯航海家馬可波羅寫了一部生動（不過經過修飾）的報導，敘述他在各地的旅行見聞，那裡有香料、絲綢和寶石，還有多得無法想像的黃金。新發明的印刷機，已經把他的故事傳遍全歐；商人和君王讀了馬可波羅的書都覺心癢難熬。肯定有辦法取得這些貨品。

然而，馬可波羅遊記中提到的中國和日本國，卻頑強如昔難以企及。走陸路太漫長，也太危險了，不適合用來運輸昂貴的商品，而朝東的航線，中間又被整片非洲大陸擋住。於是耳語開始流傳，向西航行可以嗎？倘若你能航跨大洋，從後側繞到東方，那麼等在遙遠大地的財富和榮耀，就全都屬於你❶。

經過多年籌款和鑽營拜會，哥倫布終於找到機會。他的靠山是西班牙費爾南多國王和伊莎貝拉女王，他們把這支壯盛艦隊撥交給他，並答應他事成之後❷封他為海軍上將。萬事齊備，他只欠一樣東西：吹動他向西航行的東風。

除了幾十年前由葡萄牙帆船隊發現的亞速群島之外，伊比利半島就是當年世界的西陲疆界。再往外就是傳奇題材：有些人談到一座虛構的安提拉島，還傳言那是迦太基人發現的；另有些人則講述亞特蘭提斯的零星遺跡，也不知道為什麼沒有被水淹沒，還有人說起一座美麗的遼闊島嶼，上面有七座都市，一座比一座更壯麗。許多人投身試航尋訪這些地帶，然而到目前為止，由於逆風狂襲、海面怒濤洶湧，所有人都鎩羽而歸。風向恰恰相反：西風，沒有帆船能夠通行。

哥倫布有個計畫。過去幾年，在他接受航海歷練期間，曾有幾次沿著非洲海岸下行。結果每當他通過加那利群島（Canary Islands），特別是在冬季的時候，他的船隻都感受到穩定的東風吹拂。

這就是哥倫布決心設法捕捉的風，他希望藉這陣東風朝西航行，至少跨越若干海域。當他的三艘船隻駛離巴羅斯港，船頭並不是對著西方，而是南方。

航向加那利的路途艱辛、海風反覆無常，很難對付。船上的日常慣例安頓妥當，船員和船長都有虔誠信仰，每次轉動沙漏，就會有一位男孩唱誦祈禱文。晨起吟唱聖母讚美詩，就寢前進行晚禱。但只有船長擁有十分狹窄的木製船艙，由於當時還沒有發現吊床（還在加勒比區等著被發現），其餘船員只能在甲板上尋找歇息地點，把自己綁牢，防範船隻猛然左右搖擺。

哥倫布心神不寧。他始終忐忑不安，不知道他要找的東風究竟會不會出現，就算出現，又能帶著他向西航行多遠。（基於歷史上為風命名的準則，氣象學者並不以風的去向來為風起名字，而是採用氣流的來源方向。因此，「東風」指從東方向西方吹去的風，而這就是哥倫布需要的風。）啟程三週之後，這支小艦隊抵達加那利群島。他們重新補給物資，接著在九月六日，船隊起錨轉朝正西航行。

隔天，海洋整天都沒有絲毫動靜。接著到了九月八日星期六，一陣風從東方刮來，哥倫布如願來到他一直想去的地方：地圖上找不到的水域。

新刮起的東風，好得超過哥倫布最大膽的期望。往後兩週期間，這陣風推動艦隊穩穩向西愈行愈遠，朝著他們的目的地前進。航程十分順利。至於天氣，哥倫布在他的日誌中記載，就像春天的安達盧西亞。他寫道：「早晨最愉快了，令人只想聽夜鶯啼唱。」隔幾天又寫道：「海面平靜一如河川，還有世界上最宜人的空氣。」航行最順利時，一日可前進兩百九十三公里，平均航速達整整八節（譯注：當時一節約等於每小時一千八百五十三米）。而且強風始終沒有平息。

哥倫布完全不知道他找到的是什麼，不過事實證明，這陣超級可靠的東風，其重要程度與他乘風發現的新世界不遑多讓。東風帶是繞行地球熱帶的兩道壯闊行星風帶之一。這兩道風帶一南一北分居赤道兩側，風勢十分穩定又強勁，構成東西貿易的安全航路，後世便稱之為「貿易風」。（說不定在哥倫布之前，人類已經利用貿易風航海。挪威考古學家托爾．海爾達爾〔Thor Heyerdahl〕證明，貿易風可以吹動一艘簡單的帆船，從歐洲一路航抵加勒比海，這項結果也暗示，古埃及人有可能就是利用這條航路，把金字塔的建造構想帶進中美洲。不過，若是古埃及人真的把他們的金字塔技術告訴美洲人，那麼照講他們也該會提到輪子〔譯注：美洲人始終沒有發明輪子〕。）

漸漸的，哥倫布卻開始覺得貿易風好得過頭了。風勢十分穩定，絲毫不見減弱，他的船員開始緊張；當初他的籌備工作非常困難，因為招募船員實屬不易，很少人願意深入不明海域。況且那幾艘船還得籌備一年份補給，在當年，就算最大膽的航行也才歷時幾週而已。現在隨著船隊加速朝西航行，不安的耳語開始流傳。這陣讓他們以這等速度和效能航行的風，似乎永遠不會平息。哥倫布在日記中記載，他的船員「十分擔心，深恐他們在這片海域永遠遇不上順風送他們回西班牙」。

哥倫布盡力轉移船員注意，安撫他們的恐慌。凡有絲毫跡象顯示前方不遠處或許有陸地，他全都當成證據，指給船員知道，並逐筆寫入他的日誌。那種種「跡象」包羅萬象：「降雨卻無風」或「北方出現大團濃密烏雲」，又或者是「見到一條鯨魚，這是陸地的跡象，因為鯨魚一向靠岸巡游」。甚至為了安撫船員，他還在宣布當日進度之時謊報航行距離，心中認為這會有幫助。（「今日航行十九里格，決定短報真正數值，這樣船員才不會驚慌，」這是他在九月九日星期日的記載；接著在十日又記載：「這天日夜計航行六十里格，但只計為四十里格，這樣才不會把船員給嚇壞。」）

他真正需要的是陸地。他在著名的十月十二日星期五當天發現了陸地。水手羅得里戈·德·特利亞那（Rodrigo de Triana）在平塔號上眺望遠方，率先看到聖薩爾瓦多的懸崖，他呼喊：「陸地！陸地！」就像其他所有水手，他也期望能得到一萬穆拉比特斯幣（maravedis）賞金——相當於一位幹練水手的一年豐厚薪水——這是女王提供的無限期懸賞，要頒賜給第一位看到新陸地的人。然而，哥倫布卻堅稱，他在幾個小時之前，已經看到一道光芒「像條蠟燭般上下起伏」，就這樣據賞金為己有。

狂暴西風帶

在晨光下，哥倫布和他的同伴成為第一批踏上新世界的歐洲人。儘管他見到的土地，和馬可波羅的敘述沒有絲毫雷同，哥倫布始終相信他發現了東印度群島。他必須放下金銀財寶的舊觀點，改把眼光放在那個世界的其他層面，著眼於更適合在那裡開發的寶藏：棉花、木料、香料和異常溫和的民眾。那裡的人，幾乎就像是來自還沒有墮落的伊甸園。他們完全赤裸，毫無戒心又很好奇，而且對武器沒有絲毫概念，哥倫布在他的日記裡寫道，當他拿一柄劍給他們看，那些人竟然握住劍刃，把手給割傷了。「在我看來，那群人很聰明，可以當成好僕人，」他寫道，「而且我覺得他們會非常樂意成為基督徒。」

哥倫布仍然想尋找財富，才不枉這趟遠航，於是他在十月二十三日下定決心，前往原住民口中所說的古巴島，期望在那裡至少可以找到「香料，以賺得大量利潤」。後來古巴確實產出許多作物，為未來的人帶來豐厚利潤。那裡的原住民有一種奇怪的習俗，他們用葉片包捲芳草並用火點燃，這看來沒什麼，結果卻能令人心情舒暢。哥倫布的朋友，負責為他抄謄日誌的拉斯・卡薩斯（Las Casas），便曾在自己的文章中記載這種作法：「（那類芳草）很乾，用一片乾葉固定，就像西班牙男童在聖靈降臨節拿紙管捲包的作法：他們把一端點火，然後用口含住另一端吸煙，這令人感到遲鈍、引發一種醉意，而且根據他們的說法，這可以讓他們解除疲倦。」拉斯・卡薩斯預料到後人對這種新種野草的態度，不過他本人愛吹毛求疵，斬釘截鐵添注：「我看不出他們從這種東西可以嚐出什麼滋味，找到什麼好處。」

哥倫布找到許多黃金藝品，多種異國香料和樹木，更別提眾多原住民。到了一月初，他認為收穫夠多了、可以讓皇家贊助人感佩讚嘆，於是決心啟程返家。由於搭乘的聖馬利亞號意外擱淺，哥倫布決定棄船，還留下幾名人手在那裡開創一處殖民地。他選擇尼娜號為他的座艦，於是在一月十六日星期三，兩艘卡拉維爾帆船啟程返航。

他們馬上遇上難題，船員在西航階段心驚膽顫的情況已然成真。當時把他們穩穩送來「東印度群島」的東風，現在便橫阻面前，逆向吹襲。有這樣的逆風，他們該如何抗衡，究竟該怎樣回到故鄉？

平塔號和尼娜號面對盛行貿易風，只能逆向航行，緩緩向北航去，設法一步步向東移動。他們緩慢移動漸行漸北，然後，奇蹟突然憑空出現。一月三十一日，風向轉變了。強風猛然刮起，吹滿兩艘卡拉維爾帆船的風帆，船艄也對正歐洲。兩艘船搶風前行，這陣風似乎是朝著家鄉吹去，一個小時又一個小時，一天又一天，他們的船帆受風緊繃，以眩目高速橫越大海：九節、十節，甚至高達十一節。

哥倫布又成就一項和美洲大陸同等重要的發現。因為這道新的風帶，正是全球輸運帶的另一個環節，也是帶他來到美洲那陣東風的自然匹配氣流。就像貿易風，西風帶也是南北半球都有。南半球的西風帶，在南緯四十度左右造就了著名的「四十度嘯風帶」，還有惡名昭彰的合恩角風暴。多年以來，繞經這處海岬的水手，都飽受這裡的風暴荼毒。

北半球的西風帶也奪走許多人命，因為西風和溫和、穩定的貿易風完全不同。西風十分強勁、狂暴。剛開始，哥倫布的船隊還昂揚挺住暴風狂襲，船員們十分高興能以這等高速返航。然而到了二月十四日，暴風放手肆虐了。狂風愈刮愈盛，捲起海水猛襲船隻，從兩艘小木船的外殼縫隙滲入。「大海很恐怖，」哥倫布寫道：「陣陣海浪橫衝直撞交錯襲來，船隻只能任其宰割。」

船員束手無策，只能做一件事情：他們祈禱。而且他們祈禱時還夾雜許多誓言，有些是私下發願，還有些是公開宣誓，說明獲救後他們一定還願實現的事項。其中有些諾言非常明確。他們拿一頂帽子、裡面裝了乾豆，每名船員一粒豆子，用抽籤的方法決定由誰起誓，獲救後便要攜帶一根二．二公斤重的蠟燭，前往瓜達羅普向聖母馬利亞朝聖。哥倫布親自抽籤，笨手笨腳抽出一粒畫了十字的豆子，接著他馬上宣誓。往後還有更多次抽籤，更多朝聖諾言，所有船員都起誓要「身著苦修衣著」，結隊前往他們碰到的第一座聖母馬利亞教堂還願。

哥倫布的籌備工作很務實，也顧及超自然考量。他深恐萬一所有人都死去，他們的航行紀錄也全都完了；於是他在晃盪的船上固定身形，撐了夠長時間，寫完一篇密文記載他的冒險經歷，期望有人發現、轉呈西班牙國王。他用蠟布捲起文稿，擺進一個木桶，隨後把桶子拋進海中。船員誤解他的舉動，認為那是種古怪的獻身儀式。

當然了，西風終究還是大發慈悲。恐怖情勢又延續了幾個小時，最後風暴終於平息，哥倫布也顛簸駛返西班牙。他帶回來的冒險傳奇，終究要徹底改變歐、美兩洲，然而，親身經歷這第一次接觸的人，卻沒有幾個能夠從中獲得好處。平塔號在這場二月風暴期間和尼娜號分散，艦長心懷叵測，想搶在哥倫布之前覲見國王和女王，第一個在御前提出報告。然而，他回來得實在太遲了，他大失所望完全崩潰，立刻被送往自家床上，過沒幾個月就死了。哥倫布的處境稍微好一些，最後是他名留青史，還有個紀念日以他為名。然而，就連他也沒有長期享用兩位君主恩賜的大批頭銜和財富；他屢次懇請把他發現的民族交由他來管理，結果惹火西班牙君王，翻臉對付他。他又完成兩次航行，接著最後一次，他從「東印度群島」返國之後便鎖鏈加身。同時，他當初遇見的溫和原住民也逐漸認識恐怖真相，原本以為那群白人是來自天堂，哪知淪入他們手中，竟是這般悽慘下場。

哥倫布的新世界和舊世界接觸之後開始轉變，而當初帶他跨海航行的和緩貿易風和狂暴西風，則都繼續穩定吹拂。時至今日依然不變，而且，只要地球有空氣補充動力，兩道行星風帶永遠都不會平息。東西風帶就這樣繼續流動，改變我們的世界。

在哥倫布時代完全沒有人能夠預見，他們巧遇的東西風帶，實際上竟然延伸如此遼闊的距離。過了一段時間之後，海員才終於明白，兩道風帶其實是繞行全球，而且更久之後，才出現第一個試探性主張，來解釋東西風帶的生成原因。有關風帶威力源頭的完滿解釋，還要等待四百年、等候一位羞怯的天才農莊男孩，在哥倫布一度為西班牙征服的大陸出生，為求溫飽在那片土壤上辛勤耕耘。

農莊裡的天才

一八三一年春　西維吉尼亞州伯克利郡

從多方面來看，有那處農莊都是好事。那是威廉・佛雷爾（William Ferrel）的父親在兩年前購置的農莊，比起飄忽不定的伐木生涯，那裡的生活相較之下安穩許多。同時，那裡還有遼闊空間，可供年幼的佛雷爾蹓躂、思考。佛雷爾家共有六名兄弟和兩個姊妹，家裡十分喧鬧，他往往避開其他人的注意，自己一個悄悄躲在角落，沉溺於自己的思緒。

他的問題是，手邊沒有東西可供閱讀。佛雷爾當時十四歲。過去兩年，他和其他農莊孩童擠在冰冷的學校小屋上課，他已經把讀、寫、計算和文法課程全部上完。夏天是很舒適沒錯，不過白天太長也太珍貴，連最年幼的孩童都必須下田，這時就不能把夏天浪費在學習上面。學習是冬天的事，由於窗子沒裝玻璃，只糊油紙，到那時候，冬季寒冰就會滲過窗紙下緣，還從小木屋粗陋搭蓋的圓木間隙溜進屋裡。

佛雷爾不覺得寒冷有多難忍受。他比較在意的是，自己這時不能上學、該到農莊做事了。然而，他的心思卻不肯停止運作。他很希望有東西可讀，任何東西都好。當時家中訂閱一份當地小報，稱為《維吉尼亞共和報》（*Virginia Republican*），那是一份週報，在附近城鎮馬丁斯堡（Martinsburg）發行。報紙一送來，佛雷爾馬上緊抓不放，找出裡面刊載的少數幾篇文章，動腦筋咀嚼內容。

後來他看到一本書，當場讓他垂涎不已。書名叫作《帕克氏算術》（*Parks Arithmetic*），裡面還有引人入勝的圖表，說明如何計算各種圖形的周長和面積。他渴望得到那本書。

然而，佛雷爾太羞怯了，不敢向父親要錢，他父親會說什麼東西不好買，偏要買書。結果他靠著自己賺錢，在收割季節到鄰家農莊幫忙，賺了五十分錢，接著動身到馬丁斯堡那家書店。結果卻發現，那本書賣六十二分，不過那位好心的店主還是讓他把書帶走。

佛雷爾一生愛書，不過以《帕克氏算術》啟蒙，實在令人感到詫異。他狼吞虎嚥讀完內容，迫不及待做完習題，而且對求得的每項答案都喜不自禁。佛雷爾輕鬆學會算術。算術很抽象，甚至可以說是虛幻，和他的農莊生活、自然生息並無明顯瓜葛。不過，他熱愛算術，就像縱橫字謎玩家熱愛謎題。給他問題，他就會求出答案。

接著，在一八三二年七月二十九日早上發生了一件大事，讓他將這種解題能力和周遭的世界牽連到一塊兒。佛雷爾前往農地中途看到日食，儘管他事前並不知道，不過他曉得肯定有人早就料到會出現這種天象。月亮始終懸在他的頭頂，偶爾也必然會運行到地球和太陽中間，暫時擋住視線。月食肯定是同類的事件，唯一的差別是，月亮映現的日光是被我們的影子擋住了。就這兩種情況而言，宇宙星體的換位舞步肯定是可以預測的。

當然，佛雷爾從來沒有學過天文學。他不知道月球軌道的形狀，而且不論如何，以他懂得的幾何學也不夠算出軌道路徑。不過他可以找出模式，而且只要他夠努力，憑他能夠找到的區區幾種工具——內含地球資訊的基礎地理學書籍，加上農民用來預測各時節日月位置的曆書——或許他就可以算出往後出現日月交食的日期和時間。

這是個美妙的新謎題，適合他的務實氣質，也兼顧他的抽象推論癖好。他操持農務每一得空就投入鑽研、日夜不停，把努力成果寫進一本筆記簿。（他差一點氣餒放棄。他假定地球的影子直徑不變，始終和地球本身直徑相等，其實這並不對，理應愈遠離地球，影子逐漸變小才對。由於過程出了這點差錯，他的幾何運算完全得不出合理答案。後來一天傍晚，他在打穀場上，注意到木板投落的影子比板子本身細瘦，於是他衝回去重新計算。）

經過兩年辛苦運算，佛雷爾終於完成預測工作，算出在隔年，也就是一八三五年會出現一次日食和兩次月食。他不必等待預測日期、時間來驗證自己對不對，答案在一八三五年的曆書上就找得到。當曆書送來，佛雷爾喜不自勝。三次都完全符合他所預期，而且他算出的時間只有誤差幾分鐘。

這時佛雷爾已經入迷了。鄰家一位年輕人表示他見過一本書，裡面有「許許多多的圖表」，還說那本書是講一種叫作三角的學問。佛雷爾又去了一趟馬丁斯堡的書店，在那裡找到內容最接近的一本書買下，那是本測量學教科書，接著就手不釋卷開始研讀。

那年夏天他幾乎抽不出任何空閒時間，因為他整個白天都必須待在打穀場，把小麥粒和麥穎分開。所幸那棟建築兩端都裝了大型木門，以柔軟的白楊木板製成，於是佛雷爾手邊有了這種門板，就不必用紙筆或在黑板上計算。他在門板上畫圖、用乾草叉的兩根叉尖來畫圓，畫直線時便只用一根叉尖，還拿小塊木板當尺。（他雕出的線條，歷經幾十年風霜雨雪保存下來，甚至在他成為科學家、博得崇高地位之後，每次他回來農莊探視都還會去觀看那些痕跡。）

那年冬天，佛雷爾向一位住在山區的老測量員借了另一本幾何學教科書，有時就著昏黃的牛油燭光研讀。然而他更常藉爐灶火光讀書。他存了一批引火木料，每當他拿一根圓木拋進火中，便可以讓火燄竄升，不過每次只維持幾分鐘。隔年冬天，他騎馬兩天穿越雪地，前往馬里蘭州的哈格鎮（Hagerstow），買了一本《普雷費爾氏幾何學》（*Playfair's Geometry*）。他懂得愈多，求知欲愈旺盛。佛雷爾不只是研讀學習旁人已經懂得的事情。這時他感受到一股衝動，想要發現新知，於是他使用空前作法解釋地球萬象。歸功於他的日月交食研究，他最愛的謎題已經成為現實，在他能夠察覺的周遭現實世界展現。

佛雷爾靠教學賺了些錢，儘管父親不懂他想做什麼，仍然支持他並出資補貼，讓他進入大學就讀。佛雷爾在學校修習代數、幾何和三角學。（他發現這些課程並不需要投入全副心思，因此還選讀拉丁文和希臘文法。）佛雷爾暫停學業賺取生活費，接著便在一八四四年，他二十七歲時畢業。他已經從農夫變成數學家，不過對他這個西維吉尼亞州的窮孩子來講，想進入學術界的機會仍是十分渺茫。他又在白天從事教學工作，晚上和閒暇時間全都投入研究。他始終秉持壓抑不住的火樣熱情，到處尋找新的課題激發他的想像力。

風的解謎

十年過去了，佛雷爾一邊教學，得空就多方研究。一八五五年，他三十八歲的時候，得知美國海軍中尉馬修．莫里（Matthew Fontaine Maury）發表了一本書，書名為《海洋自然地理學》（*The Physical Geography of the Sea*）。這本書很奇特，書中收有各種表格，納入由世界各地蒐集的測風、洋流和空氣壓力資料的彙總列表。內容乍看之下很完整，但為了說明這些數字的關係，處處提到看似古怪的理論。佛雷爾買下這本書，帶回家中仔細研讀。

當時佛雷爾不知道莫里在美國首都頗負盛名，其實應該說是頗負惡名。他是個好大喜功、野心勃勃的軍人，運用旺盛無窮的精力自吹自擂。他以一項十分優秀的構想出名，他蒐集船舶航海日誌、追蹤各船舶航路、核對其測風紀錄，藉此繪製發表盛行風圖示。《風和洋流圖說》（*Charts of Winds and Currents*）成書馬上熱賣。不幸，自我意識本已高漲的莫里，獲此成果更是得意忘形，自詡為了不起的科學家。他深信自己這下有資格針對「一切」課題，藉著科學威望發表論述。儘管莫里沒有絲毫天文學背景，卻巧施手段在一八四四年當上美國海軍天文台的台長，他變得更加令人無法忍受。

儘管莫里不討人喜歡，卻也令人感到惋惜。他汲汲營營只想混入科學界，然而問題是他對科學根本就不內行。他的理論都漫無條理，他胡亂採用各種磁力來解釋自己連皮毛都還不懂的現象，然而一旦解釋不通，他卻引述舊約《聖經》的激烈措詞，為他的「科學」論證狡辯❸。

和佛雷爾同時代的其他人，要不就蔑視莫里，不然就對他敬而遠之。後來情況更糟糕，他開始自詡為氣象學專家，還敦促國會讓他管轄一個新機關、主掌一套極其可議的系統，負責預測美國的氣候。到了一八五六年，欣欣向榮的科學界已經開始公開稱他為「騙子」。莫里的回應同樣無禮。有一次他前往華盛頓史密森學會（Smithsonian Institution）參加科學會議、在會上受到批評，他還嘴說道，該學會的創辦人約翰・史密森（John Smithson）是很了不起，但是可惜他是別人的私生子（這是眾所皆知的事實，只是從來沒有人提及）。接著華盛頓市的重要報紙《華盛頓明星報》（*Washington Star*）開口抨擊，描述莫里的研究成果是「世界史上無恥江湖術士❹所成就最卓越、最成功的事業之一」。

佛雷爾超脫這一切，對華盛頓報紙的漫罵一無所知，反正就算知道他也不會在意。不過，他倒是深深迷上莫里的《海洋自然地理學》內容。書中莫里提出眾多資料，羅列他由氣流和氣壓紀錄採集的數據。只是為了顯得更科學一些，他還在書中提出自己發明的幾種怪誕理論，來解釋風的運行方式。佛雷爾讀到的內容讓他思緒活絡。他深信有某種作法，可以把莫里描述的不同氣流全部連貫起來，而且顯然是莫里本人都沒有發現的。這麼珍貴的資料沒有充分利用，只以這等粗淺的概念來解釋，似乎很可惜。還有，佛雷爾很肯定，答案會牽涉到他最愛的課題——幾何學。

他決定拿這本書到納許維爾（Nashville）給一位摯友看。那個朋友叫威廉・布林（William Bowling），是佛雷爾在大學時代結交的醫學院朋友，現在已經是個醫生。佛雷爾在這座城內沒有家人，也沒有多少朋友。他實在太過羞怯，不善結交生人，只有少數幾個人有辦法打破他的心防，建立了非常密切的關係。其中一位就是布林，他特別喜歡和佛雷爾談科學。他是《納許維爾內外科醫學期刊》（*Nashville Journal of Medicine and Surgery*）的發行人，曾投入多年不斷嘗試，希望為這份期刊引進淵博知識力量，好比佛雷爾表現出來的這等學識。佛雷爾說明他對莫里的資料很感興趣，還談到書中所提諸般結論都令人不安。布林聽他這樣講，心中十分高興，趕緊向佛雷爾邀稿，請他幫自己的期刊寫一篇評論。「好好批判他一下。」

然而佛雷爾生性溫和，不想批判任何人。他另打主意，決定運用莫里的資料，自行構思風的運行學理。最後這引致兩種奇特的結果。莫里意外讓費爾里轉移焦點投入氣象學，結果他對這個學域的貢獻，還真的變成一項前瞻性成就，雖然這並非依照他早先預想的路徑發展。氣象學史上最重要的論文之一，就要在納許維爾一份默默無名的醫學期刊上發表。

佛雷爾決定完全忽略莫里的理論，只挑出他點滴蒐羅的航海測繪報導數據來論述。看來，南北半球的氣流互為鏡射倒影。赤道兩側都有穩定的貿易風，從東方不斷往西吹拂。除此之外，還有另一組比貿易風更為猛烈的風帶，而且通常是由西方刮來。在這兩組風帶之間各有一座高聳山脈，卻不是岩石構成的，而是由空氣堆疊成形。根據莫里的資料，也不知道為什麼，空氣堆疊出兩條壯闊的高壓稜脊，在赤道南北兩側圈繞全球，還把貿易風帶和西風帶分開。這就是佛雷爾決心破解的謎題：這幾道壯闊風帶的構成起因為何，還有空氣為什麼在風帶之間堆疊？

佛雷爾從移動的空氣開始思索，設想當空氣通過正在移動的表面（也就是地表）上空，這時它會受到哪些影響。他拾起鉛筆，開始運算。

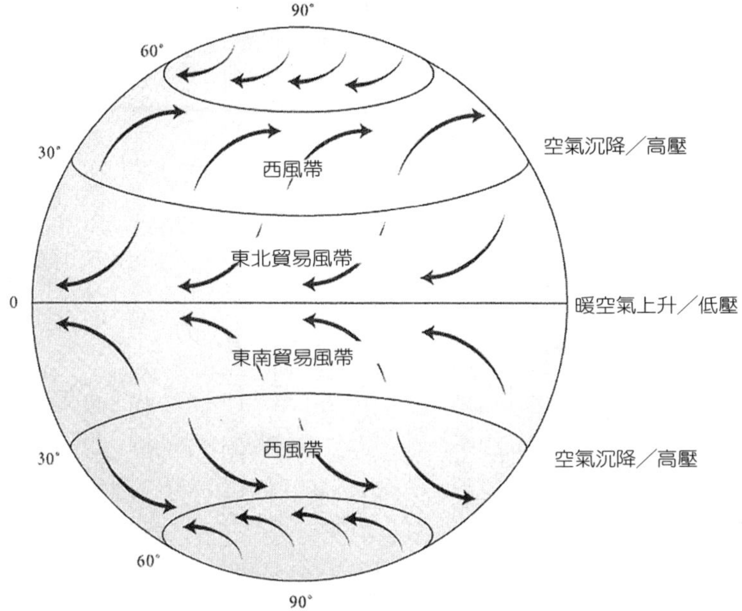

數學運算繁複至極，答案卻讓佛雷爾感到意外，結果竟然這麼單純。簡單來講，「當地表某一物體朝任意方向運動，地球旋轉現象便施加一種作用讓運動偏斜，在北半球是向右，在南半球則方向相反。」

熱帶空氣上升生成兩座高壓「山脈」。其中偏向赤道那道空氣向西流動，而偏向極地那道空氣則向東流動。

換言之，佛雷爾的發現明確告訴我們，地球自轉對上方空氣究竟產生了哪種讓人暈頭轉向的影響。若是你前往赤道，或許會遇上一批騙錢的地痞流氓，他們彎身俯視水桶、口沫橫飛想讓你相信，就是因為這樣的道理，所以在北邊，出水口的水流是逆時鐘旋轉，南邊則是順時鐘轉動；然而沒這回事，像桶子這麼小的容器，只要水中有些許擾動，就足以發揮充分影響，徹底抵銷那種作用❺。但就宏觀來看，行星的自轉作用自然會讓南北半球的風暴，分朝相反方向旋轉。這被認為是種「科里奧利效應」（Coriolis effect，又稱科氏力）。

沒有人真正明白這種效應為什麼叫這個名字。約在一九三〇年，也就是佛雷爾死後四十年，教科書開始莫名其妙採用這種稱呼。這個名稱得自法國數學家古斯塔夫・科里奧利（Gustave Gaspard Coriolis），他在一八三六年發表了一組方程式，用來解釋理論性旋轉系統中的物體運動現象。科里奧利的數學運算並無瑕疵，不過他從來沒有運用自己這項研究在大氣領域，甚至也不曾設想以此解釋風。

就連在佛雷爾的時代，氣象學家也借用另一個人的名字來稱呼這項「北半球右轉，南半球左轉」定則。佛雷爾提出他這項定則過了一年，皇家荷蘭氣象局的科學家克里斯托夫・白貝羅（Christophe Buys Ballot）發表了一篇論文，單純指出觀察結果，表示北方的空氣往往向右移動。那個荷蘭人沒有嘗試以數學導出觀察結果，也沒有再深入探究。然而，由於沒有人聽過威廉・佛雷爾，因此研究人員開始稱之為「白貝羅定律」（Buys Ballot's Law），從此就這樣流傳下來。

後來白貝羅得知費爾羅的研究成果，他覺得十分難為情。這項榮譽顯然不該歸於他本人，而是屬於佛雷爾。他甚至還寫信給佛雷爾，提議兩人聯名共享榮耀。那可憐怕羞的佛雷爾，他毫不隱瞞自己因這項提議受到何等驚嚇。他馬上回信，信末以這句話收尾：「儘管我衷心認為，若是我的名字能與您的大名產生任何關連，對我來講都是極大的榮耀，然而我萬不願意促成您慷慨提議的改變。」

然而，在我（還有其他許多人）的心目中，這項效應的名稱理所當然應該屬於那位天才農莊男孩。儘管他是自修學習，而且成就依然埋沒不顯（都怪他太過害羞），然而佛雷爾卻完整發現了科里奧利效應，接著還進一步把這項發現投入運用。經過這次運用，他就要成為世界上第一個真正認識風的人。

詳述佛雷爾效應

從現在開始，我要單方面稱這種現象為「佛雷爾效應」。若想了解佛雷爾效應，請先想想地球的形狀：環繞一條心軸自轉的球體。儘管地球上所有區域全都恰好每天自轉一周，有些部分的移行距離卻比較遠，其中尤以赤道走得最辛苦。赤道是地球最寬闊的地帶，每二十四個小時必須移行的距離最長，而且赤道表面的每個點，也永遠都以超過每小時一千六百公里的速率，在太空中飛馳。愈往北方或南方，地球的寬度就愈窄，移行速率也緩慢得多；等到你抵達兩極，地面就不做絲毫運動。

空氣會受到影響，理由在於空氣和自轉地表相觸，然而卻也能做相對自由運動。佛雷爾（科里奧利）效應不盡然是種作用力，稱之為視錯覺還更為妥當，理由在於，我們忘了自己也隨著腳下大地旋轉所致。

這種效應通常是以南、北向運動來解釋。有種作法是拿一個橘子代表自轉的地球，再拿一枝黑筆畫出空氣的南向移行運動。首先拿筆點在橘子的「北極」，接著向正南方移動黑筆，同時讓橘子由西向東自轉。於是你會發現，畫出的黑線向西彎曲，也就是向筆的「右邊」轉動。

還有一種作法或許更能說明這種效應，這次我們不只是觀察運動作用，設想有一團位於熱帶的空氣（由於地球的那個地區非常細窄，所以自轉速率非常緩慢）開始向南移向赤道（由於地球赤道區很寬闊，所以局部自轉便快得多），這時當空氣移到赤道區，便發現自己駛入的是「快速車道」，而腳下地表也飛速向東呼嘯而過。來到赤道這個地帶，熱帶氣團的速率遠遠落後，看來似乎在倒退行進。換言之，氣團似乎向西轉動。就站在地表的人來說，因為沒有意識到地球正在自轉，會覺得彷彿空氣是向右轉動的。

向北移行的氣團也可以應用這套原理。從赤道開始，氣團在這裡已經以非常高速朝東自轉。不過，隨著氣團朝北移行，底下地表的移行速率大幅減緩，這團空氣此時進入了「慢速車道」，不過它本身仍然緊踩油門不放。這團空氣現在看來是朝東轉動，而且同樣也是向右轉動。

其實，從前有一位叫作喬治・哈德里（George Hadley）的英國科學家，便曾經試解釋貿易風，而且依循他的理念，大致上也可以推估出這種現象。但由於這項解釋要仰賴空氣和地面的東、西向運動差異，在佛雷爾得出成果之前，所有人都認為這只能應用於南、北向運動。當一團空氣與地面相對朝東或朝西移行，應該感受不到絲毫作用。

佛雷爾就是在這裡發揮他的天份：結合了數學推理高明直覺，他發現就算空氣是朝東、西向移行，也要被迫轉彎。換言之，不論空氣與底下地面相對朝東、南、西、北哪個方向移行，由於地球自轉，因此看起來空氣始終都會轉向。

但是當空氣不朝南、北向移行，反而朝東、西向運動時仍然會轉向，這項解釋就複雜多了、也更難以理解。設想一團空氣是以無比高速與地面相對由西向東旋轉。由於地球本身由西向東自轉，凡是朝東移行的空氣，都完整帶有底下的地表自轉速率，然後額外再加上一些速度。任何東西的自轉速率愈高，向外飛離的傾向也愈高。（只要在橡皮圈上綁一件重物，然後繞圈轉動，你就可以見到這種效應。隨著重物轉動愈快、橡皮圈愈拉愈長，於是重物就會向外移動。還有，當乾衣機的內筒以高速旋轉之時，衣物都會緊貼在筒內壁面的道理也在於此。）但因為重力緊拉空氣貼附地表，空氣無法適度向上移動，結果便映現不出額外自轉速率的影響。

這時空氣只剩另一種選擇，改朝遠離自轉心軸的表面位置移動，而這條自轉心軸，就是從北到南，正好貫穿地球中心的直線。換句話說，空氣必須找到地球寬度天生較廣闊的地點。你愈朝赤道接近，地球寬度就愈闊，因此朝東運動的風，會朝赤道轉彎——在北半球是向右轉，在南半球則是向左轉。

相同原理也適用於與地面相對向西運行的風。這時空氣的轉速，比底下的地表略低，這就表示空氣必須向地軸靠近。由於地表會擋住氣流去向，空氣就無法往地下鑽，只得移往地球天生較細瘦的位置。當你離開赤道愈遠，地球就愈細瘦，因此向西移行的風就會偏離赤道；這同樣也表示，北半球的東風會向右轉，南半球的情況則是向左偏轉。

佛雷爾發現，在自轉世界中生活，一定會遇上這項簡單的額外效應，這種力量勢不可擋，北半球空氣總要向右轉，南半球空氣總要向左轉，於是這正符合他所需，可以用來解釋他在莫里的書中讀到的神祕模式。

我們簡化佛雷爾的論點來探討北半球的風（相同論據也適用於南半球，不過要做個鏡射轉換）。赤道豔陽普照，因此那裡的高熱空氣會垂直上升。但赤道空氣不可能永遠上升，它總要逐漸朝北往寒冷極地移動。然而，空氣移動時始終會受力偏轉，因此這股北向空氣開始朝東轉移。由於這是出現在高空，我們在地表並不會注意到。

然而，高空的空氣挪開之後在底下產生低壓間隙，表面空氣向南湧入填補空隙；

既然空氣移動時始終要轉向，於是這團空氣向右轉動，生成由東吹來的貿易風。

在此同時，高空的空氣向東移動，溫度也逐漸降低，於是空氣又要沉降，而這大致上就發生在熱帶上空。空氣沉降時，仍是繼續被拉扯右轉，這就表示空氣又開始朝南轉向。這團空氣就在此時完成一個迴圈，轉回地表構成貿易風。

在與熱帶相對的一側，寒冷極地仍設法從南方扯空氣過來。但是這團空氣也始終帶有一股強烈的右轉衝動，空氣抵達北極之前，也受迫向東轉動，接著又向南轉移。這時，佛雷爾手頭便有兩股不停轉向的氣流，一股由北極南移，另一股由赤道北行。他領悟到，這兩股氣流總要在熱帶相撞，堆疊成那座圈繞全球的神祕高壓山脈。

而既然空氣只能向大氣的低壓地帶移動，這座山脈就會構成一道障礙。這樣一來，底下地表恐怕是永遠無法補充潮濕空氣，也得不到雨水。所以儘管赤道的氣溫高於周邊地帶，然而地球的沙漠地帶主要都以赤道南北約三十度為中心，分布在兩片巨大環形區域。（你可以核對地球儀，描出北半球的撒哈拉沙漠，以及亞洲、中美洲各沙漠範圍，然後在南半球勾勒出南美洲、納米比亞、澳洲等沙漠區的位置。）

最後，藉由這兩股右旋氣流促成的高壓系統，就可以從起源、位置和持續性各層面，完滿解釋哥倫布發現的兩道壯闊風帶：貿易風和西風。兩道風帶在高壓帶相對兩側成形。這座由空氣堆疊而成的山脈，南北兩側彷彿都有斜坡。赤道空氣攀升到極高海拔，由南方向山脈逼近，一旦觸及山巔，便被迫回轉朝南滾落山坡（從而朝西移行）並構成地表的貿易風。從北方抵達的高空空氣，則由北邊對應山坡滑降，接著又回轉朝北（從而朝東移行）並形成西風。

佛雷爾整理自己的方程組，發現了「萬物都向右轉」的簡單定律，這下他幾乎已能徹底解釋風的流動現象。

榮耀加身

佛雷爾成功解釋世界的氣流現象，寫成一篇標題為〈論海風和洋流〉（An essay on the winds and currents of the ocean）的文章，並於一八五六年在他朋友布林的報刊《納許維爾內外科醫學期刊》上發表。這份刊物可不是世界上流傳最廣的氣象學研究期刊，無論如何，有關這篇文章和佛雷爾其他研究的消息，依然開始點滴向外流傳。隔年，他意外收到邀約，聘請他前往麻州劍橋編纂由美國海軍天文台出版的《美國星曆表和航海天文曆》（*American Ephemeris and Nautical Almanac*）。儘管這並不是個學術職位，佛雷爾依然喜不自禁接受邀約，於是突然之間，他身邊圍繞了一群思想家和科學家，更讓他驚奇的是，那些人竟然認為自己是那個圈子的一員。

後來設於華盛頓特區的美國氣象信號局（U.S. Signals Service）來劍橋挖角，不但雇用他，還堅持重新發表《納許維爾內外科醫學期刊》那篇論文，還有他被埋沒的其他文章，這樣一來，全世界的氣象學家，就可以拋掉他們手中那本不知所云的破爛原書。佛雷爾從來不曾追逐學術職位或榮譽，旁人卻堅持要給他功名利祿。他成為美國國家科學院的院士，美國藝術與科學學院的副研究員，奧地利、不列顛和德國氣象學會的榮譽會員，還獲頒榮譽碩士和榮譽博士學位。

佛雷爾此生還會成就許多發現，含括課題變化多端，廣泛得令人咋舌。他構思出一套數學工具，作用就像省力裝置：以一組公式構成捷徑，大幅簡化冗長計算。他設計出求圓周率的新式算法，以較佳方式求得圓周對直徑的比率。他甚至算出月球重量，還清楚解釋英仙座「大陵五」（Algol）變光星向地球眨眼的速度為什麼愈來愈快。儘管他直到近四十歲才展開科學生涯，然而三十年後退休之時，他已經是著作等身，完成三千頁左右的科學研究論文。

佛雷爾這輩子始終擺脫不了害羞個性，這個毛病讓他每每驚慌失措。縱然明白自己有這項缺點，他卻似乎無能為力。有一次，他寫了一篇〈論潮汐引致月球平均運動明顯加速之影響〉（Note on the influence of the tides in causing an apparent acceleration of the moon's mean motion）文章，並體認到這其中含有一項重要的原創發現。他決定在美國藝術與科學學院會上做口頭提報，結果不知道為什麼，他就是沒辦法上台朗讀論文。後來他坦承：「我一次又一次攜帶論文參加學院會議，想在會上朗讀，結果都鼓不起勇氣。」

佛雷爾在七十歲時退休，搬到美國中西部。不過那裡太過偏遠，取得書本很不方便，他受不了，很快又搬回東部。他在五年之後去世，臨終時和他生前的日子同樣安詳。他最了不起的朋友之一，與他結交三十年的氣象學家克利夫蘭·阿貝（Cleveland Abbe）寫道：「我們全都記得他的文靜作風，他不屈不撓的勤奮表現、他的羞怯個性、他終生專心致志思考嶄新複雜問題的不變習性。他住在一種抽象大氣裡面；他和我們共處，卻又特異獨行。」

另一篇訃文比較拘謹，作者是一位曾與佛雷爾短暫共事的氣象學教授，內容寫道：「臧否名人成就的文章竟提到佛雷爾，實在稀奇，整個世界對這個人都全無認識……他是美國歷來最出色的科學人才之一。」這篇訃文寫成之後，美國又產生出眾多出色的男女科學人才，不過，那兩篇文章所述仍舊適用。如今佛雷爾依然較不為人所知，但毫無疑問是美國歷來最了不起的科學家之一。

三胞環流模型

若沒有圈繞世界的壯闊風帶，這顆行星完全不會是現在這個樣子，地球會部分凍結、部分燒焦。倘若熱帶陽光所帶來的熱量完全保留在那裡，赤道地區的溫度就會高於現況，上升攝氏十四度整，那裡的生命也完全無法存續。兩極地區的情況還要更糟，兩處地帶都迫切需要熱量，甚至超過熱帶的散熱需求。極地不只是直接日照少於赤道地區，那裡的白色冰帽還會大量反射陽光，把大半熱量射回太空。由於這些因素，若是沒有外力介入、從南方遠處伸出援手，南北兩個極區的溫度都要低於現況，下降攝氏二十五度整，而這種降溫現象，也會蔓延及於人口眾多的中緯度到高緯度區。換言之，倘若熱量只逗留在陽光灑落的位置，那麼地表大半地區，恐怕都要變得無法居住❻。

地球的熱量寶藏必須重新分配，氣流就是負責分配的媒介，而中緯度區則是分配作業的動力引擎。這部引擎的最重要元件，就是移動氣團的另一種關鍵表現型式，而且佛雷爾就此也有辦法以他的「北半球向右轉」新定律提出解釋：這不是指風流，而是風暴。

佛雷爾出現之前沒有人明白，風暴等種種氣象模式周圍的風，為什麼要繞圈運動。事實上，衛星提供影像讓我們看到螺旋颶風的種種精彩圖形之前，許多人都不肯相信颶風是圓的。要解釋風暴的造型，只需根據佛雷爾發現的新定律就夠了。地球上的移動氣團，全都帶有恆久不變的轉向衝動。天空永遠不會靜止不動，也不會是均勻的。空氣始終不斷由一處向他方移動，而風暴剛形成之時，都是萌發自鄰近失去些許空氣的小片天空。周圍地區的空氣開始設法填補這個缺口，結果卻辦不到。一旦開始朝低壓中心移動，空氣就必然要轉向。北半球的空氣向右轉，所以北半球的氣旋一律採逆時鐘方向轉動。相同道理，南半球的風暴都採順時鐘方向轉動，因為那裡的空氣都向左轉。所有氣旋風暴都直接體現出地球自轉不止的特性，而佛雷爾便是最早明白這點的人。

促成熱帶風暴的能量，得自它們由海面吸收的水分，不過，它們之所以能長期維持強大破壞力量，卻是肇因於那種旋轉不止的現象。就像溜冰選手收攏雙臂加速旋轉，最靠近無風低壓中心的空氣移動速率也最高。風暴「眼」的周圍，風速通常最高，儘管竭力繞圈移動，卻終究功虧一簣，無法躍入核心。

颶風是世界上威力最大的風暴，見於最低緯度區，也就是貿易風吹襲的地帶。若是沒有豐沛的溫暖水分提供動力，它們就無法存續，因此只有熱帶地區才會出現颶風❼。颶風不常出現，也唯有在最溫暖的季節才會成形。還有，和中緯度地帶四處亂竄❽的靈巧風暴相比，颶風的規模較小、構造比較緻密，持續時間也較短。

儘管颶風的聲勢驚人，破壞力強大，卻不是氣候的主要動力引擎。事實上，在熱帶和極地區域之間傳遞能量的重要工作，大半是在中緯度地區完成。這裡是壯闊的碰撞地帶，極地空氣和熱帶暖空氣在這裡衝撞，釋出能量產生風暴，接著就像一顆顆滾珠軸承在全世界到處打轉。

這裡就是深切影響地球大氣分配系統的地帶。這也是整個大氣環流系統當中，唯一冠上佛雷爾之名的部分。彙總佛雷爾的發現以描繪大氣相貌，我們可以看出南北半球各包含三道巨大環流圈。第一道從赤道延伸到熱帶，相貌就如哈德里描述的樣子，因此稱為哈德里胞（Hadley cell）。第三道從中緯度區延伸到兩極區，而且也是由於空氣所接收熱能有直接量差，才促成環流運行，因此這也是種哈德里胞。中間那道則是以相反方式運作，而且完全是因應另外兩道環流才生成。這道環流通常稱為佛雷爾胞。

許多學校仍然教導學生大氣包含這三種環流圈，然而這種寫照並不完全正確。赤道附近的哈德里胞肯定是事實，極地的環流也確實存在（不過威力弱小得多）。至於兩者之間，實際上卻完全沒有鮮明的環流圈；其實那裡只有一團團迴旋風暴和氣象系統錯雜交纏。這就是大氣中運動最旺盛的環節，而且環流作用大半都發生在這裡。所以西風才遠比貿易風更為強勁，也因此哥倫布才會遇上那場情人節風暴，甚至連性命都差點保不住；這種風暴正是在那個地帶生成，那裡的風暴型鋒面激起氣候能量並向外傳播。

還有，中緯度氣候之所以變幻莫測也是肇因於此。夏威夷位於貿易風的吹襲路徑，那裡的居民幾乎一年到頭都會感受到東方吹來的和風。然而，中緯度地帶的民眾正好住在佛雷爾的翻騰風暴和迴轉鋒面底下，那裡的氣候稱得上是詭譎萬變。（馬克吐溫描述得好，有一次，他就新英格蘭區的日常氣候提出預測：「風可能從東北刮向西南，再轉為南向和西向和東向，或為中間方向；氣壓可高可低，橫掃四面八方；各

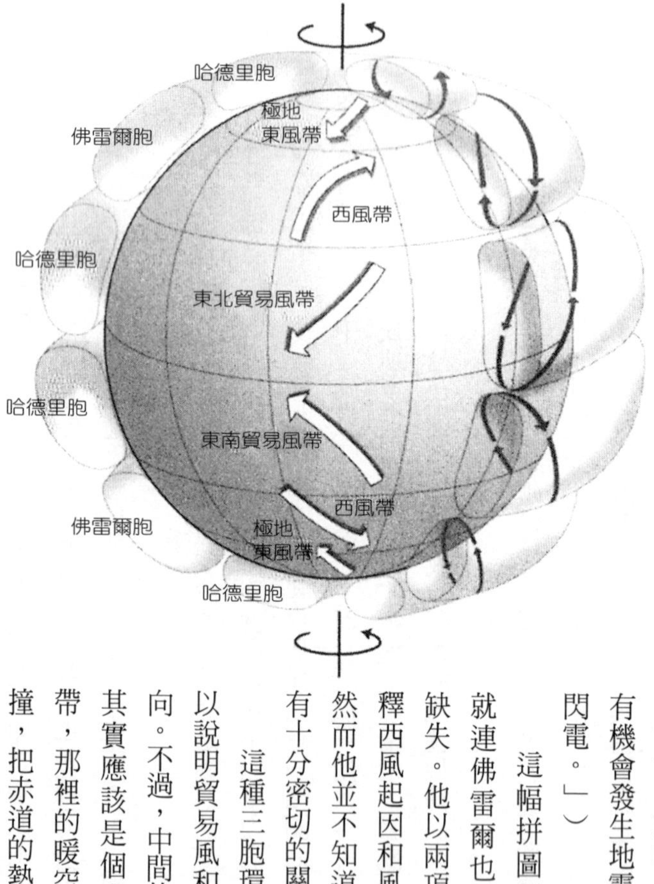

區或要下雨、降雪、下冰雹，還可能出現乾旱，此後或先前有機會發生地震，加上雷聲和閃電。」）

這幅拼圖還缺了一片，就連佛雷爾也沒有看出這個缺失。他以兩項重要論述來解釋西風起因和風暴旋轉現象，然而他並不知道，這兩項論述有十分密切的關係。

這種三胞環流大氣圖像可以說明貿易風和西風的氣流方向。不過，中間的「佛雷爾胞」其實應該是個多風暴複雜地帶，那裡的暖空氣和冷空氣衝撞，把赤道的熱能搬往極地。

佛雷爾已經想到，表面的

西風或許受到威力相當、方向卻相反的高空「東風」制衡影響。他這種想法錯了。西風只不過是種外圍氣流，主角則是種更搶眼、更狂暴的風，然而當時全世界還沒有人料到有這種狂風。就算天上萬里無雲，蔚藍一片，偶爾那裡仍有空氣洪流，而且強勁超過颶風。這就是施展無形高明手法，導引中緯度自轉氣旋的動力源頭，也是空氣得以帶著孕育生機的熱量和雨水，飄往四方的最後一項重要因素。

橫衝直撞的飛行員

一九三三年七月十九日

威利．波斯特（Wiley Post）獨自在溫妮梅號（Winnie Mae）駕駛艙中，凝視他底下那片濃密雲層。他一向都知道，這趟單人環球飛行的最危險段落就在西伯利亞。那裡的高聳山峰經常籠罩在霧中，而且俄羅斯的地圖誤差大得離譜，根本幫不上忙。威利在兩年前就學到這個教訓，當時那批地圖，誤導他逕直向西伯利亞一座高山的山腰飛去。那是發生在他的首次環球飛行，當時他身邊有一位領航員幫忙。這次他單獨飛行，而且還是半盲（他照舊綁了一片棉布，蓋住失明的左眼部位）。

他還知道，倘若他沒有返航，許多人都會感到十分高興。雖說波斯特是個飛行天才——有個人談到他時曾說「他不是在開飛機，他是穿著飛機」——不過和他的宿敵本領相比，那簡直不值一提。不論起因是他的卑微出身、他的五短身材，或者完全是由於他那種讓全世界都想打擊他的頑劣個性，反正波斯特老是嫌東嫌西、騷擾他人又常亂發脾氣，連想要幫他忙的人，都成為他的出氣筒。他對媒體也抱持敵意，據說一位攝影記者告訴波斯特，他來跑道不是想拍起飛鏡頭，實際上，他希望波斯特的飛機墜毀，這樣他就可以「拍到你燒得兩面焦的鏡頭」。顯然那個人不是在開玩笑。

所幸，波斯特從上一趟西伯利亞飛行還學到另一個教訓。只要他飛得很高，就可以避開麻煩。沒有氧氣，你恐怕沒辦法在六千公尺高空飛行，不過波斯特發現只要別逗留太久，他就可以辦到這點。此外，他還想驗證另一件事情。回顧一九三一年第一趟環球飛行，當時他和他的領航員曾駕駛座機向上超越危險雲層，飛進清朗藍天，那時他們遇上一股突發順風，風速高得讓他們的時速加快了一百六十公里。

波斯特深信，飛機會成為未來的運輸工具，而長程飛行也會成為空運成功的關鍵。若是你能在短短幾小時內飛抵歐洲，為什麼還要花五天功夫搭船？然而，當時還有許多人心懷質疑，在他們心目中，飛機仍然不過是種珍奇玩意兒，於是他下定決心要證明他們錯了。倘若有任何額外氣流能夠幫他多加把勁，他都想更深入了解。

波斯特在西伯利亞雲層上方翱翔，如願找到目標。他感受到同樣那種突發紊流，接著狂暴空氣洪流湧現、突如其來施加推力，然而在他四周，天空看來卻是一片靜謐。

幾天之後，他在阿拉斯加上空慢慢爬升到六千公尺高處，又一次感受到那股推力。那上面似乎真的有某種東西，某種可供飛行員運用的現象。

波斯特在紐約降落，這時他已經打破自己先前的紀錄，超前二十一小時。紐約市為他辦了一場盛大遊行。所有人都想借他的名號獲益。駱駝牌香菸把他列入「著名癮君子」，其實他根本不抽菸。他們的廣告上有一句話，據信就是波斯特說的：「要渾身是膽才敢獨自環球飛行。我抽駱駝牌香菸這麼久，從不懷疑自己渾身是膽。」有時他還假裝拿駱駝牌來抽，抽了幾口再把菸頭摁熄。

當他開始吹噓，說什麼萬里無雲的清朗天空，實際上卻到處都是狂烈暴風，許多人都忍不住要發笑。他們眾口紛紜，有的斷定他之所以這樣講，是由於待在一個地方太久了，有的認為他缺氧，或完全是由於坐在飛機裡面胡思亂想所致，因為他就只有自己一個人，沒有講話對象，也沒有其他事情可做。

波斯特受不了這種質疑。他飽經風霜力求上進，這時更決心要證明自己沒錯。

就像佛雷爾，波斯特也是出身農莊的貧童。不過他的個性迥異，出生年代也非常不同。在佛雷爾的時代，美國還處於拓荒艱困階段。然而到了波斯特誕生那年，則已經進入十九世紀尾聲，世界變遷日新月異，新聞傳播暢行無阻，連他在德州科林斯（Corinth）的農村社區都能知天下事。一八九八年，各地都市都出現人口暴增現象，紐約市人口數更為驚人，達到三百五十萬之眾。各都市附近還紛紛出現工業化「製造廠」，分別生產自己的核心產品並輸往全國各地。舉例來說，有種稱為「玉米片」的新式早餐穀類，已經開始在商店出現。（初期發展並不順利，因為配方不太好、玉米片在雜貨店貨架上腐敗發臭。）就在同一年，美國各生產線推出將近一千輛新式無馬自動車。再過五年，萊特兄弟就要在北卡羅萊納州的基蒂霍克，證明人類能飛。

十四歲時，波斯特這輩子第一次看到飛機。波斯特和佛雷爾不同，他不是學者。這個高傲的人對讀書不感興趣，他在三年之前輟學，這時幾乎連自己的姓名都拼不出來。但他始終熱愛技術，還十分精通機器。波斯特年輕時幾乎什麼都能修，從縫紉機到播種機樣樣都行。他輟學之後，便不時巡迴各地農莊提供修繕服務。他在前一年已經賺夠資金，買下一輛美國最早期的腳踏車。

一九一三年秋天，他和家人前往俄克拉荷馬州勞頓（Lawton）參觀郡縣博覽會，那次之後他就把腳踏車忘得一乾二淨。阿爾特・史密斯（Art Smith），美國最早的特技飛行家之一，也帶著一架最早期的飛機——寇蒂斯推式機（Curtiss Pusher）——來到會場。波斯特把搭乘式娛樂設備、展覽品，還有採收和種植機具操作示範全都擺在腦後，他只關心那架飛機。後來波斯特說：「我從沒見過有哪台陸地、海面或天上的機器，像這架老推式機那樣讓我喘不過氣。」博覽會結束了，也早過了約定會合時間，他的幾位兄弟發現他一個人坐在那架推式機的駕駛座上，腦中充滿夢想。

從那天開始，波斯特一心一意只想飛行。但是飛機才剛問世，是種新奇的東西，最重要的是耗費昂貴。沒有人會僱請沒有經驗的農莊男孩來開飛機，特別是波斯特這種長相的小孩。他很矮，身高才一百六十三公分，不過他生性剛毅好強，和他的火紅頭髮十分相稱。波斯特真正需要的是金錢，他要自行購買飛機。而且倘若其中還要冒點風險，那又更好了。

所以波斯特開始上公路搶劫。他的構想十分高明，在大蕭條期間更多方運用：把一台顯然沒人要的機械擺在公路上，吸引路過駕駛停車，接著便揮舞槍枝跳出來向他們索錢。然而，波斯特搶錢恐怕不是非常高明，他在一九二一年落網之前，曾在俄克拉荷馬州格雷迪郡（Grady County）逞凶好一陣子，結果他口袋裡卻依然只有二十七分錢。他被判十年徒刑，不過由於他變得十分沮喪、孤僻，只關了一年就假釋出獄。波斯特對他的刑事紀錄始終深感羞愧，成名之後，更不擇手段隱匿那段過去，不讓外界知道。

根據波斯特的假釋條件，他不得有絲毫違法犯行。但這並不代表他必須放棄他的飛行夢想。他開始在油田工作，然而不久之後他就找上柏萊爾・提布斯（Burrell Tibbs）的飛行馬戲班，表示他想加入表演團。他運氣很好。飛行馬戲班的最重要角色之一，跳傘員，恰好在前一天受傷。群眾愛看別人冒著生命危險跳下來，馬戲班也迫切需要替換人手。波斯特，你以前跳過傘嗎？沒有？喔，別擔心，這沒什麼。其實你只要在身上綁一具傘，然後跳下來就行了。結果波斯特發現事實上遠不只於此，不過好險他終於想起該拉扯傘索，接著就有驚無險地向地球飄蕩下來，那時心中的感受，他稱之為：「我這輩子最激昂的興奮體驗之一。」

往後又跳了許多次，還上了一些飛行課程、做了一點特技演出。不過儘管每跳一次收入五十美金，波斯特仍然賺不到自行購買飛機所需金額。他不甘不願回到油田，幫一家叫作德拉普曼與康利夫氏（Droppleman & Cunliffe）的鑽油公司工作。他第一天上工是在一九二六年十月一日，那也是他工作的最後一天。那天的經過細節，就像發生在波斯特身上的許多故事，同樣有點不明不白。一條轉盤傳動鏈壞了，有個人拿了把鎚子從鏈條敲下一根插針。波斯特始終表示是旁人拿鎚子來敲的，但後來他有個同事卻發誓，說是波斯特自己不小心才會受傷。無論如何，事實是一件鋼料斷裂、射進波斯特的左眼。醫師拿根探針設法取出那件鋼料，卻已經引發感染，專科醫師只好取出波斯特的眼珠。三十天後，俄克拉荷馬州的州級工業委員會裁定，波斯特可以獲得一六九八．二五元傷害補償金。

儘管波斯特失去一眼，他卻買得起飛機了。

波斯特首先要學會如何補償他的視力傷害。當時還沒有可靠的飛航儀表來測定飛機離地高度，還有逐漸逼近的障礙物相隔多遠，這些要等很久之後才會問世，他只剩一眼，必須克服萬難自行判斷這些距離。復建期間，波斯特每天都花好幾個小時做長距離步行。他估計那塊岩石、那面懸崖或那座山脈離這裡多遠，然後步測距離看自己估得對不對，有時估計樹木高度，接著就爬上去核對。波斯特的猜測愈來愈準，最後他終於斷定自己已經準備妥當。

驚險飛行

波斯特的新飛機叫珍妮號，是加拿大製造的肯納克式機（Canuck）。他的補償金大半被珍妮號吃掉，剩下的幾乎全都拿來上飛行課程。結果那架飛機實在太方便了，不只是生意用途，波斯特除了雇用自己擔任駕駛，後來他私奔時也用上了珍妮號。波斯特和堂妹，小名「梅」的伊德娜．雷恩（Edna Laine）墜入情網，女方雙親強烈反對兩人結合。家長不肯接納情有可原。梅是個天真無邪的十七歲少女，波斯特則是個飽經世故的二十八歲男子。他只有一眼、性情暴躁，還有一段不堪回首的公路搶劫歷史。而且駕駛新式飛機在美國四處漂泊，實在不是種穩當的工作。波斯特明白，他必須想個好辦法把梅帶走，讓她的父母無力制止。

一九二七年六月二十七日，梅和波斯特登上珍妮號。梅帶了個小袋子，裡面有幾樣隨身用品；波斯特口袋裡裝了一張結婚許可證。梅的父母聽到飛機引擎點火連忙趕出來，察覺女兒坐在裡面；夫婦倆張口呼喊，不過沒有人聽到他們叫喊了什麼，或許，小倆口也曾揮手道別。但是他們這次逃亡並沒有結束。從梅的父母住家向南不到五十公里，那架肯納克式機的引擎熄火。波斯特倉皇四顧，找到一片田地，那裡的作物剛收割不久，看來也還算平坦，他可以在那裡降落。這時周圍杳無人煙，他也不可能在當晚把飛機修好，但是波斯特展現令人肅然起敬的精神，更別提他還憂心忡忡，擔心有個憤怒的父親隨時都會蒞臨，壞了他的好事。總之波斯特動身找到一位牧師，那位牧師樂意成全，當場為這對情侶證婚。他們的新婚之夜，就在一座油井鐵架塔的木製平台上露天度過。

最後，梅的雙親終究還是原諒波斯特。他名利雙收，肯定超過岳父岳母對他的一切指望（不過他本人倒是希望擁有更多財富）。波斯特擔任一位富商的私人駕駛，同時還參加全國空中競技大賽，先贏得從洛杉磯到芝加哥段賽程。接著在一九三一年六月創下第一項紀錄，他和領航員哈羅德．加提（Harold Gatty）完成環球飛行；兩人在八天又十五小時五十一分鐘內，飛越兩萬四千九百〇三公里。在這整段飛航期間，波斯特總共睡不到十五小時。

這趟飛行和後來那次單飛之後，波斯特已經如願以償功成名就，但這時他更想要的是讓別人信服。他幾次感受到那種高空氣流、他知道這確實存在，他要證明這項事實。

為完成使命他必須高飛，甚至還要在高空逗留，他需要的是氧氣。溫尼梅號機身氣密不足，無法加壓，不過或許他可以用管子將氧氣導入身上的衣物。這就成為可供波斯特大顯身手的機械難題。他開始瘋狂投入設計，接連完成種種服裝。第一種採兩件式，以氣密腰帶相連、搭配豬革手套和橡皮靴，再加上一頂鋁質頭盔，樣子就像銲工護盔，而口部則留了一道活門以便取用飲食。可惜，當他進入減壓艙進行測試，每次都立刻漏氣。第二次嘗試結果好一點，不過儘管波斯特可以輕鬆著裝，穿上後卻脫不下來，讓他陷入尷尬處境。原來從量身打造服裝到那個時候，他已經胖了九公斤，經過幾次嘗試都脫身不得，最後只好把衣服剪開卸下。

但是第三次測試的結果好極了。為確保服裝合身，波斯特量身複製了一具金屬人體模型，按他本人端坐駕駛艙中的姿勢打造完成。接著在人形上塗敷膠乳，構成服裝內罩。氧氣從左側導入頭盔，入口接近他失明的眼睛，這樣氣流就不會干擾他的視覺。測試結果看來不錯。接著波斯特就要著手試穿，結果證明，這名符其實就是世界上第一套太空裝。

首先，波斯特只想盡可能提昇高度，驗證服裝確實挺得過去。一九三四年九月五日，他抵達一萬兩千多公尺高度，服裝穩定運作。十二月七日，他再次起飛，攀升到一萬五千多公尺，創下動力飛行新紀錄（不過這仍然屬於非正式紀錄，因為在接近一萬一千公尺時，波斯特兩具氣壓記錄器之一便凍結失靈）。這兩趟飛行，波斯特都感受到高空氣洪流分毫不爽的推擠力量。他表示：「經由這次飛行，我深信只要越過九千公尺高空，進入盛行風管道，飛機就能以驚人高速飛行。」

接著就是真正的測試。他能不能運用那股勁風，突破眾人心目中的飛機最高性能、凌駕合理飛行速度，而且快得讓懷疑他的人都不得不相信他？他的第一次嘗試，幾乎釀成慘劇。

一九三五年二月二十二日，波斯特從加州伯班克機場（Burbank airport）起飛前往東岸。他幾呈筆直攀升，打算爬升到八公里高空。然而就在近七千五百公尺處，他發現一個問題。油壓突然減弱。若是不關閉引擎，機上所有軸承都要卡死。波斯特開始降低高度，四顧尋找降落地點。他離開伯班克才三十五分鐘，放眼望去，卻完全找不到像跑道的地方。更糟的是，他已經投棄起落架，讓飛機更具流線外形。他必須用飛機的強化機身著陸，肯定十分顛簸。這時波斯特看到一片乾湖床，以他精湛的飛行技能，他可以操控飛機降落並平安著陸。

他掙扎爬出駕駛艙，卻無法自行卸下壓力衣。由於衣物厚重礙手礙腳，波斯特連伸手到後方鬆開頭盔都辦不到。最後，他走到一條路上，見到那裡有輛汽車拋錨，駕駛正笨手笨腳設法修理。那幅景象肯定十分精彩。「那個人雙膝直不起來，幾乎撲跌倒地。他繞過汽車，跑到車後盯著我瞧。我花了些時間安撫他，終於讓他鎮定下來，然後他幫我取下我的氧氣頭盔。『天啊，好傢伙，』等他嗓門恢復正常，就聽他說，『我嚇傻了。我還以為你是從月亮或什麼地方降下來的。』」

兩人一起走去找人幫忙。直到飛機運回伯班克檢視，波斯特才發現是哪裡出了問題。油箱裡面有近一公斤重的金屬銼屑和砂子，這是故意倒進去的。有人想殺他。

波斯特，這個玩命當兒戲的前跳傘員和公路搶匪，可不是那麼容易嚇退的人。一九三五年三月五日，他又登上飛機，事前做了嚴格檢查，再次從伯班克出發。這次一切順利，至少起初是如此。抵達俄亥俄州時，波斯特發覺氧氣幾乎耗光了。他沒有選擇餘地，只好降回較低高度，在克利夫蘭機場降落。但是他的飛行距離肯定是夠遠了。溫尼梅號花了七小時又十九分鐘，飛越三千兩百多公里。這樣算來，平均飛行時速接近四百五十公里，和這架飛機的合理速度相比，每小時至少快了一百六十公里。

不知道為什麼，民眾似乎還不肯相信。因為波斯特這個見證人實在太不可靠、無法扭轉偏見，不足以讓他們相信那套晴空刮起大風的說詞。或許，只要他一路直飛到東岸……儘管他又試了一次、兩次，機械卻一再故障，逼得他只好降落。根據一項報導，最早的那次嘗試，他的頭盔被霧氣嚴重遮擋，他只好用鼻頭擦拭。後來當他的鼻子嚴重擦傷，把玻璃染上斑斑鮮血，他也只好降落。可惜，沒有人相信波斯特。後來他在阿拉斯加因一次空難喪生（那次顯然並非預謀），又過了幾年，全世界才明白他終究是對的。而在此同時，人類由於漠視他的發現，又發生了不只一次慘劇。

超高速噴流現形

波斯特口中的「大風」（high winds）就是我們今天所說的噴流。南北半球都有這種環繞地球的高速空氣洪流。噴流並非永遠看不到。偶爾噴流會帶動捲雲快速移行，而且在太空中也見得到噴流拖出的細長痕跡。聖母峰突入一道從西向東移動的亞洲噴流，因此許多聖母峰圖片都顯示東側留有飛雪痕跡。噴流寬僅達幾百公里，高可能只有幾公里，不過那裡的氣流很強。噴流以每小時一、兩百公里速度橫掃天際，有時還能逼近時速五百公里，這種風速在全世界數一數二：凌駕颶風，幾乎與龍捲風不相上下，然而其影響還更是深遠得多。

波斯特曾在西伯利亞和阿拉斯加上空親眼瞥見噴流身影，然而噴流再次現身是在日本上空，那時二次大戰已經快要結束。美國 B-29 轟炸機是專為高空飛行設計，適航高度超過九千公尺，這樣才能甩開敵方戰鬥機，同時保有精確轟炸性能。然而，怪的是，當機群飛抵日本上空向目標投彈，彈著點卻天差地遠。轟炸機群應該是以五百五十公里時速飛行，然而儀器卻顯示對地速度為七百七十公里。以那種高速，機群根本不可能投中八公里底下的目標。指揮官往往都怪罪飛行員無能，很少聽信他們的說詞，質疑雲上怎麼可能刮起颶風般猛烈的勁風，不過他們腦中也開始出現問號。

當時仍無人領悟，這些空氣洪流完全不是怪誕的局域效應。直到後來日本軍方靈機一動，在一九四五年年初，施放幾千顆裝了詭雷的氣球，真相方才大白。那批氣球都裝了一種巧妙裝置，能維持位置順著噴流飄移：若下降過甚，壓力感測器便會引爆一劑火藥，把一小袋荷重投棄到太平洋中。日軍完全不知道這批氣球能飄移多遠，不過其中一千顆一路飄到美國西岸。氣球搭上看不見的氣流便車，區區四天之內飄了近一萬公里。

許多氣球被擊落。有些被俘獲。若是報紙刊出「日本施放炸彈氣球轟炸美國本土」頭條新聞，肯定要掀起恐慌，美國軍方決心管制媒體，不讓新聞見報。接著在一九四五年五月五日，俄勒崗州布萊（Bligh）一群主日學學童參加遠足活動到森林野餐。那是個宜人夏日，孩童毫無戒心，競相奔往林間空地窺探一件奇怪裝置。沒有人知道是誰先碰觸那個東西，氣球爆炸，他們的骨頭都隨著碎裂彈片，嵌入四周樹幹。五名孩童和一位老師遇害。在那整場戰爭期間，美國本土只有他們死於戰火。

當北半球民眾逐步發現噴流威力之時，卻沒有人料到噴流也會在南半球現身。民航飛行才剛起步，很少飛機能爬升到充分高度，也無從注意到風勢變化。這其中一架是英國蘭開斯特型民航機，機名為星塵號（Stardust），這型飛機能飛得很高，專為飛越安地斯山而設計，必要時可以高飛避開經常籠罩山巔的風暴和雲層。一九四七年八月二日，星塵號從阿根廷布宜諾賽利斯起飛，直航智利聖地牙哥。這段航程要直接躍過安地斯山區數一數二的高峰，圖蓬加托山（Mount Tupungato）。根據氣象報告，能見度很低，因此當他們飛近那片山區，星塵號駕駛便使用無線電報告，他想爬高到七千三百公尺。無線電照例保持通暢；駕駛員報告他已經跨越山峰，正要下降進入聖地牙哥機場。接著，飛機平白無故消失無蹤。

調查人員百思不解，終於在五十年後釐清星塵號的遭遇。這不是外星綁架事件，禍首也非南美的「百慕達三角」，更不能以在這段期間冒出來的其他種種怪誕理論解釋。事實上，那架不幸的飛機是遇上了南天噴流。當星塵號爬升到七千三百公尺，突然遇上一股勁風逆向襲來，於是飛機航速大減，落差超過每小時一百六十公里。問題是，飛行員對此一無所知。那時沒有雷達告訴他對地速度減慢近半，而且在雲層底下那片杳無人煙地帶，也沒有無線電發射台追蹤他的位置。

他只能根據儀器顯示的空速推算出自己的位置。當他認為自己已經抵達聖地牙哥附近，實際上卻還沒有完全越過山脈。飛機撞上圖蓬加托山東側坡面，三名機組人員和機上六位乘客當場喪命。撞擊引發雪崩，過了幾秒鐘飛機就被雪覆蓋，接著逐漸下沉、陷入冰河中央，在凜冽霜雪中一路沉降谷底。

過了五十年光景，冰河終於吐出飛機殘骸，若非如此也沒有人會知道，原來噴流又奪走更多人命。然而噴流本身絕對沒有懷抱惡意，如今我們已經認識噴流，也能監測其形成位置，甚至噴流還逐漸實現了波斯特運用那股力量的夢想。從北美洲朝東吹向歐洲的強大噴流，能推動航機前進，這就可以解釋為什麼東向跨大西洋航班，費時要比西向班機短了近一個小時。接著在一九九九年，勃萊特靈衛星號（Breitling Orbiter）高空氣球搭乘噴流便車，完成不著陸環球飛行。

噴流的重要性還遠高於此，噴流是促使地球適於生物棲息的最後一步。因為佛雷爾的圓形風暴，像滾珠軸承四處滾動的環流，都要靠噴流來引領。

噴流較常在佛雷爾的狂暴西風帶左右側高空大氣中現身；熱帶空氣和中緯度較冷空氣就是在那裡相遇；而中緯度空氣，也是在那裡和極地冰冷大氣相撞。就北半球噴流來看，不論是哪種遭遇情況，由於兩股氣團溫差極大，都會推擠南方的空氣朝北而去，根據佛雷爾的「北半球右轉」定律，這就表示那股風會迴旋朝東撲去。兩股噴流分以複雜方式四處吹襲。有時候這兩股匯聚合一，在南北半球各產生一道巨大噴流；有時候兩股全都消失不見。冬季時風勢最強，這是由於赤道和極地的溫度落差最大。

風暴也是在噴流誕生地帶形成，因為風暴也仰賴大幅溫差取得能量，隨後再受噴流影響轉向並繞行全球。這些風暴所含雨水，是推動氣候變化的首要動力之一，而地球空氣也藉此方式重新分配手中資源——依各氣團情況各盡其才並各取所需。

儘管我們的大氣所含水分只佔地球總水量區區百分之幾，這批水汽卻能發揮舉世無匹的強大運輸功能❾。平均來講，一顆水分子被鎖進海洋和冰蓋之後，便要在裡面待上千百年，但若是被吸收進入大氣，那顆水分子就會進入空中，接著在短短十天之內化為雨水再次現身。

倘若地球從不下雨，那麼所有陸地區域都不會有生命存活，因為所有生物都需要水，若非大氣拔刀相助，啟動重新分配機制，我們就只能住在海裡了，另外那些攜帶水分的風暴，其實也同時攜有熱量。

當空氣由海洋吸收水分，同時也動用能量拆開水分子，將它們轉變為分崩離析的氣體。當分子重聚構成雨滴，同時也釋出能量，這就是孕育風暴的動力。熱量和水密切相依，而且都由世界各地的風來重新分配。（流汗的基本原理也一樣，當你流汗，汗腺從你體內取得水分並灌注到身體表面。接著這些水分漸漸蒸發，進入你周圍的空氣，同時也帶走你的額外熱能。隨後汗水便藉由大氣和雨水，輸往其他更需要水分的地方。）

地球的龐大風系施展這種絕技已達幾十億年，產生出形形色色的全球氣候模式。氣流因應氣溫梯度和可用水量的微妙變遷，孕育出不同的世界，而它能維繫生命，儘管有時候展現出迥異於我們現今所見的風貌。無論如何，我們人類在演化期間所棲居的世界，發展出一套特定條件、產生一組特定氣候。而我們所擁有的特定再分配模式，可能很快就會出現變化。如今許多人都擔心，全球暖化會干擾風載物質的沉澱方式。較暖的空氣能容納較多水分，隨後才卸下化為雨水，而這或許會造成某些地區的乾旱情況。空氣含有較多水分，代表能量也較多，於是風暴便可能轉劇。隨著極區暖化，噴流可能轉移位置；有些人認為，二〇〇二年北美洲各地野火頻繁就是個徵兆，顯示噴流或已帶著風暴同時向北轉移。

就算這種情況完全沒有出現，地球或許也能自我調適，起碼在地球上某些地區，依然可能保有湖泊、河川和蓄水庫。過去四十多億年間，我們無所不包的大氣，始終不斷促成這種轉變，如今也沒有理由停頓。（不過地球經過重新調適之後，是否還能保有宜人環境、得以繼續維持大量人口，還是變得堪可棲居，那又是另一回事了。）

至此我們已經看出，這片空氣汪洋徹頭徹尾裝出一副改革家的樣子。不過它還扮演另一個角色，對地球生物的存續同樣不可或缺。因為大氣孕育的生命仍然十分脆弱，而太空到處隱藏著風險，萬一魔手伸向地表，我們恐怕都要面臨毀滅危機。

就在這時，我們的大氣又出面替我們求情。凌駕雲層之上，層層大氣構成壁壘、不讓太空橫施破壞。這層層屏障的第一道防線差點毀壞，而在當時，我們對它簡直可說是毫無所悉。

注釋

❶哥倫布並不是最早發現地球是圓的，事實上，從古至今，所有受過教育的人士，全都知道這點。

❷哥倫布覲見伊莎貝拉女王和費爾南多國王之時，西班牙才在格拉那達擊潰摩爾人，兩人正為勝利欣喜

若狂。他們下定決心要把異教徒全部趕出伊比利半島，哥倫布提出一個極能令人信服的論點，他說自己可以從中國攜回財富，於是他們就可以動用這筆款項發起新聖戰，奪回穆斯林控制的耶路撒冷和巴勒斯坦聖地，從而實現他們的心願。基於這種聖戰精神，當時兩位君主已經把西班牙境內，不願意皈依基督教的猶太人全部驅逐出境。哥倫布啟程之前，回溯幾番潮汐歲月，最後一艘難民船揚帆出海，打算前往穆斯林領土，或航向當時唯一肯接納他們的基督教國家，荷蘭。哥倫布隨後要發現的大陸，終將成為庇護這種迫害難民的避難所，他地下有知，恐怕要大感驚愕。

❸在當時採用這種招數當然要引發爭議（如今亦然）。當代一位書評就《海洋自然地理學》一書提出評述：「時至今日我們認為，幾乎全世界，肯定也包括信仰虔誠之士，全都坦承《聖經》原本就不打算教我們科學真相。然而，我們的作者卻似乎有不同見解，而且還採取反面立場，介入這場掀起神學界和哲學界大動干戈，還延續至今的不幸爭議。」另一位書評則稱頌莫里擁有「堅定、真誠的宗教情操」不過還補充表示：「可惜他並不明白，動用《聖經》經文強加詮釋自然真相，顯示他誤解這部聖書的根本宗旨，濫用其語意表述，還把書中針對廣博事理提出的證據，拿來應用於全然不同的對象和情況，從而折損證言的令譽。」

❹幸好國會始終沒有批准莫里所請，而且從一八六一年開始，他就不再公開露面；因為這時美國內戰爆發，而他加入了南方邦聯。

❺許多人都幫忙散播這項迷思卻不自知，有個網站列出了若干有趣個案描述。（網址：http://www.ems.psu.edu/~fraser/Bad/BadCoriolis.html）

❻請注意，儘管洋流可以輸運部分熱量來紓緩這種不安定現象，不過熱量運輸主要還是空氣完成的。海洋約佔有三分之一的功勞，空氣則約為三分之二。見 Barry and Chorley, *Atmosphere, Weather and Climate*。

❼佛雷爾率先領悟颶風為什麼從來不出現在赤道：因為只有在地表，科里奧利作用力才不能發揮作用。空氣既不想向右偏轉，也不向左轉動，因此氣流只會翻攪構成局域低壓風眼，卻不會自行鞭策捲起颶風怒濤。

❽颶風直徑通常可達六、七百公里，較之於中緯度風暴的一千五百到近三千公里直徑相形見絀。還有，儘管颶風往往在幾天之內便自行消散，中緯度氣團鋒面則能持續達一週或更久。見 Barry, *Atmosphere, Weather and Climate*。

❾空氣含有百分之〇．〇三五的地球水分，相當於 1.3×10^{18} 立方公尺水量，只夠在整個地表降下區區二．五公分雨量。

第2篇

庇佑萬物的天空

蓋婭自誕生以來始終扮演生命的守護神，
若是不肯讓她照管，我們都得自食惡果。

第五章

天空破洞的故事

臭氧是種漂亮的氣體。臭氧和它隱形的近親氧氣不同，臭氧是種帶亮麗色澤的藍色氣體。一八八一年，當都柏林科學家哈特利（W. M. Hartley）開始研究這種氣體，他便迷上那種色彩，那「和清朗日子的天空一樣藍」。儘管旁人往往認為臭氧的氣味辛辣令人不快，哈特利卻覺得那種氣味清新宜人，當一陣大雷雨過後，田野洗刷得一乾二淨：「空氣帶了臭氧，散放一種非常獨特的氣味，完全不會弄錯，也不禁令人想起當西南微風吹起，南崗（South Downs）丘上散發的一種氣息。」

哈特利對這種僅四十年前才發現的新氣體深感好奇。臭氧天生存在於自然環境，不過顯然數量極少，而且只在特殊情況下生成，好比雷擊之後。研究人員最近才發現，這種氣體是由氧原子構成；不過尋常氧分子只含一對原子（O_2），臭氧分子則擁有三顆（O_3）。額外這顆原子，似乎讓臭氧比氧氣更容易起反應。呼吸臭氧令人不適，會引致胸痛和過敏反應，至於老鼠一類的小動物，在臭氧中便無法長期生存。（在現今的地表附近，臭氧是汽車廢氣成分之一，對氣喘患者構成嚴重刺激。）

這還沒有道出全貌。哈特利就要發現，到了大氣高處，臭氧對我們的生活所生影響是迥然不同。從地表向上約三十公里高處開始，臭氧構成一道防護層，也就是護衛所有生物，阻擋太空攻擊的三道銀輝大氣屏障中的第一道。

淡藍臭氧和紫外線

他這個發現的導火線是一項奇特的觀察結果：太陽有部分射線遺失了。還記得吧，太陽射出的光芒，有些並非人類肉眼可見。彩虹的紅光之外，還有長波紅外光線，這就是地球暖化的起因。紅外光的波峰波谷間距太廣，以我們有限的視力是看不到的。紅外光還有一種高能表親，稱為紫外線，這種光線出現在彩虹藍端之外，而且紫外波長太短，也非我們肉眼能見。

儘管我們的眼睛對這類遠端光線視而不見，不過在哈特利時代，已經有多種儀器觀測得到。問題就出在這裡。紅外線確實現身了，而紫外線卻突然不見了。可見光在波長四百奈米（等於萬分之四公尺）左右中斷。凡是波長更短的光，都算是紫外光，而你也可以料到，來自太陽的紫外線，波長範圍從四百奈米一直含括到兩百奈米。然而，從兩百九十三奈米開始，往下卻空無一物。或至少可以說，沒有東西抵達地表。要嘛太陽沒有射出這類能量最高、波長最短的紫外線，不然就是有東西擋住，因此它們碰不到我們。

就在哈特利思索這道問題之時，他注意到臭氧有種吸收紫外線的傾向。他想知道若他試以全波譜紫外光照射一管亮藍臭氧，不知道會產生什麼結果？答案是，臭氧把彩虹的紫外端整個截除。波長短於兩百九十三奈米的光線，全都沒有穿透到另一邊。哈特利在論文中總結這幾項實驗的結果，並以他不常採用的刻板筆調寫道：

根據前列實驗並考量諸般因素，我歸出以下幾點結論：
第一，臭氧是高層大氣的常態成分。
第二，那裡所含比例較高，超過地表附近之含量。
第三，大氣臭氧數量，可充分說明太陽光譜的紫外區帶侷限現象。

他的見解正確。我們頭上有五十億公噸臭氧在空中飄浮，陷捕能量最高的紫外線，不讓它們向下射達地表。能量最低的紫外線，也就是我們的臭氧前線衛隊放過的種類，對人類十分有益。這類紫外線能促進皮膚製造維生素D，幫助我們預防軟骨病和其他骨科疾病，還讓某些人曬出古銅膚色。不過倘若臭氧所陷捕的射線種類獲准通行，自由射向地表，它們便要帶來嚴重危害。這類紫外光稱為UVB和UVC，碰到任何東西都逕行攻擊。它們會減弱人類免疫系統；它們會引致皮膚癌和白內障；它們還會殺死藻類，而藻類正是海洋食物鏈的最根本成員。

我們的臭氧層發揮高超保護效能，讓我們安心度日，結果我們幾乎都不曾察覺，上空區區幾公里外便暗藏危機。臭氧層就像地雷陣：每有紫外線碰觸一顆臭氧分子，這種三氧分子便會爆炸，射出其中一顆氧原子。而且這處地雷陣還不斷重新布陣。爆炸彈片（一顆散逸氧原子和一個普通氧分子）能重新組合，臭氧就這樣重獲新生。

到了二十世紀三〇年代，也就是哈特利做出那項發現五十年後，英國一位叫作西德尼・查普曼（Sidney Chapman）的化學家想出這套道理。不過就在他撰寫方程式，以顯示臭氧層的威力是多麼強大、作用又是多麼重要之時，另一位化學家也正在製造一種化學物質，還差點因此毀掉臭氧層。因為就像許多強固的事物，臭氧層同樣也很容易受損。

可敬又可怨的發明家

到了二十世紀二〇年代，美國有一位工業家正打算發明一件影響深遠的事物。托馬斯・米奇利（Thomas Midgley）是個樂天派，渾身充滿熱情和幹勁。他有許多朋友，而且儘管他成就彪炳功業，竟然沒有什麼敵人，著實令人驚訝。他長了一張滿月臉，經常展露親和喜氣，特別是當他找到新的工程難題來動腦筋解謎之時更是如此。他連閒暇時間都全心投入機械問題。在鄉間散步時，他總有半數時間仰臥尋思，想弄清楚螞蟻是遵循哪些原理建造塚丘。當他開始打高爾夫球，發現果嶺的品質很糟，他便著手在家裡實驗培植新種禾草。他生來就是個發明家。

米奇利擁有發明眼光不足為怪，因為他整個家族都熱愛實驗。他的外祖父發明了圓盤鋸，他的父親則發明了好幾種新輪胎和腳踏車輪，並請得幾項專利。米奇利剛出社會便在設於俄亥俄州代頓市（Dayton）的國民現金出納機公司（National Cash Register Company）「發明三部」服務，接著在一九一六年換工作，進入通用汽車公司的研究部門。後來他在那裡完成幾項最著名的發明，那幾種原料經過事實證明全都很有用、效能強大，而且極端要命。

儘管當時米奇利還不明白，他的這些發明卻注定要帶來不幸惡果。他在通用汽車初期完成的幾項工作當中，有一項是建議在汽油中加鉛。他的構想十分合理，而這確實是個值得喝采的高明創見，可以解決一項十分惱人的問題。那時汽車和飛機才剛發明不久，所有提高引擎效率的對策全都遇上相同問題：燃燒不穩定，從而引發令人氣惱的爆音和運作不順現象。米奇利想方設法，希望找到能夠讓燃燒更為順暢的汽油添加劑。剛開始他幾乎沒有什麼進展。他什麼都試過了，「從溶化的奶油和樟腦到醋酸乙酯和氯化鋁……其中多數，恐怕還比不上對著五大湖吐痰來得有效。」（他倒是發現含碲和硒的化合物似乎有效，不過這類物質都有種古怪的副作用，會讓工作人員沾上大蒜的氣味。）

米奇利試了幾千種化合物，最後他終於在一九二一年十二月發現，在配方中加鉛就可以解決一切問題。他必須克服消費者群的若干偏見，人們認為在汽油中加鉛似乎有點危險。（確實如此。鉛會在人體累積，引起好幾種令人衰弱的疾病，因此如今已經禁用。）不過在當時，米奇利的善意論點佔了上風。最早的含鉛汽油在一九二三年上市，而且很快就行銷全球。這下汽車和飛機引擎的效率大幅提昇，米奇利也平步青雲成為英雄。

米奇利下一項發明的導火線，是他在「富吉戴爾部」（Frigidaire，當年通用汽車的製冷部門名稱）遇上的一項難題。機械式製冷技術當時才剛問世❶，以往都必須從加拿大向南運冰以作為冷卻劑一類用品，不過這種作法開銷很大、要受季節影響，而且供量有限。美國南方醫院病房的夏天經常襖熱難忍，被熱死的患者和死於疾病的人數一樣多。食物很快腐敗，同時黃熱病和瘧疾等「熱帶型」疾病在那裡依然猖獗，機械式製冷技術問世彷彿就像個奇蹟。建築物有空調，住家可以保存食物好幾天都不怕腐敗，而且民眾連仲夏時節都可以自己製冰。

冰箱配管中裝了一種原料，可藉由不斷液化又重新蒸發來發揮致冷效果。這種原料原本是種氣體，不過當氣體導出冰箱，便在管中受迫壓縮轉為液體，從而釋出熱能，也導致冰箱背後溫度提高。接著這種液體沿配管導入冰箱，再次膨脹，最後又變回氣體。這就是液化作用的反向歷程。這種作用能從四周吸收熱能、降低冰箱的溫度。

這種原料必須很容易壓縮轉為液體，接著又能輕鬆化為霧氣變回氣體，問題就出在選定的原料種類。截至當時為止，所有人試過的每種冰箱，都帶有某種健康風險，有些氣體具有毒性，有些可燃，還有些兩者兼具。只要這類氣體安穩待在密閉管道裡面就不會出問題，不過總有一天會有某個地方破漏，而麻煩就從這裡開始。到了一九二九年，富吉戴爾部已經賣出一百萬台家用冰箱，意外事例也愈見頻繁。民眾紛紛搬冰箱到屋外、擺在後門門廊。克利夫蘭一處醫學中心由於冰箱漏氣奪走一條人命，從此以後，醫院幾乎都不敢使用冰箱。富吉戴爾部的工程師甚至還建議，回頭採用他們的第一號試驗冷媒二氧化硫，其他全都放棄。沒錯，那種冷媒帶有劇毒，不過至少那種嗆鼻不快氣味，會立刻引人警覺並注意其危害。

米奇利的工作是設法矯正這些缺失。他必須找出一種不會燃燒的無毒冷凍劑。那種物質必須完全安全。

米奇利一如既往傾心竭力投入這項使命，剛開始他在腦中設想多種化學物質，計算其可能特性，「標繪沸點分布，搜尋毒性資料，修改校正；計算尺和登錄紙、橡皮擦屑和鉛筆刨花，還有在洞見幽微的科學生涯當中，用來取代占卜茶葉和水晶球的其他一切隨身工具。」最後，米奇利構思出一種看似完全理想的化合物，沸點十分恰當，而且不會燃燒；事實上，若是他的計算正確，任何因素都破壞不了這種物質的化學穩定性。

最後只需確認這種新的化學物質無毒便大功告成。米奇利的發明生涯曾歷經意外轉折，其中一項就在這時出現。他差點放棄這整個計畫。就在預備新化學物質之時，米奇利把三氟化銻（Antimony trifluoride）分裝進五個小瓶子。他任意取用一瓶，製出幾克原料，後來這便命名為「氟利昂」（Freon，即氟氯甲烷）。他把一隻天竺鼠裝進玻璃罐中，接著再把這種原料擺進去。他讓那隻小動物呼吸這種新空氣並靜候反應。結果那隻天竺鼠完全不在乎。看來那種新式化學物質並無毒性，和米奇利的預測相符。

不過，為驗證結果，米奇利從第二瓶開始，再選出一瓶三氟化銻並製出一批新的原料。這次那隻天竺鼠立刻死亡。米奇利感到不解。他的氟氯甲烷為什麼毒死某隻小動物，卻放過另一隻？他小心嗅聞第三瓶三氟化銻，絕對錯不了，裡面裝的是光氣（phosgene）：大戰期間使用的殺傷毒氣。米奇利發現，他那五瓶三氟化銻當中，有四瓶含有這種致命雜質。他的第一次嘗試，完全靠運氣選出唯一那瓶純淨的樣本。倘若他挑出的是其他的樣本，而那第一隻天竺鼠也死了，那麼他還會繼續這項研究嗎？或者他會不會放棄氟氯甲烷，改用其他原料，後來證實那種元素並不會對大氣造成這麼嚴重的致命傷害？

「我的機率是四比一，結果卻很倒霉，」後來他表示，「我也經常納悶，倘若那第一隻天竺鼠猝死，結果是否依然撼動不了我們的樂觀預期，仍舊相信新的化學物質不可能具有毒性，於是……唉，我還是很想知道，我們是不是夠聰明、依然繼續研究。就算我們堅持下去，如果機率仍舊是四比一、我們是否就不會選用那件純淨樣本？至今我仍納悶。」

從這時開始，米奇利只使用純淨樣本，最後確認了他第一項實驗的正面結果無誤。從此以後，所有的天竺鼠都安然無恙，氟氯甲烷對人類或動物都沒有明顯影響。根據他的計算結果，不管從任何角度來看，氟氯甲烷應該是種惰性原料，結果也正如預期。換句話說，氟氯甲烷完全「安全」。

一九三〇年四月，米奇利在美國化學學會的亞特蘭大研討會上公開他的發明。他以一段精彩絕倫的表演，證明他的新氣體很安全：他在大群化學家面前，深深吸了一口氟氯甲烷，接著朝一根點著的蠟燭慢慢呼氣，結果令會眾如醉如癡。燭火滅了，這氣體不具可燃性。

氟氯甲烷不只是不可燃又無毒性；它還比空氣重。推銷員都愛在樓梯間演示這項特性，他們在每階樓梯上各點一根蠟燭，然後把氟氯甲烷倒下樓梯。儘管這種氣體肉眼看不見，然而眼見一根根燭火逐一熄滅，你就看得出氟氯甲烷的去向。

米奇利的新式化學物質立即引發熱潮。氟氯甲烷和同族化學物質（合稱氯氟烴，以 CFC 表示，分指氯氟碳三種構成元素）很快成為美國最愛用的冷凍劑。由於那種物質相當安全，米奇利的公司同意把它賣給他們所有的競爭廠商，於是很快就為全美國的電冰箱採用。

第二次世界大戰爆發，氟氯甲烷也產生新的用途。在太平洋叢林作戰的士兵飽受種種蟲媒疾病荼毒，於是美國農業部發明了一種「害蟲炸彈」，那是種攜帶式噴霧殺蟲劑，容器裡面必須裝一種推進劑，而氟氯甲烷正符所需，可用來施壓噴灑藥劑。這就是氣溶膠噴霧罐的前身，噴霧罐可裝填繁多製劑，從制臭劑到髮膠無所不包，而且藉助米奇利的氟氯甲烷推進，得以俐落噴出精確分量。接著乾洗業開始出現，隨後氟氯烴又成為家具業製造泡沫橡膠的理想發泡劑。當時業界肯定把氟氯甲烷當成一種化學萬靈丹。然而，當米奇利向全世界推出他這項化學物質新發明，實際上他培養的是一頭大怪物。

最初所有人對此都渾然不覺。米奇利功成名就，一生尊榮。他幾乎囊括所有化學大獎，還有其他幾十種獎項，再加上多項榮譽學位。（他沒有得到諾貝爾獎，不過後來有一位學者受了他的成果啟迪並戴上諾貝爾桂冠。）一九四四年，俄亥俄大學頒給他榮譽博士學位，並在頒獎聲明當中，提出底下這段由衷之言：

> 米奇利先生的研究成果廣受認可，由他所獲殊榮可為明證，這麼多獎項，得自最有資格評斷他對人類知識所做貢獻的團體。而一般人藉由生活的經驗，當能為自己所受之於米奇利的嘉惠提出證詞，表彰他為增進民眾幸福、提高生活效率所做出的巨大貢獻。他把科學變成解放者，讓我們和他一同歡慶，相信他見到自己辛苦所獲果實，心中必然由衷感到滿足。後世也必定會表彰其永恆價值。

一九四七年，米奇利死後三年，他從前的老闆，查爾斯・凱特林（Charles Kettering）向國家科學院發表演講，並轉述米奇利葬禮牧師的講話內容：「我們空手來到這個世界，也肯定要空手離開世界。」凱特林表示，「這時我猛然想到，就米奇利的情況，我們大可以增添這句話：『不過我們可以在身後留下許多東西來造福世界。』」

米奇利，可憐又倒霉的米奇利，肯定是留下了驚人遺產。他歡天喜地努力不懈，致力於改善他周遭的世界，結果他卻在意外之間，為地球大氣帶來嚴重破壞，危害程度凌駕歷來任何單一生物體❷。

米奇利生前並沒有親眼見到，他不慎造成的麻煩有多嚴重。一九四〇年秋天，他染上急性脊髓灰質炎，導致雙腿癱瘓。度過最危險階段之後，米奇利馬上動手計算，求出一個五十一歲的人染上那種疾病的統計機率，他歸結表示，那個數值「大體上相當於，從堆疊到帝國大廈高度的一落撲克牌中，抽出某一張花色的機率」。接著他又說：「怎奈我時運不濟抽中了。」

他依然在家中發號施令指導研究，藉電話發表演講，甚至設計出一套挽具和滑輪，這樣他就可以自行拉扯起身下床。然而，一九四四年十一月二日上午，米奇利陰錯陽差被滑車繩索纏住。他被自己的發明絞死。

氯氟烴露出馬腳

米奇利的神奇冷凍劑可能帶有不良成分，一個脾氣溫和的人率先點出這個問題。那個人講話輕聲細語、頭髮微捲、雙眼炯炯有神、滿臉堆著迷人微笑。就精神上和興趣上來看，詹姆斯・洛夫洛克（Jim Lovelock）並不像當代的專家研究員，反而像極了舊時代的自然哲學家。他以獨立研究著稱，日常工作的實驗室──違反現代專業科學家常態──就設在自家後院。他還很調皮，喜歡惡作劇。一位同事曾形容他是「我這輩子所見，最富創意的搗蛋鬼。」

洛夫洛克從來不想蒙受大學或機構恩賜職位。不過他仍然試採「正規」途徑一段時間。他在二十世紀三〇年代完成化學教育，隨後進入倫敦的醫學研究委員會（Medical Research Council）工作。然而，在那種傳統的（恐怕他會稱之為迂腐的）環境中，他愈來愈感無奈。儘管他的同事全都身著白色正規實驗袍，他卻不肯穿那種「制服」，堅持改穿外科醫師服裝。一九五九年，在他快滿四十歲的時候，洛夫洛克已經受夠了。「每天我前往委員會，做我的研究，然後又回家。我覺得自己就像這首打油詩裡面那個人：

有個年輕人說道：『該死的，
我近乎百無聊賴，
隨波逐流
我只是因循守舊
不像汽車，更非巴士，而是依軌循環的電車。』」

想到這種軌道就要領著他一路開向墳墓，洛夫洛克不禁反胃。他向老闆表示，他不幹了，他想要逃開；首先前往德州休士頓進入大學工作一段時間，在美國薪水果然很高，他也存了一些錢，接著回到英國，在英格蘭南部維特郡一處小村自行創設一間實驗室。

洛夫洛克很快就察覺，當個獨立科學家會遇上幾個現實障礙。舉個例子，倘若你的正式地址並非有名望的機構，而是地處偏遠的茅草小屋，那麼要讓學術期刊認真看待你的研究就比較困難。而且要想取得實驗室補給品更不容易。儘管當年對恐怖行動還不是那麼敏感，然而當你使用一處住家地址，想寫信訂購幾克氰化鉀或一小塊某放射性物質等原料，仍會啟人疑竇，接著你恐怕還沒等到送貨廂型車，就要先接待警方訪客。為了避開這個問題，洛夫洛克決定創辦一家公司，命名為「布拉佐斯」（Brazzos），他選定這個名字的理由平淡無奇，也是根據務實因素考量。公司名稱仿自休士頓附近的布拉索斯河（Brazos）。由於擬議公司名稱不得與現有公司名稱重複，而比對一次要花二十五英磅，他試了幾個無法採用的名字之後，挑了一個肯定不曾有人用過的，那就是略為改動幾個字母的布拉索斯河。

洛夫洛克頂著布拉佐斯公司名號，加上許多大公司都知道他的醫學研究委員會任職經歷，於是他很快拿到好幾項顧問合約。這時他就可以放手探究他的開創性（有時還很怪誕的）科學構想。這其中最有名的，大概要屬他的一項見解。他主張地球上的生命會自行調節環境，以免地球變得太熱或太冷，換言之，就是認為生物在地球上是強勢的。這個想法在一九六五年湧現，當時他正為美國航太總署噴射推進實驗室進行實驗，測試火星生物感測法。就在洛夫洛克思考火星大氣與我們另一顆鄰星，金星上的大氣之時，他猛然想起，那兩顆行星和地球竟是如此不同。火星嚴寒、金星酷熱，然而兩行星的大氣卻都含有穩定不變的化學成分，而且明顯與方程式預測相符。就另一方面而言，地球卻非如此。舉例來說，地球大氣充滿高活性氧氣，然而按照化學要件，卻根本不該出現這種現象。

氧氣來自生命。洛夫洛克領悟到，地球出現這麼多氧氣，完全是由於生物因應自己需要巨幅改動生存環境所致。從此以後，他便開始探尋生物改造地球，接著又受地球改造的其他例子。洛夫洛克尋尋覓覓，到處都發現生命、空氣和岩石之間存有密切互動關係。他覺得，這樣看來地球本身彷彿就是活的。

洛夫洛克生性浪漫，於是便沿用希臘地球女神蓋婭的名字，來為他的理論命名。（以《蒼蠅王》〔*Lord of the Flies*〕作品聲譽鵲起的小說家威廉．戈定（William Golding）就住在附近，他建議採用蓋婭這個名字，還驕傲地向洛夫洛克表明：「歷來少有科學家讓這等文壇高才為他們的理論命名。」）廣義來講，這項理論沒錯，因為許多生物都曾因應本身需求促成地球改變。然而，蓋婭這個名字，加上洛夫洛克的理論全然展現「嬉皮」風格，讓許多同儕都對他滿腹狐疑。儘管他的研究審慎、論述合理，還在全世界幾份最著名期刊上發表，有些科學家依然不肯採信此說。就此洛夫洛克並不十分在意。甚至當一位傑出科學家形容他是個「聖愚」（holy fool），他還感到榮幸，甚至不改本性、依然自我調侃幽默表示，不知道那位科學家是不是「至愚」（wholly fool）。

洛夫洛克在二十世紀六〇年代介入臭氧故事，當時他覺得不解，為什麼他在夏季前往隱舍鄉居，天空偶爾會蒙上霾霧，糟蹋了那裡的景致。洛夫洛克不記得自己童年曾經見過這種情況，於是他起身前往氣象局找幾個朋友，看他們有沒辦法解釋。英國的氣象局隸屬國防部，洛夫洛克覺得這十分可笑，他說：「我們英國人對天氣一向是大驚小怪，不過這似乎是太過分了。我們是不是覺得天氣是種國家資源，十分寶貴，必須動用部隊來保護？」後來他聽說美國氣象局隸屬商務部，兩相比較之下，他同樣興高采烈回應說道：「或許他們覺得他們的氣候好得可以拿來賣。」

氣象局似乎沒有人明白這種霾霧的可能起因，也不知道這究竟是種自然現象，或者是人為造成的。接著洛夫洛克靈機一動。他對米奇利的氯氟烴有透徹了解，當時那種物質已經遍布英國，在氣懸噴霧罐和電冰箱中都找得到。那是種惰性物質，絕對安全，卻大有可能拿來當作「標識劑」，來標示其他比較討厭的工業汙染物質去向。倘若霾霧日子的氯氟烴含量較高，便可推斷霾霧或許是種人為現象。

洛夫洛克決定動手驗證，而且他手中恰好擁有合用的儀器。因為洛夫洛克和米奇利同樣是個天生發明家，他在十歲就設計出第一件儀器，那是具風速計，可以拿著伸出火車車窗測定車速——從此他不時就有發明。洛夫洛克靠發明賺了不少錢，足夠支應他的科學研究開銷。不過有一台機器的重要性超過其他，並在臭氧研究過程扮演關鍵角色。洛夫洛克之前發明了一項可以偵測出多種化學物質微量成分的儀器，包括測出氯氟烴。他就是打算使用這具儀器，設法測定霾霧的起源。

回到他的隱舍鄉居，洛夫洛克開始在各個夏日，著手測量霾霧濃度和氯氟烴含量。同年稍後，他在愛爾蘭西岸重做同一實驗。結果正如他預料，每當霾霧較濃，空氣中就含有較多氯氟烴，霾霧肯定是來自工業源頭。

洛夫洛克公開發表結果，雖然他大可就此心滿意足，但他心中始終放不下氯氟烴。既然已經飄來他的鮑爾恰克（Bowerchalke）偏遠小村，那麼它還可能去到哪些地方?那種物質反應很遲鈍，又很「安全」，可以說是堅不可摧。或許氯氟烴是在大氣全面範圍逐漸累積。我們甚至可能把氯氟烴當作追蹤劑，藉由這種微量惰性標識劑，在全世界範圍監測有害汙染物的去向。

有種測試作法可以運用他的儀器來測試海中所含氯氟烴，含括範圍從汙染較嚴重的北半球到汙染較輕微的南半球。北半球的直接汙染情況嚴重得多，那裡的土地面積和工業密集程度都遠超過南半球。於是，洛夫洛克說服官方機構——自然環境研究委員會（Natural Environment Research Council，簡稱 NERC）幫他在沙克爾頓號（Shackleton）研究船上找了個鋪位，接著在一九七一年十一月啟航。

洛夫洛克第一天進行測量時，意外碰上一個麻煩。他很快發現船上為他提供的「官方」水樣毫無用處，問題不是出在他的儀器，而是船隻本身。

由於沙克爾頓號是一艘研究船，海水會自動由船艏泵入，科學家可以源源不絕取得檢測用水樣。就普通測量而言這並沒問題。然而，洛夫洛克需求的測量精準度遠超過船隻的設計。他要檢測的氯氟烴含量極低，就連用來導水的「乾淨」水管所受汙染都太過嚴重，不能達到他的要求規格。他必須另想辦法，設法從洋面取得乾淨水樣。

洛夫洛克第一次嘗試取水，差點變成他的最後一次。他想出的對策很簡單，用繩子綁住一個水桶，然後從船側投入海中。不過那艘船是以十四節航速騰騰前進，水桶落入水中、拉力強勁，差點把他扯入海中。洛夫洛克自怨自責，他說：「我早該算出拋水桶進流速十四海里的海水，拉力會超過四十五公斤。」心平氣和之後，他向船上技師索取較小的採集瓶。然而，在船上能找到的容器只有實驗室的玻璃燒杯，然而那實在是太脆弱了。看來這時只能見機行事。

於是洛夫洛克到廚房看那裡能找到什麼東西，平底鍋綁在繩子上恐怕太難控制了，不過一只已經退役的鋁質舊茶壺，或許正符所需。從此以後，洛夫洛克每天都興高采烈使用這只茶壺來舀起當天所需水樣，船上其他科學家則嬉笑怒罵引為怪談。

船員對他們這位務實的古怪船客比較寬宏大量，而且似乎是誠心誠意守護他。有一次，洛夫洛克冒著風暴採集茶壺水樣，這時他注意到，水手長正悄悄站在他後面，打算一旦浪起，眼看要把他捲入海中之際，馬上伸出援手救他一命。

隨著船隻從北半球航行來到南半球，洛夫洛克也注意到情況不同了。空氣突然變得新鮮、乾淨了，霾霧也減少許多，同時他的氯氟烴讀數也隨之下降。在北半球，氯氟烴讀數為百萬兆分之七十，到了南半球，讀數卻略低於此數之半。不過測量結果依然證實洛夫洛克所料：氯氟烴已經逐漸出現在所有地方。

洛夫洛克就這樣完成一趟研究旅行，總開銷只有幾百英鎊，然而他的沙克爾頓號航程，最後卻開創了歷史新局。他投遞成果到《自然》雜誌上發表，接著又添了一段附注，沒想到這個舉動卻讓他後悔莫及。那篇論文的重點是證明氯氟烴正逐漸在全球現身，不過，有些人對一切「化學的」事物都畏如蛇蠍，他可不想引發驚恐。氯氟烴終究是種惰性氣體；吸一口氣，裡面只含百萬兆分之幾，對所有人都不會帶來任何危害。所以洛夫洛克寫下讓他悔不當初的一句話。他表示：「這些複合物質，對任何人都不構成可見危害。」

戰力懸殊的攻防戰

往後幾個月間，洛夫洛克的研究結果飄越大西洋，傳抵美國，從而在加州大學厄文（Irvine）分校化學教授、別號「舍利」的舍塢德．羅蘭（Sherwood Rowland）心中觸發一項問題。羅蘭領悟，就算洛夫洛克在大氣中只發現了含量極微的氯氟烴，加總起來，卻大致等於歷來所生產的氯氟烴總量。這就怪了，因為棲身大氣的物質多半只能維持幾週，接著就會反應消失，或者被雨水沖刷盡淨。倘若洛夫洛克的測量數值沒錯，那麼氯氟烴待在空氣中的時間，就似乎特別漫長。羅蘭並不擔心這點，只是感到好奇。他知道沒有任何東西會永久持續，但他更想知道的是，氯氟烴的最後結局會是如何？

當時羅蘭正忙著進行他的常態研究，鑽研放射性相關題材，還兼顧他所屬系所的行政事宜。所幸，他有個青年才俊博士後研究生，可以把這項問題交給他處理。馬里奧．莫利納（Mario Molina）生於墨西哥城，父親是位大使。他的背景加上天資穎悟，為他敲開多扇大門，他也得以進入歐洲幾家最富盛名的學府接受教育。但他最喜愛美國的研究課程，而且最近才剛從柏克萊得到博士學位。這時他正在尋找下一階段發展方向。

羅蘭提出的課題似乎很有趣，大可以用來磨練做學問的技巧：追蹤大氣中的氯氟烴，並查出其最後結局。莫利納完成第一批運算，結果顯示較低層大氣不用害怕氯氟烴。這種物質不溶於水，因此不可能隨雨水降回地表，同時也沒有其他化學反應得以摧毀它們。最後，它們就會向上飄到大氣頂篷上方，也就是含有風、雲和氣候的地方，接著融入平流層的清朗稀薄高空。

問題就從那裡開始。當氯氟烴逐漸上飄、進入臭氧層，接著就在那裡第一次碰到紫外線。每有一道射線逃脫臭氧分子自殺式攻擊，最後都會撞上一顆氯氟烴分子。這就像一道道迷你閃電，一顆顆氯氟烴經此一擊，紛紛變成怪獸。

危險的地方就在由氯氟烴包含氯元素，只要氯安穩束縛在分子牢籠裡面就不會出問題。一旦受了紫外線照射，氯便脫困且開始衝撞肆虐。經由連串複雜反應，每顆氯原子都會施展有效手段，把一顆臭氧分子（O_3）多出來的氧原子扯掉，接著每兩顆多出的氧原子都會起反應合併。最後結局：兩顆具防護功能的臭氧分子，便轉變為三顆沒有用的氧分子❸（或也可寫成化學方程式：$2O_3 \rightarrow 3O_2$）。

但是真正令人頭痛的是這批氯的犯案效能。每顆氯原子完成反應循環之後，都會恢復原初狀態，於是又可以一再反覆相同歷程。一旦流竄進入平流層，每顆氯原子都像個微型版食鬼小精靈（Pac-Man，經典電子遊戲名），把幾千顆、甚至幾萬顆臭氧分子生吞活剝，然後才和其他物質發生反應並銷聲匿跡。按照莫利納的計算結果，單一氯原子平均能摧毀十萬顆臭氧分子。

上空仍需出現充分數量的氯原子才會大幅改變臭氧層，並帶來危害。莫利納開始更深入計算。他檢視如今所釋出的氯氟烴數量，計算這批分子要多久之後才會飄升到平流層，然後……莫利納嚇呆了。他算出，在一百年之間，臭氧層就要喪失整整百分之十的分子。他馬上趕去見羅蘭。他們一再核對、驗算，卻一再求出相同答案。而且百分之十還只是個起步。若是不予約束，放任氯氟烴繼續發散，最後就會嚴重危害地球上的所有生命。當晚，羅蘭抱著沉重心情回到家中。他對妻子說，「工作進行很順利，不過感覺就像世界末日。」

往後幾週，莫利納和羅蘭一次又一次全面驗算數字，他們必須有十足把握才敢發表研究發現。當他們確信自己的計算正確，羅蘭的夫人，瓊便把家裡所有裝了氯氟烴的噴霧罐找出來丟掉。

有關這項研究的消息不脛而走，流入科學情資交流管道。消息傳進洛夫洛克耳中，他得知兩位學者所做預測，很想一探究竟，只是還沒有和羅蘭二人見面、討論。他認為氯氟烴確有可能飄上平流層，然而他並不確定到那裡之後，是否會如莫利納和羅蘭的理論所料那樣四散分裂。洛夫洛克每次遇上有趣的理論，向來不肯錯失測試良機，於是他著手尋找飛機。

氣象局會定期派機飛上平流層，因此他第一步就去找他們。只是那裡的官僚體系繁複得令人怯步，他的儀器必須通過規定安檢項目、表報文件要蓋印核准，辦理整套手續要花兩年。

洛夫洛克沒這種耐心等辦手續。於是他改去國防部找幾位朋友聊天。他們手頭有沒有資料，好比，最近會不會派機飛到平流層，而且可以搭載一個身材細瘦的乘客，還有他更細瘦的幾個空氣採樣圓筒？朋友回答，當然有。一架力士型運輸機排定要做一趟試飛，會上升到近一萬四千公尺高空，也歡迎洛夫洛克隨機同行。在那個季節，平流層底層約從九千多公尺開始，所以他有整整四公里半落差，可以在平流層中進行測量。當然，就官方觀點，他並不會出現在飛機上，所以萬一飛機墜毀，他的家庭也不會獲得補償。反過來講，他們並不收費，而且——謝天謝地——也沒有文書手續。

幾週之後，那架力士型飛機從維特郡萊納姆（Lyneham）航空站起飛，同時洛夫洛克就坐在駕駛艙中。飛機爬升，他坐在引擎旁邊採集空氣樣本。飛機在下降過程還做了幾項操控演練，包括一次擺脫失速恢復控制。洛夫洛克緊張兮兮地請教，萬一飛機陷入螺旋墜落困境，那時該怎麼辦呢。駕駛員滿懷信心回答說道：「完全不必擔心。這架飛機最多只會轉半圈，到時機翼會自動脫落。」接下來，洛夫洛克說，他就此閉嘴。

洛夫洛克回到家中立刻分析他的樣本。結果顯示，低層大氣的氯氟烴含量穩定一致，到了平流層逐漸下降，這和莫利納與羅蘭的預測相符。看來他們的理論對了。

驚醒世人的非常手段

莫利納和羅蘭的發現，在一九七四年六月號《自然》雜誌刊出[4]。結果，反應一片沉寂。

兩位研究人員已經有心理準備，他們設想論文發表之後肯定有嚴苛抨擊接踵而至，卻似乎沒有人注意到他們的驚人消息。問題在於，他們為避免言過其實，措詞極其審慎，以至於沒有敲鑼打鼓警醒世人，結果微言大義都被埋沒在科學詞藻當中。在他們那篇論文的後段篇幅，有個語焉不詳的段落，裡面寫道：「情況似乎很清楚，大氣只能在一定程度下吸收在平流層生成的（氯）原子，結果便可能導致那種嚴重後果……（還）可能引發若干環境問題。」

這類「可能的環境問題」，牽涉到上空防護層的潛在毀滅危機，有那道防護層，我們才能免受日常致命太空射線的戕害。然而，這個想法顯然沒有傳達出去。

莫利納和羅蘭斷定，這下也該把他們的訊息寫得更詳盡，同時向科學界和世界民眾傳達。他們預定在九月由美國化學學會贊助、前往大西洋城參加會議，和世界最著名的化學家共聚一堂。這是個絕佳機會，可以面對面向他們的同行發表成果。不過，他們還決定另外採取一項較極端作法：他們要舉辦一場記者會。

科學界和媒體的關係，就算再親密也不會很融洽。若是科學家大出風頭，鍍上媒體那般燦爛光芒，很快就會引來許多同行的妒恨漫罵。這種現象甚至還有個名字，叫作「沙根效應」，名字源自天文學家卡爾．沙根（Carl Sagan）。沙根藉他的電視節目讓世界廣大民眾見識各種宇宙奇景，結果其他天文學家對他卻是猜忌愈甚。科學家一般都抱持一種心態：沒事最好別牽扯上媒體。就算不得已介入，也千萬別選邊表白政治態度或社會立場。科學家的使命是報告研究結果。真有必要詮釋結果，就留給世界去做吧。

至少這是當時盛行的態度，而這次莫利納和羅蘭就要打破這些規則。他們在記者會上小心說明所得結果，還有其中重要的科學意義。他們的預測令人不安：根據新的計算結果推估，一九九五年臭氧就要損失百分之五，到二〇五〇年則會喪失百分之三十。接下來，莫利納和羅蘭逾越科學的正常分際。他們呼籲全世界禁用氯氟烴。

懸而未決的爭議

禁掉八十億美金產業賴以為生的產品？就憑這幾項計算結果？氯氟烴產業嚇壞

了。巧合的是，當時卻出現警醒世人注意潛在環境危害的有利契機。二十世紀七〇年代初期，環境爭議才剛納入政治課題，綠色運動也在那時醞釀成形，同時美國環境保護局也在幾年之前設立。這個機構是導因於瑞秋・卡森（Rachel Carson）的前瞻性著作《寂靜的春天》（*Silent Spring*），她藉這本書警醒世人注意殺蟲劑危害。當初的科技發展引發廣大民眾興奮熱潮，如今激情轉為愁思，擔心科技可能帶來的損害。當時，全美各地的廣播電台紛紛播送瓊妮蜜雪兒（Joni Mitchell）吟唱她的環境寓言歌謠：「事情豈不都如此，要失去了，你才知道那是寶[5]？」

一九七四年十二月十一日，公共衛生暨環境小組委員會主席，眾議員保羅・羅杰斯（Paul G. Rogers）呼應莫利納和羅蘭的發現，在國會山莊召開一場聽證會。他介紹聽證會宗旨時說明：「這整件事情彰顯一則科幻故事，而我們全都耳熟能詳：一顆行星如何被本身的居民摧毀，最後僅剩荒涼一片。要不是提出證據的學者都是聲譽卓著的科學家，這看來就像黑色幽默那般荒誕不經，說什麼地球有可能毀滅，而禍首竟然是幾十億個氣懸噴霧罐。」

羅蘭是個望之凜然的人物，身高一百九十六公分，看來沉穩又有威嚴，是個徹頭徹尾的科學家。他簡潔清楚道出研究要點：凡是不明確之處，終究會潛藏問題。許多科學家，甚至多數科學家都相信，臭氧層肯定要蒙受氯氟烴危害。問題是，沒有人知道損害會達到什麼程度。

氯氟烴產業奉杜邦企業為龍頭，協力鑽研莫利納和羅蘭的論據，誓言找出一切可能缺失。而且他們的明星證人之一不是別人，正是洛夫洛克。

洛夫洛克為什麼會站到「反派」那邊？其中一項理由是，他見過米奇利，喜歡那位發明氯氟烴的科學家。而且就像米奇利，在杜邦和其他氯氟烴製造廠工作的人也不是卡通裡面的壞蛋。他們的公司都自詡為殷實企業。別忘了，當初富吉戴爾部之所以發明氯氟烴，完全是——自動自發，非基於政府規章——肇因於當時的冷凍劑有明顯危害，決意找出更安全的替代品。杜邦更在一九七二年，和其他氯氟烴製造商共同召開一項研討會，結果也證實這種化學物質並無危害。（然而他們卻不幸自限格局，只探討低大氣層的直接健康危害，以現今氯氟烴含量來看自然是幾無絲毫害處。）洛夫洛克對來訪尋求建言的杜邦研究人員一向抱持好感。後來他曾表示：「或許有人會說我是個大笨蛋，不過我想，我這完全是發乎自然的舉止。我喜歡（氯氟烴業界的）那些人，他們這群科學家看來就非常高尚、正直。」

此外，儘管他知道那些人維護氯氟烴產業也是為了保障既得利益，不過他同樣相信他們這樣做並沒有錯。洛夫洛克真心認為氯氟烴不會帶來明顯危害。根據他的蓋婭理論，生物為地球帶來種種自我療癒機制。洛夫洛克曾在書中寫道，以大自然的強大程度，怎可能被區區幾縷氯氟烴吹亂陣腳。洛夫洛克認為，就算多幾道紫外光溜過臭氧層，生物也能應付。再者，他天生嫌惡不經大腦的直覺反應，也看不起「凡是『化學的』都不好，一切自然的都好」這種禁不起考驗的主張。

聽證會沒有達成多大成果，只是進一步推使這項議題對外界公開。這下，凡是介入爭議的科學家全都感受到那股熱度。莫利納和羅蘭不斷受到業界攻擊。同時，洛夫洛克則成為環保人士的目標。英國報紙開始刊出惡毒報導，詆毀他「手伸進氣懸噴霧劑企業的口袋。」（這整個局面帶有諷刺意味，其實洛夫洛克一家極早就棄絕氯氟烴，凡是採用這種推進劑的噴霧罐，他們全都不用。他們是迫不得已，否則只要噴出些許髮膠或制臭劑，都會讓他的靈敏測量數值亂成一團。）

後來洛夫洛克改變了他的觀點。他終於醒悟，連蓋婭的自癒機制都有束手無策的時候，還有當初他並沒有想到，其實也沒有人料想得到，臭氧的減損程度竟是如此嚴重。（他也坦然無懼道出真相。）不過他在當時，依然回嘴駁斥他心目中那種不科學的歇斯底里說詞。莫利納和羅蘭的論述公開之後不久，他向一位報紙記者表示：「我尊重羅蘭博士的化學專業，不過我希望他別學傳教士那種作法……美國人碰到這種情況，經常陷入一種精彩的恐慌狀態。」按照洛夫洛克的說法，這時真正需要的是「些許英國式審慎態度」。

一九七五年四月，美國國家科學院召集十二位科學家，組成臭氧議題調查團隊。這群科學家分屬兩個小組。一組審閱檢討莫利納和羅蘭提出的科學主張，另一組則負責就因應措施提出建言。兩個小組開始戮力以赴，舉辦聽證會、提出建言並發表論述，讓莫利納和羅蘭忐忑不安。他們擔心的是，這一切全都只仰賴他們的計算結果；除了洛夫洛克的氯氟烴含量測量，還有隨後送上高空的幾個氣球，莫利納和羅蘭並沒有其他得自平流層的直接測量資料。他們必須靠想像，描繪出那裡的可能情況，接著在實驗室中創造人工平流層檢測他們的構想。平流層是個古怪的地方；空氣稀薄、溫度和暖，還有強盛紫外線大批蝟集，扯裂存在於正常環境中的分子。還有種種怪誕化學物質，它們在底下地表附近存續不到一毫秒，到了這團洶湧氣旋當中卻屬常見。羅蘭和莫利納還必須確認，他們已經把所有可能情況納入數字運算。

舉例來說，他們知道兩種化學物質妾身未明，要嘛就會成為英雄，否則就要變成惡棍。氯化氫（HCl）和硝酸氯（$ClNO_3$）都是氯的「貯存槽」。就算在平流層中，這兩種物質都極端穩定，而且一旦氯原子和其中一種束縛在一起，這顆原子的破壞習性就會消失無蹤。莫利納和羅蘭已經把這兩種化學物質都納入運算。不過他們算對了嗎？若是太過高估這兩種貯存槽束縛氯原子的能力，那麼就會嚴重低估臭氧的最後減損程度。另一方面，若是低估它們的本領，結果看來就彷彿在製造恐怖氣氛。在臭氧耗竭的初步跡象顯現之前，沒有人能夠知道莫利納和羅蘭做得對不對。

一九七六年九月，報告終於發表了。第一份報告總結確認莫利納和羅蘭的計算沒錯。氯氟烴對臭氧構成威脅。第二份報告則宣稱，既然威脅的嚴重程度尚未確認，合理作法是靜觀其變，倒還不必雷厲頒行嚴苛法規。莫利納和羅蘭寫道，那兩篇報告大可以各濃縮為兩個字：「沒錯」和「不過」。大家一頭霧水，報刊各說各話。《紐約時報》報導「科學家支持新頒氣懸膠禁令以保護大氣臭氧」；《華盛頓郵報》則表示「科學單位反對氣懸膠禁令」。

然而這仍激起相當程度的警覺。到了一九七八年，美國起碼已經禁用含氯氟烴之推進劑。加拿大、挪威和瑞典也隨之推行。但是儘管莫利納和羅蘭加上許多科學同行都持續不懈，想方設法讓議題延續下去，臭氧和氯氟烴卻悄悄退出政治論壇。卡特下台，雷根掌政；綠色的七〇年代退敗，貪婪的八〇年代繼之而起。

問題是，這時就連莫利納和羅蘭也認為，恐怕要等幾十年後臭氧減損初步跡象才會清楚顯現。在那之前，氯氟烴都會神鬼不知、逐步侵蝕臭氧層，等我們掌握確鑿證據、得知情況嚴重，都已經為時已晚。一九八四年夏天羅蘭接受訪問，在《紐約客》雜誌發表了消沉論述：

> 就我過去十年所見，除非出現更多證據顯示臭氧已經大幅減損，否則這個世界對此問題不會有任何作為。遺憾的是，這就表示若有災變在平流層醞釀成形，我們恐怕無法倖免❻。

羅蘭說得對，沒有新證據就肯定不會有積極對策來應付臭氧層減損處境。他完全料想不到的是，證據竟然來得又快又猛。就在那年秋天，一位常年奉守「英國式審慎態度」的科學家，決定打破緘默，大聲向世界宣布他的發現。

南極天空的臭氧

南極洲在二十世紀五〇年代還是個險峻的地方，但那裡的研究站，恐怕沒有幾處比英國南極調查署（British Antarctic Survey）設於郝利灣（Halley Bay）最偏遠的前哨站更為艱困險要。郝利灣基地設於一片冰架，和南極點相距約一千六百公里。那裡的溫度從未提昇超過冰點，冬季時還可能陡降低達攝氏零下四十六度。還有個更嚴重的問題，那就是風。強風狂嚎席捲平坦冰架，颺起積雪刮出陣陣雪暴，帶走大量體溫，還把第一批強悍小木屋掩埋到只露出屋頂[7]。

郝利灣的古老傳統在世界其他地區早就式微，然而在這裡卻依舊盛行。那裡的男人蓄留山羊鬍子，講的是只適用於南極的晦澀俚語和粗魯幽默。那裡有拉雪橇的狗群，極目四望只見一片平坦的荒涼雪地。那裡沒有溫柔，沒有安逸，也沒有女人[8]。

約瑟．法曼（Joe Farman）是個老派英國人，生性沉靜，常叼根菸斗。自一九五七年以來，他就在這處嚴峻前哨站主持研究。每年，在南半球春夏兩季，英國南極調查署的科學家便跋涉前往郝利灣，測量頭頂高空的臭氧含量。

為什麼測量臭氧？為什麼去那裡？最早是想要利用臭氧動態來測繪上層大氣的氣流，到了二十世紀七〇年代，莫利納和羅蘭的氯氟烴發現進一步刺激這項研究，提供了更多推力。不過沒關係，反正法曼遲早還是會做完研究。雖然測量有趣的大氣成分並留下長期紀錄，最後往往能發揮高度用途，但整理紀錄通常不是一件討好的工作，而整理的人經常無從曉得這時下的功夫到底能成就什麼。法曼做這項計畫沒有拿到很多錢，不過成本也沒那麼高，而且總是有充分志願人手來進行測量。

一九八四年年初，法曼的撥款單位老闆來訪，又一次問他，為什麼那麼固執、堅持記錄那種冷門資料。法曼回答：「氯氟烴產業的規模很大，還有人寫文章說臭氧正在改變。所以只有坐在這裡不斷測量，才能看出臭氧是不是真的改變了。」他的老闆回答：「你這些測量結果只能留給後代。那你告訴我，後代對你能有什麼貢獻？」

法曼關於氯氟烴的說詞有些不老實，有個祕密正在他心頭醞釀，他私藏這個機密已經三年。但是同一年稍後，他決定對外透露。剛開始法曼不怎麼相信這組經年累月記載的長串測量數值，它們顯得有些古怪。從冬季黑暗月份到陽光再次照耀之間，郝利灣的臭氧總是有些微變動。不過，從一九七七年開始，情況出現變化。每年在十月初春階段，臭氧會急遽減量。這種驟減情況一年年惡化。一九八三年，法曼依照常態趨勢預期臭氧含量應達三百單位，結果他所見讀數還不到兩百單位。

剛開始，法曼和另外兩位同事都保持緘默。他們不想被世人當作傻子。過去五年期間，美國航太總署有一顆衛星持續對南極上空全面測量臭氧，也始終沒有注意到任何差錯。或許是法曼和他的團隊使用的儀器古怪，也或許是郝利灣本身就有點古怪。所以從一九八三到八四年那個季節，法曼運了一件新儀器到郝利灣。他還檢視了另一個英國研究站的紀錄，那個基地位於更偏北超過一千六百公里的阿根廷群島（Argentine Islands），根據這兩處研究站的資料可以確認郝利灣的紀錄正確無誤。這時每當南半球進入春天，臭氧都要消失百分之四十。天上有個破洞。

當法曼看出這點，便把他的英國式審慎態度拋到九霄雲外。他和兩位同事合著一篇論文投遞到《自然》雜誌，在聖誕夜送達雜誌社，並於一九八五年五月刊出。莫利納和羅蘭的文章幾乎沒有激起絲毫即時效應，法曼卻掀起一場騷動。其中最感驚愕的是唐納德．希斯（Donald Heath）的研究團隊。希斯研究團隊隸屬航太總署戈達德太空飛行中心（Goddard Space Flight Center），負責協調該署雨雲七號（Nimbus-7）衛星的臭氧測量任務。他們從資料看不出破洞。法曼團隊在講什麼啊？

希斯團隊匆匆調出他們的資料重新核對。結果令他們羞赧難堪。按照資料回復程式的設計功能，所有亂真數值都會先被剔除，研究員檢視結果時根本看不到，這樣才不會受到惱人的測量誤差干擾。凡是落於一百八十以下的臭氧測量值，顯然都很荒謬，於是就這樣被倒進陰溝。衛星確實看到法曼的臭氧破洞，但因為他們熱心過頭的程式，研究人員什麼都沒看到。這時他們使用一九七九年到一九八三年的正確資料，看出南極上空出現了一個美國本土大小的破洞。就某些情況而言，臭氧含量還減至一百五十單位以下。

希斯團隊學到一個地球大氣方面的重要教訓。就算你信心滿滿、自詡通曉空氣汪洋的運作方式，最好還是要有心理準備，你隨時有可能面對始料未及的情況❾。

同時，臭氧研究學界方寸大亂。連莫利納和羅蘭的最悲觀論述都沒有料到這等極端慘況，還這麼快就應驗。沒有絲毫跡象顯示全球其他區域有這種破洞，所以這肯定和南極洲的極端環境有關。但那是什麼因素呢？

全世界各大學的研究實驗室和咖啡區，討論焦點開始向南極平流層的第一項特點，也是最顯眼的特徵匯聚：那是地球上空最孤立的大氣區域。每年冬季四方風起，沿著那片冰封大陸邊緣吹襲，最後構成一圈巨大渦旋，氣牆區隔開南極空氣和偏北空域有微風吹拂的較暖大氣，南極空氣被這圈龐大旋風陷捕，溫度穩定下降、愈來愈冷。接下來，南極洲上空就出現了一個新式雲種。

普通的雲都是由液態水滴構成，也得以在對流層幾乎所有高度形成。對流層是地球大氣的最底層，也就是我們體驗風霜雨雪的生活範圍。當你穿過這層大氣逐漸攀升，氣溫也穩定下降，一直到對流層最高處溫度降到最低點。超越這點，緊接著就是平流層。這裡有臭氧分子攔下陽光並暖化空氣，於是氣溫開始提昇。這兩層大氣之間的極冷點，會陷捕所有水汽並轉為雲朵、化為雨水落回地表。這是一道密不透水的屏障，就像一疋壯闊防水布延伸環繞全球，讓底層大氣保持濕潤，上層大氣則完全乾燥。因此平流層幾乎從不出現雲朵。

然而，平流層仍有些許水分從底層滲漏上來，而且當氣溫夠低，水分會凝固成微細冰粒。南極平流層在冬季就會發生這種現象。

這種雲朵很漂亮，散發鮑殼內側那種彩虹光澤，展現種種不該在天空見到的桃紅、紫色和璨藍色彩。到了春天，極地長夜過去，太陽重回天空，這時彷彿無中生有，冰粒在日出或日落時分憑空出現。其實，雲朵始終都在那裡，不過要等到太陽逆轉地平線的明暗兩側，才能勾勒出雲朵的身影，這時的陽光就像一盞聚光燈，以最後一道陡峭光束照耀雲層。接著，天空突然閃現光輝，就像灑滿了孔雀羽毛。早期探險家以細膩水彩創作來表現那種效果。他們全沒料到，後來那會變得多麼危險。

極地女英傑

許多研究人員開始提出見解，認為藉由這種平流層高空雲族，或能解釋南極臭氧破洞的成因。其中有位當時才三十歲，叫作蘇珊・所羅門（Susan Solomon）。所羅門是位理論學家，在科羅拉多州波爾德（Boulder）美國國家海洋和大氣管理局（National Oceanic and Atmospheric Administration）工作。儘管還很年輕，她卻已是才氣縱橫。她是最早審閱法曼那篇論文的成員之一，而且當她讀到那篇文章，霎時湧起恐慌。自此以後，那組資料就在她心中糾纏不休。

所羅門俯身操作電腦，試過一組又一組模型，竭力設想南極平流層可能展現哪些反應，然後全部納入考量。沒有一種模型出現這等規模的破洞。接著，她開始想到雲。倘若起因是雲，情況又是如何？或許雲朵在冬季為南極洲大氣預作準備，等到春季陽光重返就可以展開毀滅行動。

雲朵表面對化學反應有重大影響，在平流層這般稀薄的大氣中更為明顯。大氣中要出現任何化學反應，都必須先有兩顆原子或兩顆分子相遇。然而高處的空氣稀薄不常發生這種接觸，更有甚者，那兩顆或更多顆參與反應的分子，還必須適度增強能量。倘若分子過於倦懶，相遇時也不會發生多少事情。

不過，倘若這類化學物質得以落在雲朵表面，它們便立刻享有更多選擇。雲朵可以扮演仲介角色，把不同物質拉攏在一起，還幫它們提高能量，促進它們的功能。這就是所羅門把雲納入她的模型之後所發現的現象。

關鍵似乎在於不起反應的「貯存槽」種類，這些物質能束縛氯原子，不讓它們招惹是非。這類分子——硝酸氯和氫氯酸（鹽酸）——在漫漫冬季長夜，都可能落在雲朵表面並產生反應。當你完成這整串反應，最後的產物就是氯氣。這種分子自行掙脫雲朵，靜候陽光返還。當太陽升起，第一道紫外線也隨之現身扯裂氯氣，於是一顆顆致命的原子應運而生，狼吞虎嚥嚼穿臭氧層。突然之間，出現破洞完全合情合理。唯一不解的是，缺損為什麼沒有更嚴重？

不過，這還只是一項理論。美國全境還有許多研究團隊也得出相仿結論，但他們全都知道，除非掌握更多資料否則沒有人有十足把握。總得有人南下前往南極洲，從二十四小時冬夜結束階段一直待到初春幾週，當場測量化學反應實況。

所羅門志願接下這項工作，讓所有人（連她自己在內）都嚇了一跳。她是位理論學家，工作時要坐在電腦前面，不必外出做田野訪查。這輩子第一次鼓起勇氣投身實驗科學領域，她就要領導一支十二人隊伍，前往地球上最嚴寒凶險的地方，而且是在冬季。

至今她依然沒辦法解釋自己為什麼想去。或許是由於，儘管她所選專業本質上屬於靜態工作，所羅門卻迷上大氣的壯闊氣勢。她鍾情風暴雷電，其實就是些能夠提醒她，自然威力如何強大、人類相形如何渺小的一切事物[10]。

不論理由為何，過了幾個月，所羅門來到紐西蘭克賴斯特徹奇城（Christchurch）機場，身著一件襖熱的鑲毛厚裘風帽大衣，手上緊緊抓著制式帆布袋，裡面裝滿安全裝備和保命衣物。她就要搭上力士型軍用運輸機，展開一段險惡的八小時飛行。飛行員蒞臨進行簡報，向眼前這十二位男士和一位年輕女士致意。他開口詢問：「這裡由誰負責？」所羅門舉手。飛行員帶點錯愕向她致意，接著結巴擠出一句話：「幹得好。」

所羅門一踏出機門便愛上南極洲。她鍾愛那裡的空曠、險惡，那裡的無情野性。那種美，和常見的明信片美景不同。那種美是粗野的，所羅門沉浸其中。

她來到麥克默多研究站（McMurdo），那是美國最重要的基地，也是南極洲的非官方「首府」。那是一九八六年八月南方冬季結束之際，夏季訪客還要等一個月才會開始湧入，到時天氣就會變暖，白晝也開始變長，直到連續二十四小時為止。基地只剩與世隔絕度過整個冬季的常駐人員，他們彼此密切相依、互相建立起一個獨立社群，也因此對新進人員總是猜忌多疑，總認為新人會不經意坐錯桌位，或把大衣掛在「別人的」掛釘上。

所羅門的工作是在一棟建築的屋頂架好儀器。設計構想是要運用入射月光，檢視出飄在中介平流層的化學物質並進行測量。測量儀器位於室內，不過上面屋頂會架設轉動式鏡組，導引月光沿著一條管道向下射入。

研究團隊接到通知時，離出發只剩下四個月，來不及建造追蹤系統。他們沒有自動裝置來推轉鏡面、跟蹤月球越空運行，結果只好採現場手動操作。負責人員必須鼓起勇氣對抗攝氏零下四十度嚴寒，有時還要頂著憑空都能刮起的狂風進行作業。

一天晚上所羅門輪值，當她爬上屋頂，天氣已經轉陰。沒有月光儀器就毫無用處，所羅門決定不管鏡面，轉身下樓到實驗室小睡。說不定等她醒來，月亮就會回來。所羅門在實驗室內鑽進睡袋、蜷起身子睡著。當她醒來的時候外面正刮著暴風雪，能見度差到極點。狂風呼嘯席捲建築，那種凶猛氣勢在冰原之外難得一見。所羅門嚇呆了。她的鏡組還在屋頂。萬一受損，整個計畫就完了。

她想都不想，回頭沿木梯爬上屋頂，雪片如沙粒般狂撲臉頰，她奮力遮擋對抗，四肢扒住屋頂表面，開始慢慢向鏡組匍匐移動，陣陣強風猛力拉扯，想把她拉倒。不過她抓住鏡組，緊握梯子，終於爬回屋內。

她說，很值得。果然完全值得。因為所羅門這趟調查，還有後續幾項研究都提出確鑿明證，顯示平流層高空的冰雲確實造成損害。每年冬天，冰雲啟動氯貯存槽，彷彿把南極大氣當成手榴彈，為它裝上雷管。沒錯，這是南極洲那片荒蕪大陸的獨有問題；連北極都不夠冷，不足以長期生成平流層雲團；而且北方極地也從來沒有出現過臭氧破洞。儘管你可以辯稱，那個南極問題只會影響幾隻企鵝和少數科學家，然而，致命射線蜂擁射穿天空破洞的駭人景象，卻讓臭氧形勢逆轉。

一九八七年九月十六日，世界二十一國和歐洲共同體在聯合國環境規畫署（United Nations Environment Program）贊助下簽署了著名的蒙特婁議定書（Montreal Protocol），這是史上第一項為管制環境有害物質而制定的國際協議。在此約定的協議下，二十世紀結束之時，氯氟烴產量需減少百分之五十。

一九八八年三月，美國、加拿大、日本和北歐地區的臭氧測量值最新分析報告出爐。結果顯示，北半球的大氣也逐漸稀薄，所幸損失還沒有像南極洲那麼嚴重。兩週之後，世界最大的氯氟烴製造廠——杜邦企業宣布停產。

全球暖化和臭氧破洞

隨著臭氧破洞愈來愈深，更多科學證據紛紛湧現，指出臭氧減損和米奇利的氯氟烴有連帶關係，目標愈來愈明確了。一九九〇年，締約國在倫敦簽署一項修正案，規定在一九九六年完全禁止生產、使用氯氟烴產品。

一九九五年，莫利納和羅蘭獲頒諾貝爾獎，酬謝他們就確認氯氟烴的種種危害[11]所做貢獻。其他相關研究人員也分別獲得獎項和盛譽。至於所羅門，南極洲一條冰河甚至以她的姓氏為名。當初她收到傳真得知這項消息，還以為那是在開玩笑，心想那條冰河是根據和她同姓的另一位南極探險家命名的。她把傳真放進收文匣，過了一個星期又取出閱讀，見到小字細則，這才醒悟那是真的。如今她形容那是她「最珍惜的榮譽」。同時所有人私下都享有一份科學研究界罕見的大獎：他們心裡明白，自己的研究發揮助力、救了全世界。

米奇利的怪獸都很長命。牠們會待在大氣當中活過二十一世紀；你這輩子每吸一口氣，都會把牠們吸進些許。同時，每到春天，臭氧破洞還是會在南極洲上空現形，而且情況恐怕只會更糟而不會變好。不過當二十一世紀邁入尾聲，破洞會自行癒合，到時我們的防護罩也會恢復原狀。

這段故事還有最後一則祕辛。許多人搞不清楚臭氧破洞和全球暖化的差別，雖然兩項環境隱憂都令人不安，其實卻是不相干的問題，也各有不同起因。然而這兩方卻能聯手為惡。當全球暖化，對流層和平流層之間防水屏障的滲漏情況也跟著略顯惡化，所以世界暖化之後，平流層的濕度就要些微提高。還有，對流層暖化了，平流層便要降溫。把這兩項擺在一起，情況就更利於平流層生成雲團，而且不只影響南極洲，還及於北半球。

至今北極地帶還沒有出現臭氧破洞。由於周圍大陸山脈遍布干擾氣流，致使真正的渦旋無從成形，因此那裡始終不夠寒冷，不足以長期生成平流層雲團。然而，全球暖化恐怕就要改變這種情況。從二〇〇四年十一月底開始，三個月期間，北極上空都覆蓋著空前濃厚的平流層雲團，而且持續時間極長，超乎常態。隨後在二〇〇五年春季，上空的臭氧層減損了百分之五十左右。儘管規模和南極洲無法相提並論，卻大有可能波及有人地帶。南極洲的大氣與外界完全隔絕，北極的大氣就不同了，北天極渦往往四處偏轉，就像搖晃的陀螺；那一年，渦旋飄移下行、跨越北歐地區，向南遠達義大利。

如今洛夫洛克對氯氟烴的危害已經瞭如指掌，也許我們都該把他的話銘記心中。

他在一九九九年將近八十歲時，寫下這段話：

我們的地球是顆絕美的行星：它的美是以我們祖先的氣、血和骨構成的。我們必須記得，我們的祖先意識到地球是種生物，對它敬畏有加。蓋婭自誕生以來始終扮演生命的守護神，若是不肯讓她照管，我們都得自食惡果。

注釋

❶ 第一套商用製冷系統在一八七三年取得專利，不過在這之前不久才開始採工業規模投入生產。

❷ 這句話我改寫自麥克尼爾所述，他說，米奇利「對大氣的衝擊，超過地球史上其他一切單一生物體」。

❸ 實際反應遠更為複雜，還牽涉到幾種中介變數。

❹ 洛夫洛克的平流測量結果隨即也在《自然》雜誌發表。

❺ 多年下來，這則訊息似乎已經留下印記。二〇〇三年，我在普林斯頓講授環境科學寫作時，向那班大三、大四學生播放這首歌曲，我說能講出歌手和歌曲名稱的人都可以加分。結果他們齊聲吟誦：「瓊妮蜜雪兒：大黃計程車。」

❻ 注意，就此各國依舊吵嚷不休。剛成立的聯合國環境規畫署（United Nations Environment Program）在一九八五年三月舉行維也納大會。會議宗旨謙沖平實，只有二十國簽署公約，也沒有賦予管制權力，和後來實際發現臭氧破洞的嚴重性相比完全是無濟於事。

❼ 四間觀測站接連被雪壓垮，第五間小屋靠鋼柱勉強撐住，不過很快就必須改建新屋。

❽一九九七年之前，女人都不得在那裡過冬。早在一九七三年就有第一位女性來訪，不過實際上她不能算數，她是一位船長的夫人，在軍官晚宴聚餐後踏上冰面，身著晚禮服和一群企鵝合照。

❾後來希斯聲稱，法曼論文發表之時，他的團隊早已注意到那種亂真數據，也私下努力嘗試解釋資料。無論如何，他肯定是錯失良機，沒有搶先發表百年一遇的科學要聞。

❿她告訴我，這是二〇〇一年九月她在倫敦接受訪問時講的，當時她不肯取消跨大西洋飛行，甘冒風險前往倫敦。她搭乘的飛機，是九一一過後最早復航的航班之一。

⓫他們和保羅．克魯岑（Paul Crutzen）共得這份獎項。克魯岑研究發現氧化氮也能摧毀臭氧，率先察覺臭氧層可能很容易遭受破壞。

第六章

電離層：天空的反射鏡

由地表上空近百公里處開始，整片大氣充斥電流。這是我們大氣汪洋的神祕地帶。那裡是流星的發源地，還有一束束詭異的擺盪流光；有些是細長的藍色光芒，由底下遠方的雷雨雲頂一路向上竄升；還有些是龐大的紅色光團，揮舞觸鬚向外放射。直到近代，才有研究人員親眼見到這類鬼魅般超高空閃電，還為它們起了相稱的怪誕名稱：小精靈、妖精和鬼怪。它們搭好背景布幕，供這處高空帶電氣層發揮最重要的功能：這個氣層是臭氧層的老大哥，負責吸收來自太空的致命射線，沒有它，地球就不會有生命。最早顯示高空存有這處帶電空域的初步跡象，來自一位對此毫無所悉的人士，不過，那個人卻依舊衷心期盼，這種現象能夠助他一臂之力。

一九〇一年十二月十二日，午後十二點半

紐芬蘭希格納丘（Signal Hill）有一棟小房子，屋內有個年輕人在書桌前坐定。儘管房間塵埃遍布，他面前的書桌上卻擺著當年最尖端的科技設備：幾個皮箱和閃亮金質電線拼湊成怪裡怪氣的一團，那個人還把一件小型青銅裝置貼在自己的耳朵。他知道，或說至少他希望，三千五百多公里外的康瓦爾郡波爾朱區（Poldhu, Cornwall），有一組工作人員正升起天線向他廣播一段信息。結果他卻只聽到陣陣細碎雜音。

古列爾莫・馬可尼（Guglielmo Marconi）出身反常的姻緣結合。他的母親是愛爾蘭人，出身製造詹姆森威士忌的富裕家族，卻不顧雙親強烈反對，逃家和她的義大利心上人結婚。兩老反對情有可原。安妮才二十一歲，朱塞佩・馬可尼（Giuseppe Marconi）已經三十八歲。更糟的是，他還是個鰥夫、本身已經有一個兒子。況且他是住在偏遠山區的異鄉人，生活範圍和安妮家族時相往來的顯赫社交圈幾無絲毫瓜葛。

不過安妮心意已決。儘管這幾年來朱塞佩已經略顯冷淡，她從不後悔和他私奔。她婚後一年生下長子，起名為阿方索（Alfonso）；過了整整九年，才又在一八七四年四月生下次子，叫作古列爾莫。或許由於丈夫和她愈來愈疏遠，安妮便把全副心思放在古列爾莫身上。根據他們的家族傳說，安妮產下次子之後，大群僕人湧進房間探看新生嬰兒，這時其中一位老園丁衝口說出：「他耳朵好大啊。」安妮回嘴說道：「將來他將可以聽到空氣的靜默、細微的聲響。」

馬可尼誕生時，父親已經快五十歲，對嬰兒的啼哭聲很不耐煩。朱塞佩的另兩個兒子都不曾給他惹麻煩，他們很安靜又很聽話。他們十分尊重父親的絕對權威。古列爾莫和父親相處不來，幾乎從他開始講話兩人就時起衝突。進餐時，孩子們都應該梳理妥當，準時就坐，而且只有大人問話時才准開口談點日常瑣事。古列爾莫經常遲到，身上沾滿灰塵、泥巴，而且不管腦中冒出哪些新鮮念頭，他都毫無顧忌脫口說出。

安妮和丈夫不同，她十分尊重孩子的權利。後來她告訴自己的孫女德格娜

（Degna）：「但願成人能夠明白，他們對孩子會造成哪種傷害。他們經常打斷小孩的思緒，心中卻絲毫不以為意。」安妮看出她的小古列爾莫滿腦子都是念頭，也看出他能夠集中精神凝神思考，於是她盡心盡力騰出空間和時間，讓這個兒子能夠落實他腦中的構想。

第一具無線電

馬可尼的早年生活充斥著這種源自雙親個性和文化的矛盾衝突：義大利或愛爾蘭、天主教或新教、嚴格或寬容。然而，縱然兩邊的語言、宗教和態度各有差異，儘管有父親的嚴厲批評和母親的溫馨溺愛兩極作法，古列爾莫始終能夠在對立處境覓得脫身縫隙，享有自由徜徉的空間。他的不平常身世只讓他的天性更為突顯。他成年之後便養成拘謹、固執、專注、獨立，以及百折不撓的個性。

每當古列爾莫擺脫討厭的正規課業，通常都會躲進父親的圖書室。剛開始他愛讀希臘神話，不久就改讀班傑明．富蘭克林（Benjamin Franklin）和麥可．法拉第（Michael Faraday）的古典著作，迷上他們的電性新科學。這批讀物激發馬可尼滿腔熱情、開始動手玩弄機器。他還不到十歲就拆開表姊黛西的縫紉機，安上一支烤肉叉在零件裡。（結果黛西哭了，古列爾莫也後悔了，馬上把機器重組復原。）十三歲時，他私下造了一台蒸餾器來蒸餾烈酒。有一次他拿餐盤做實驗失敗，這時父親殘存的些許耐性終於徹底瓦解；他讀遍富蘭克林的電學實驗相關著作，決心自己也來設計一個，也不是基於什麼特別理由，反正他拿電線串聯幾個餐盤、接通電流，結果是餐盤全都跌落地面、摔成滿地碎片。古列爾莫的父親認為這樣無緣無故揮霍浪費，簡直就是無法無天、惡意破壞。從今以後，再給他發現這個兒子造出這種邪惡玩意兒，他都要搗毀它。經過這次事件，古列爾莫不動聲色，想盡辦法把他的發明藏得好好的。

剛開始，小馬可尼只玩弄自己的發明，不過在一八九四年夏天，他前往義大利阿爾卑斯山區度假期間讀了一部著作，結果徹底改變他的一生。德國一位叫作海因里希・赫茲（Heinrich Hertz）的科學家在不久之前過世，馬可尼恰好讀到他的訃文。那篇文章不只寫了赫茲的生平，還細述他的若干科學成就。

看來赫茲在七年之前成就了某種傑出發現：無形的電磁波。早先蘇格蘭一位叫作詹姆斯・馬克士威爾（James Clerk Maxwell）的出色科學家，便曾預測世上可能存有這種波，不過在赫茲之前還沒有人見過這種波的作用。電磁波和一般波動同樣具有波峰和波谷，不過傳播速度極高、能以光速移行。其實，電磁波就是種光波，不過由於經過延伸（或壓縮），波長太長（或太短），所以我們肉眼見不到❶。

赫茲以一個銅質線圈產生電磁波。他把線圈接上高壓電源，電線兩端留有些許間隙，當他摁下按鈕通電，一道藍色的強烈電花躍過間隙。那陣電花是普通可見光，本身毫無神祕可言。然而電花卻在周圍空氣激發一種電干擾，有點像是拋入一塊石頭到池中。赫茲的儀器射出一圈圈電波和磁波「漣漪」，向外交錯擴散。他在約一公尺外擺了第二個接收信號用的線圈，測知了這種現象。收訊線圈的間隙十分狹窄，約相隔不及一指寬。第一道電花迸躍之時，確實發出陣陣無形波動朝收訊機放射，於是那邊也出現一陣細小藍色噴焰竄過間隙，證明波動已經傳達。

馬可尼讀了實驗相關報導，波動也傳達他的腦中、觸發一陣電花。說不定這種新發現的赫茲波，也可以用來發送信息。

由於工業革命影響，長距離通訊需求孔急。剛開始的通訊技術還十分簡陋。十九世紀初期，歐洲全境紛紛設立信號收發站。每處收發站都豎立一根高聳信號竿，上面裝了一對調節臂。下一站的作業員使用望遠鏡凝神觀察信號臂動態、抄錄字母號誌，接著調節本站信號臂把資料轉發出去。儘管過程頗為費事，這套作法的效率卻很高，一則信息從巴黎發出，短短幾分鐘內就能傳抵沿海地帶。到了一八六〇年更有改進，那時多數收發站都換裝了新式電報，而且摩斯（Morse）先生發明的點、劃電碼也已經普及，於是必要時，他們可以透過埋藏地下或架在電線桿上的電纜，以摩斯電碼傳達訊息到遠方。

不過那項技術已經發展到了頂點，因為信息只能傳到鋪了電纜的地點。這就是馬可尼構想的核心：只要傳播距離夠遠，這種赫茲波就可以散播信息到任何地點，而且不必用上電纜。沒錯，赫茲的波只能移行幾公尺，而且距離一增長，強度便大幅減弱。不過馬可尼當然有辦法改良設計。他回到家中說服母親，讓他使用閣樓兩個房間做實驗，於是他投入整個冬季的時間在創造發明上。馬可尼參加海軍入伍檢測和大學入學考試，結果兩頭落榜，從此他的父親便撒手不再理會這個孽子。然而馬可尼的天份從來不靠理論。他完全採行務實途徑。

到了一八九五年春季，馬可尼已經完成一套系統，能在他的實驗室中收發點劃電碼。到了夏天，他便把他的「無線裝置」搬出屋外。他開始向田野幾百公尺外的住宅發送信息，哥哥阿方索帶著天線在那裡等候。阿方索綁一條手帕在竿頭，收到信號馬上揮舞旗杆，隨後那方白布的舞動距離愈來愈遠。但是馬可尼心中明白，除非有辦法跨越丘陵山脈等自然障礙，否則他這項發明，永遠不能發揮重大通信用途。

馬可尼決心向附近丘陵發射信號，傳達山丘另一側，其實除了他滿腔信心之外，沒有其他學理上的理由支持這項測試。手帕信號這時毫無用處。阿方索盡忠職守，攜帶一支獵槍出發爬上丘陵，後面跟著兩位助手搬運天線同行。那是個燦爛的九月天。馬可尼等待二十分鐘，看著隊伍行進，直到他們攀上丘陵稜線，接著從視野中消失為止。他又等了幾分鐘，隨後發送信息。遠方傳來回應，阿方索的槍聲迴盪傳下山谷。

馬可尼完全不明白電波是怎樣傳過丘陵，最初他還以為電波是以某種方式穿透山丘。但他後來證明，無線波動真的能夠傳達遠方，而非穿透障礙物。這項實驗還帶來一項影響，馬可尼的父親對此激賞嘆服，他的苛求批判消失無蹤。這下他終於領悟兒子那項發明的價值，那是一門生意。他出錢支應他進一步開發產品所需，甚至還向義大利政府尋求資助。

結果政府回絕，讓所有人都大失所望。馬可尼隨母親一同前往倫敦，她可以動用家族人脈關係，為他在那裡籌辦一場聽證會，看來倫敦比較能夠接受他的構想。儘管馬可尼的外國名字很古怪，不過倫敦生意人發現，他的舉止十足表現出英國紳士風度，於是疑慮盡除。他講話很慢、字斟句酌，而且他的英語完美無瑕（這得感謝他母親的教誨）不帶絲毫義大利口音，連愛爾蘭腔都聽不出來。他有母親的藍眼睛，同樣透著從容眼神，還有母親的淺髮和白膚。他的神情流露自信，以這麼年輕的人來講十分難得，況且他還表現得中規中矩，既不浮誇也不過分炫耀。浮誇炫耀都是大忌，不論哪種，都肯定要把倫敦的嚴肅投資客嚇跑。

「無線」商機

倫敦認定馬可尼帶有令人欣慰的英國風格，後來美國人則認為他帶有令人愉悅的歐陸氣息。一位美國記者評述道：「當你遇見馬可尼，你肯定要注意到他是個外地人。他從頭到腳都展現這些訊息。他身著英國式衣物，身高像法國人，靴子後跟是西班牙軍方款式。他的頭髮、鬍鬚剪成德國樣式。他的母親是愛爾蘭人，父親是義大利人。整個加起來，馬可尼十足展現一股國際風格。」不過他卻不是個圓滑世故的人。另一位美國報紙記者寫道：他的身材不比法國人魁偉，年齡不到二十五歲。他只是個男孩，帶有男孩的氣質和熱情，還帶有成人憂心終生成就所引發的不安念頭。他的神情有些緊張，他的雙眼略顯迷濛。他的表現就像個謙遜的男子，當旁人指稱他發現了一片新大陸，他只是聳肩回應。他環顧四周學者，流露彷若發呆的古怪神色，而這正是竟日鑽研學問，投入科學實驗的典型學者特質。

倫敦生意人對馬可尼的發明、他的態度都留下深刻印象。他們可不像義大利政府，生意人很快就看出可能潛力，而且樂意投注資金來開發這種「無線」科技。一八九七年七月二十日，無線電報和信號公司（Wireless Telegraph & Signal Co. Ltd.）成立，而馬可尼則握有這家新公司的過半數股份，後來這家公司改名為馬可尼無線電報公司（Marconi's Wireless Telegraph Co. Ltd.）。除了百分之六十持股之外，馬可尼還得到一萬五千英鎊現款。當年他二十三歲，已經很有錢，而且開始出名。

隔年夏天，馬可尼前往英格蘭南岸的浦爾（Poole），參與無線電報首次新聞用途的收發作業。都柏林《每日快報》（*Daily Express*）派了一位特派員，搭船報導皇家聖喬治遊艇會（Royal St. George Yacht Club）的賽船實況。他在一艘拖船的船橋觀察比賽進程，書寫報導內容在紙上，然後遞交給馬可尼，由他使用無線發報機來發送。

那位記者發現，馬可尼坦率得可愛，因為他承認自己無法解釋自己的發明怎麼能表現出那種神奇的行為。記者寫道，當馬可尼使用發報機時，「他的臉上展現一種壓抑的熱情，流露出令人喜愛的個性。一個二十三歲的年輕人，他簡直能夠從蒼茫深淵喚醒精靈，派遣他們乘風而去，這樣的人肯定覺得自己的作為，彷彿就像是撬開了大自然的實驗室門鎖。馬可尼聆聽他的儀器發出霹啪聲響，臉上帶了些許困惑好奇神色，就像阿拉丁摩擦神燈，第一次喚出精靈並聽到他的聲音，臉上必然展現的那種表情。」船上另一位記者則坦承，自己簡直無法抗拒要去玩弄那台無線設備。「我們很快就意識到，這種驚人事實確實可能實現，不必接線就能和幾英里外，我們完全看不到的收訊站通信，接著我們開始發送無聊的信息，好比要求金斯頓（Kingston）收訊站的負責人員一定要保持清醒，別喝太多『威士忌加蘇打』。」

賽船持續兩天。有時濃霧蔽天，從岸上看不到船隻、新聞完全斷絕，只剩馬可尼的無線發報機穩定傳來連串摩斯電碼，繼續報導比賽情況。報紙競相報導這項神奇的最新演示，述說無線電的海事通信威力。維多利亞女王本人也得知他們這些報導。當時女王已經近八十歲，御駕親臨威特島（Isle of Wight）奧斯本行宮（Osborne House），還要求馬可尼在停泊外海的皇家遊艇上架設一個收訊站。這樣女王就能用無線電和她住在船上的皇子，威爾斯親王愛德華通信。後來，皇室家庭便以這種方式總共發送超過一百一十五則極重要消息。女王得以垂詢皇子是否睡得安穩，她的隨員也能夠發送無線機密信息、邀請親王隨員蒞臨茶敘。馬可尼獲親王賜頒一支「美觀圍巾夾針」，酬謝他為國家提供這項服務。於是媒體又是神魂顛倒競相報導。

信號橫越大西洋

在這段期間，馬可尼依舊不斷發現嶄新作法，來改進他發報機的發訊威力、提高收訊機的靈敏度。他由南岸的永久收發站不斷發送信息，傳播距離愈來愈遠，看來沒有任何東西擋得住這種電訊。就連地球的曲率似乎也構不成阻礙，這點特別令人不解，照說赫茲波應該是採直線行進，當波動掠過地平面，應該向外射入太空。

然而，馬可尼的信息似乎不以為意。儘管威特島的燈塔高出海平面約三十公尺，但由於地表呈弧形，從位於本土的浦爾只能勉強望見塔頂。然而無線電波卻輕鬆越過這項明顯障礙。接著，馬可尼還從海上船隻發送信號，距離岸邊整整四十公里，等於中間擋了一座一百五十公尺高的海水「丘陵」，結果信號依然穿越障礙傳達陸地。

這喚醒馬可尼腦中的一項傑出構想。無線裝置能不能解決船隻間通訊問題？當時二十世紀已初露曙光，然而，儘管各大陸全都架設了電報線路，船隻卻依然只能仰仗令人困窘又無可救藥的古老傳訊技術。一艘船只能靠旗幟、閃現燈號和臂板信號裝置來發訊，一旦船隻超出視線之外，便與世界完全失去接觸。

一位評論員寫道，在二十世紀之前，「若船隻起火焚燒或在風暴中沉沒，陸地無從知其所終，上焉者還有耳語流傳……無線電施展神力，破除大海的古老恐怖沉寂，自航海時代萌芽以來，都緘舌閉口的船隻，也蒙其所賜獲得喉舌。」

這就是馬可尼的夢想。不過，要實現夢想，他必須證明數學家錯了，還要展現無線電波克服地球曲率、跨越浩瀚距離的性能。四十公里還不夠聳動，不足以證明無線電的威力。馬可尼決定發出一道無線信息，跨越宏偉屏障、克服地球曲率，翻越相當於兩百四十公里高的海水山脈。他要證明，無線電可以和電纜競爭，連四千八百公里闊的大西洋都能跨越。當時的數學家仍然聲稱這完全辦不到，不過馬可尼依舊沿用先前所有實驗所採對策：我相信辦得到，且看我的想法對不對。

英美電纜公司（Anglo-American Cable Company）懷著敵意注視馬可尼的進展。他們擁有十四條橫跨大西洋海床的電纜。每條電纜的鋪設成本各為三百萬美金，儘管經由他們的龐大線路發送信息所費不貲，多數人都支付不起，然而所有電纜卻都滿載、全力發送摩斯電碼，在兩大洲間霹啪傳遞。萬一無線電有用，那麼電纜業就要關門了。這裡涉及巨大的商務利益。馬可尼覺得絕對有必要保持沉默，等他證明電波能夠突破險阻，跨越相當於一座兩百四十公里高山的弧形大西洋再說。

一九〇一年一月，倫敦一家報紙的記者請教馬可尼：「據說您正在籌畫要從英國向美國發送信息，這種報導有沒有事實根據？」馬可尼回答：「完全是空穴來風。我從來沒有提過這種構想，儘管有天或許能夠實現這種壯舉，不過目前我完全沒有這種想法。」

然而就在那個月，馬可尼在一張美國地圖上標示出鱈魚角（Cape Cod）來，「一個人站在那裡，就能夠把整個美國擺在腦後。」他斷定，這就是第一則跨大西洋無線信號的預想收訊位置。

就英國這方，預定傳訊地點位於康瓦爾郡最南端，設於一處名為波爾朱的城鎮。工程師已經開始按照馬可尼估量的必要規格，動手架設一具巨型天線。馬可尼設計出一個半圓形構造，含二十根厚重木杆，根根高達六十公尺，並以電線纏繞綁縛。經過十一個月的辛勤工作、就在建物即將完成之時，災難卻降臨了，一陣狂風襲來，席捲正面迎風的康瓦爾海岸。天線杆很高卻不結實，木杆像骨牌般紛紛倒地。

過了幾週，一陣風暴在一九〇一年十月徹底摧毀鱈魚角的收訊站。其中一根高聳松木桅杆刺破收訊室屋頂，差點擊中馬可尼一位主任工程師。這下收訊天線也毀了，在灘岸散成一團，就像大堆漂流木。

馬可尼迅即改變計畫。他訂製了一具較簡單也較堅固的新天線，要架設在波爾朱做發訊用途。那具天線有兩根天線杆分立兩側（不是二十根），並以五十五段銅線綁牢，看來就像帳棚的支索。他稍微延展進度，時間恰好夠用來測試新天線，朝向設於三百六十公里外，愛爾蘭克魯克哈芬（Crookhaven）的一處收發站發送信息。這次測試創下無線傳訊新紀錄，不過馬可尼恐怕沒有注意到這點。

一九〇一年十一月二十六日，他在利物浦搭上薩丁尼亞號（Sardinia）定期輪船。他已經改變心意，選定另一處收訊站。班輪不是前往鱈魚角，而是航向紐芬蘭，那裡是北美大陸最接近英格蘭的地點。他由兩位最可靠的工程師，珀西．派傑（Percy Paget）和喬治．肯普（George Kemp）伴隨同行，這兩人都蓄留壯觀的濃黑翹八字鬍（馬可尼的八字鬍則樸實得多）。這時大西洋早就進入風暴季節，完全趕不及搭建脆弱的天線杆，不過馬可尼完全不想等到來年春季。他決定改採不同對策，設法架設一具高一百八十公尺的便捷天線。他的行李箱中有六個風箏、兩顆氣球，還裝了大批銅線。

馬可尼在紐芬蘭聖約翰斯（St. John's）考察了幾處地點，最後選定希格納丘，那是處俯瞰海港的高聳懸崖，也是聖約翰斯對抗大西洋猛烈風暴的自然屏障。丘頂有一片小高原，適於施放風箏。那裡還有座卡伯特紀念塔（Cabot Memorial Tower），可用來向船隻發送信號，另外還有一棟兩層石造建築，原本是處兵營，當時則已改為醫院用途。

馬可尼就要展開試驗，把他的距離紀錄延長十倍。氣候很糟，風雨夾雜冰雪吹襲醫院建築。馬可尼和他的團隊為一顆氣球灌注氫氣，讓氣球拖著四、五公斤電線飄升，看它是否升得夠高，然而風勢太強，粗重的繫留索就像細線一般斷裂，氣球也飄向大海消失不見。

一九〇一年十二月十二日星期五，馬可尼決定再試一次，這次要用一個風箏，掛著一條長一百八十公尺的電線當作天線。他透過電纜電報發出指示。他們排定從紐芬蘭時間十一點三十分開始，發送摩斯電碼嗶、嗶、嗶三響信號（代表字母S），並在往後三個小時持續發訊。

正午之前不久，實驗開始了。派傑在戶外和風箏繩索奮鬥。他仰望風箏在風中掙扎，冰冷雨水落在臉上，眼看風箏翻騰竄上一百二十公尺高處，接著又翻飛下墜，逼近大西洋洶湧洋面。

在室內黑暗小房間內，馬可尼的另一位助手，肯普在唯一的椅子上坐定，桌上擺了幾團線圈和一個電容器，他身邊只有幾個包裝箱。馬可尼喝完一杯可可，然後輪由他值班收訊。他拿起單耳耳機附在耳朵上開始聆聽。這時才剛過中午。

馬可尼全副心神專注工作。一位記者談到他，那段描述傳神之極：「當他興致高昂或興奮激動，眼神便綻放光彩……他給人的最強烈第一印象就是昂揚活力和全神貫注。」他投入超過五萬英鎊賭注，要驗證世界眾多頂尖物理學家都宣稱不可能實現之事。而支持他的力量，只有歐洲老家那幾次短距電波跳躍，還有他認定自己絕對正確的十足自信。

他專注聆聽，一分又一分過去了，除了雜訊之外毫無聲息。接著到了十二點半，波爾朱小組持續發訊超過一小時之後，馬可尼聽到某種聲音。當然了，三響尖銳嗶聲在他耳中響起。他把耳機遞給肯普，並沉著詢問：「肯普先生，你有沒有聽到聲音？」有，肯普先生確實聽到那三響嗶聲。他們立刻叫派傑進來。他什麼都聽不到，但那是因為他的聽力本來就有點問題。接著，儘管按照指示，波爾朱應該繼續發送信息，聲音卻突然終止。

馬可尼繼續監聽。到了一點十分，信號又出現了，接著在一點二十分又出現一次。當天發報時段結束之際，馬可尼已經聽到摩斯「S」碼二十五次。不過他還是不確定這到底夠不夠。那批信號很模糊又飄忽不定，馬可尼希望做出較明確的結果。隔天，十二月十三日星期六，小組又試做一次。然而這次由於風勢太強，風箏無法發揮功能。氣候愈來愈糟。馬可尼斷定這樣就夠了，他肯定聽到信號，這時應該發表正式聲明了[2]。

報刊陷入瘋狂。《紐約時報》刊出大標題：〈無線信號跨越大西洋——馬可尼表示他在英格蘭收到信號〉，內容寫道：「古列爾莫．馬可尼今晚公布現代科學最奇妙進展。」《麥克盧爾》（*McClure's*）雜誌一位記者貼切描繪大眾對那項聲明的驚嘆反應。「一條電纜，曾經發揮不可思議的功能、串連發訊和收訊雙方，維繫觸摸得到的有形連結。但今天，你可以試著理解通訊全新的意義：這裡空無一物，只是在遼闊弧拱大海一岸設了一根杆子、垂掛一條電線，對岸還有一個風箏，在大氣中飄忽掙扎——然而思想卻在兩岸之間傳遞。」

就連許多平常都很冷靜的科學家，也幾乎不能自制。英國電學研究先驅奧利弗．洛奇（Oliver Lodge）爵士寫道：「你覺得自己就像個孩子，平日常在一台廢棄管風琴已經失效的鍵盤上按來按去，這時一股無形的力量，開始吹送生機活力進入管風琴胸膛。你訝然發現，手指碰觸鍵盤竟引發對應音符，於是他遲疑了，半是喜悅、半是害怕，唯恐自己被和聲震聾，而這時他幾乎可以隨心所欲，奏出種種和絃。」

電纜公司股票崩盤。英美電纜公司瘋狂反制，想要敗壞馬可尼實驗的信譽，但只讓他的結果更顯得可靠。他的同儕沒有人懷疑他。

幾個星期之後，美國電機工程協會（American Institute of Electrical Engineers）為馬可尼籌辦一場盛大晚宴，席設紐約市華道夫阿斯多里亞大飯店（Waldorf-Astoria）的阿斯多藝廊（Astor Gallery）。馬可尼的餐桌後方有一幅黑底字匾，表面裝設電燈排出他的名字。藝廊東端同樣設了字匾，並以燈光排出「POLDHU」（波爾朱），西端則閃現「ST. JOHNS」（聖約翰斯）字樣。三塊字匾全都以一條電纜串連，電纜裝有電燈，每三盞聚為一組，點出字母「S」的摩斯碼。宴席主持人朗讀大發明家托馬斯．愛迪生來函內容：「我很遺憾沒辦法到場向馬可尼致敬。我希望能和他見面，結識那位具有大無畏企圖心，成功讓一道電波躍過大西洋的年輕人。」接著主持人談起，他本人幾天前和愛迪生先生閒談所述，這段話引來哄堂大笑，他表示：「他對我說，『馬丁，我很高興他成功了。以他的成就來看，那位老弟可以和我這等人並駕齊驅了。還好我們趁他年紀輕輕就撞見他。』」

馬可尼謙虛回應這段頌詞，還對電學前輩的成就大加讚揚。兩天之後，這等舉止引來《紐約時報》為文稱許，該報還評述表示，馬可尼的成就鐵證如山，「不必佐證、無需確認，只需馬可尼君一紙聲明就夠了。紐芬蘭傳來電報信息，透露這項壯舉已經實現，世界工程界代表人物隨即接受訪問，反應毫無例外，大家全都表示：『既然馬可尼說這是真的，那我就相信。』」同一篇報導接著敘述：「他不說大話，也不胡亂許下奢望諾言。他不了解行銷謀略，或許是吧，不過他已經養成一種誠實、保守的性格，同時我們敢說，他完全不必找行銷人來幫忙，自然就能從他的發明獲利。」

馬可尼是個幹練的生意人，肯定也不必藉助外力，自然能夠從他的發明獲益。他決心在全世界廣設馬可尼收發站，不論要採哪種迂迴路徑，都要讓信息克服曲率，傳遍全球。他已經讓數學家羞赧難堪。唯一的問題是，他完全不知其所以然。

古怪科學家亥維賽

在英國故鄉，幾位數學家聽聞這項消息馬上料到真相。奧利弗．亥維賽（Oliver

Heaviside）是位引人矚目的男子。儘管他不是非常高大[3]，卻是相當英俊搶眼；他長了一頭濃密棕褐色頭髮，而且眼神凌厲令人不敢逼視。他還是個非常、非常古怪的人。

有關他的怪誕傳聞多如牛毛。他拿花崗岩塊當作家具，他染黑頭髮，還拿茶壺保溫罩當帽子戴，直到染料乾了才取下；他精心修剪指甲，還塗成櫻桃紅色。他一輩子大半隱居得文郡（Devonshire）一處小村，當地成年人對他見怪不怪，村中癡愚則對他漫罵，還向他的窗子丟石頭。

然而，亥維賽的怪誕偏頗世界觀，恰巧是構成他才華的一環。他在卡姆登城（Camden）一貧如洗的貧民區上學，那裡也正是造就查爾斯・狄更斯（Charles Dickens）的地方。亥維賽挺身指責傳統填鴨式學習法，不滿全體老師只能想出這種教學方式。對他來講，文法完全是一堆「言語無法形容的乏味、愚蠢又不當的規則」，而用反覆動作、無需動腦的方式來學習數學，也已經把他幾位同學變成「自大的邏輯機器」（conceited logic-choppers）。

在亥維賽詭異又奇妙的內心世界裡面，完全沒有發展出那些現象。一九〇三年，《電學家》（*The Electrician*）期刊一位編輯，以充滿詩意文采來描寫亥維賽的思維方式：「奧利弗・亥維賽先生隻身徜徉於陌生思想大洋，罕有人望其項背。就多數人而言，只有當他航向常人眼中得見的港岸、現身籌辦補給，為執行進一步理論鑽研做必要準備之時，我們才得瞥見他的身影。當補給籌辦完備，他又急馳航向大海。我們有些人以毫末之能竭力划槳，尾隨短小距離，迅即瞠若乎後；力竭轉身，陷入自己攪起的迷霧，艱苦尋路返還陸地。」

亥維賽受不了才智不如己者，而這就包括大半民眾。偶爾他會設法把成果寫得較為淺顯易懂，結果讓他不敢相信，在他看來不言而喻的事實旁人竟然無法領會。一位科學家寫道：「有時他竭盡心思設法回歸最粗淺層次，躍過高聳雙重圍籬，淺說明示提供捷徑，而心思遲鈍的普通人卻頹然無力跨越。」有次他寫了一篇精采絕倫卻艱澀難解的電磁學理論著述，當一位朋友央求他多著墨解釋，他於是將原文「之後即知」前面添了「用功」兩字。或許那只是他展現刁鑽幽默感的偶然實例，但另有個人茫然不解其所述，又向他抱怨道：「亥維賽先生，可知您的論文實在非常難懂，」他回答：「確實難懂，不過撰寫起來還要更困難得多。」

但他仍然具有自我調侃的優雅氣度。有次他認為某人該罵，落筆三千言強烈指責，卻在文中最後寫道：「我這是滿紙沒道理的胡言亂語，如果你沒看出來，那大概是因為我表達得不夠好。」亥維賽常與朋友魚雁往返，氣憤時自然提筆抒發，但偶爾也會以信函相娛。他的文筆始終極其簡練、措詞十分優美，連他的數學方程式都寫得一絲不苟，只是當他覺得所述公式令人想起有趣的臉孔或人形，他會玩性大發、信筆揮灑畫個草圖。除了數字之外，他還喜歡玩弄文字遊戲。有次他在信末寫道：「耑此，順頌勛綏／臨紙不知所云，喔！不才實乃撒旦惡徒。」

儘管亥維賽隱居化外，他卻衷心渴慕訪客，然而性情古怪又常語帶嘲諷的個性令許多人敬而遠之。一位科學家回顧一九一四年往訪情景，他說：「儘管接觸時間短暫，我對亥維賽猶深為感佩。儘管他外表顯得古怪，卻沒有人比他更能讓我嘆服，我深覺眼前這人，實在具有高超才智。每思及那次訪問我都感到慶幸，卻再也鼓不起勇氣二度造訪。」

他的摯友，電學科學家喬治．西爾（George Searle）不怕亥維賽的怪僻，還找過他好幾次。兩人不只談論科學，當時亥維賽迷上一種稱為腳踏車的新鮮熱門機器。他和西爾常牽車外出「火速狂飆」，這是維多利亞時代的休閒活動，騎士抬腳放任車輛高速行進，危及行人險象環生。西爾說：「當時我們把腳擺在前叉踏板上，接著就讓腳踏車衝下山丘。奧利弗抬起雙腳，雙臂蜷縮，讓車子呼嘯衝下陡峭崎嶇巷道，把我遠遠拋在後方。」

有一次，西爾得知亥維賽必須戴眼鏡，堅持要幫他找一副合用的（亥維賽不肯去眼鏡店，連其他可行作法他都不願聽從，不過西爾還是幫他找到了）。但是兩人就這件事持有不同見解，亥維賽寫信時經常使用怪誕詼諧拉丁文來表現幽默，他還循此風格寫信給西爾夫妻，大意為：「喬治．西爾暨夫人惠鑒。敬頌台安。爰眼鏡故。眼鏡現身。覓之久矣。偶於袋中尋獲。」

亥維賽的研究大半牽涉到電學和磁學理論之間的繁複關係，他把當初激發赫茲實驗的著名方程式拿來重新構思，將公式改頭換面，實際運用時更是精簡至極。即使到了今天，教科書依然以亥維賽所發展的型式來介紹這組方程式。他還證明，製造電報線時若刻意納入些許瑕疵，竟可以提高傳訊效率。這是電性和磁性彼此增強所產生的古怪副作用，和直覺完全相反，結果沒有人肯相信他。最後是一位美國科學家採用亥維賽的推論請得專利，當美國電報業者開始使用這項技術、證實效果十分優異，英國人才依樣畫葫蘆。但是亥維賽成就這項發明該有的名利，卻已經付諸流水。

天空的反射鏡

當亥維賽聽聞馬可尼的成就，他馬上料到，無線電信號為什麼能跨越如此遙遠的距離。早先他已經聽說短距離無線電波似乎能彎曲跨越地平線，那時他曾略事鑽研這道課題。有些人認為，或許電波確實有轉彎現象，這種作用稱為繞射（diffraction）；當你半閉雙眼凝視光點，所見光芒似乎向外散射，道理就在於此。然而亥維賽心知肚明，這還不夠完善。

有另一種解釋方法。赫茲已經證明能夠導電的物質（他採用的是一片金屬）都能反射無線電波，道理和鏡子反射光線完全相同。因此亥維賽表示，天上肯定有一個帶電的氣層，作用就像無線電反射鏡，能把信號彈回地球，因此電波才能克服地球曲率。這點從表面看來似顯奇怪，事實不然。只要有若干帶電粒子就能導電，像是沿著電線流入你家中的電力，就是一串帶負電的電子。原則上，天上的帶電氣層不見得必須帶負電，也可以是帶有正電，不過更可能是兩者兼具。

儘管高空的空氣極端稀薄，卻仍有些許氣體原子和分子四處飄蕩。每顆原子都有兩種成分，包括一顆非常緻密的（帶正電）細小中央原子核，還有一團繞軌運行的（帶負電）飄浮粒子雲霧，這稱為電子。

就一般而言，兩類成分都是完全平衡，於是原子和分子都保持電中性。不過若有某種事物（例如：由太空來襲的宇宙線）劫走幾顆電子，原子就會散裂出帶有正、負電的陣陣碎片。換句話說，空氣就會帶電。

儘管他始終沒有發表細部數學描述，後來這種天空反射鏡仍被稱為亥維賽層❹（Heaviside layer）。又由於帶電粒子稱為離子，如今我們稱亥維賽的導電層為電離層。

亥維賽的電離層預測，是他一生發揮深刻洞見、鑽研電學和電報所得眾多輝煌成就之一。可惜的是，由於亥維賽言語刻薄性情刁鑽，縱有人能領略內裡蘊涵的創造才華，他卻始終難以獲得認可和理解。

儘管旁人紛紛以他的成果為本，請得專利發了財，而亥維賽卻始終一貧如洗，近晚年時財力尤其匱乏。以他的個性，他無法忍受帶有絲毫施惠意味的贊助，曾經多次悍然回絕旁人聲援。有次一位朋友拿一條麵包給他，他氣極了，把麵包擺在顯眼位置整整一年，後來是另一位訪客堅持，他才丟掉麵包。

亥維賽的另一項怪癖更讓他的財務困境雪上加霜。他怕冷怕到極點。他以一具熾烈煤氣爐加上一具燃油爐，雙管齊下為房間加溫，室內隨時都「比地獄還熱」，窗子也緊緊關上、不讓任何清新空氣流入。這種怕冷習性還影響了他身邊的人。他讓女管家簽署一項協議，上書：「我同意身著保暖毛料內衣，且冬天必須穿得很暖。」

以亥維賽的經濟狀況，他很少有辦法全額支付燃料開銷，所以總是不斷和他口中的「煤氣野蠻人」爭吵。晚年他還曾經因為付不起帳單，熬過將近一年沒有煤氣、照明和暖氣的日子。一位鄰居見他待在戶外、坐在院子裡，看來很冷又面帶病容。她說：「到你屋裡火爐旁坐吧。」亥維賽微笑答道：「夫人，我沒有火——我只靠我的才氣來保暖。」

除了煤氣，亥維賽對其他有形物質似乎不以為意。他對榮譽和獎項也幾無所求。一九一二年，由於他的電磁學研究成就斐然，獲列為諾貝爾獎候選人。結果並沒有獲獎，不過話說回來，其他幾位傑出候選人也沒有獲選——包括一位叫作阿爾伯特·愛因斯坦的奧地利物理學家。所有人都敗給一位尼爾斯·古斯塔夫·達倫（Nils Gustaf Dallen）。達倫發展出一種燈塔自動化進料法而獲獎。當然了，過了幾年，愛因斯坦在一九二一年贏得物理學獎，而亥維賽卻毫無機會。或許這也好，很難想像他打扮體面、前往瑞典參加頒獎儀式。一八九一年六月四日，皇家學會打算遴選亥維賽為會員。他只需親身前往倫敦，出席正式入會儀式便成。亥維賽以一首詩文回應：

還有一事，
在那之前
得先確切落實它，
付我三英鎊
以酬舟車勞頓，
我將欣然前往
但若不允
會員免談

當然了，亥維賽並沒有去（不過他們仍然接受他為會員）。後來他對獎項的態度愈見反常、刁鑽，或逕自回絕，甚至設下怪誕受獎條件。亥維賽臨終之前，英國電機工程學會打算把學會最高榮譽、法拉第獎章頒給亥維賽，他們建議派遣代表團到他家中面交獎項。亥維賽心煩意亂。他以十分激動措詞寫道：「那些人是誰？我一次只能跟一個人講話，再多就很困難……況且我也可能沒辦法弄到一間不帶『登煤』

（damcoal）煤灰的房間……你們能不能盡量安排連續四天，一次來一個人？」當消息傳來、得知學會已經變更計畫，預定只派一人攜帶獎章前來，亥維賽顯然大鬆一口氣，接著他著名的搗蛋習性復發，滲進他的回應當中：「非常好。單獨一人，或可由一名女士隨行護駕，以免你被我惡名昭彰的暴力惡行所傷。我和女士通常都能融洽相處，她們的清脆女高音，和粗魯男子的嘶啞喉音截然不同。而且女士也都喜歡我，我想是吧……不過我可不去奉承她們……不准派代表團。准派一位女士來護駕。」

亥維賽終究是無法繼續隻身住在那棟住宅（他的管家在幾年之前就搬走了，並沒有人怪罪她）。當他衰弱委頓，西爾便帶他住進一處療養院，那裡的護士和其他院民都敬重他。他在一九二五年二月三日死於院中。

亥維賽來不及知道他的天空反射鏡，最後扮演了保障地球生命的關鍵角色。在那個時候，就連物理學界都認為他的天空反射鏡只有底層對我們有幫助。事實上，它不只能夠反射馬可尼的巧妙信號傳遍全球，還徹底終止船隻出海便與外界斷絕音訊的孤立慘況。

船隻航海的守護神

一九一二年四月十四日星期日

臨午夜之際，哈羅德・布萊德（Harold Bride）從夢中醒來。他躺在自己的鋪位，聆聽鄰室傳來的無線電操作按鍵聲響。他本能在腦中轉譯那陣摩斯電碼。內容是常見的旅客資料、商務安排、晚宴規畫、刻日相逢還有但願你在這裡。這時船隻已經駛入紐芬蘭雷斯角（Cape Race）無線電收發站收訊範圍，顯然他的朋友暨同事傑克・菲利普斯（Jack Phillips）仍在工作，把成堆信息逐一發送出去。

馬可尼在希格納丘成就壯舉過了十多年，所有大型客輪都配備了他的新式無線收發站。負責收發的小伙子都來自馬可尼轄下公司，他們的裝扮和一般船員有別，身著帶閃亮衣鈕的夾克，頭戴大盤帽，衣鈕上和帽沿前端都可見馬可尼公司標誌。

使用無線技術是豪華船舶的最新時尚，乘客心目中的迷人奢侈玩具。富有乘客以無線電發送私人信息，或在冗長的奢華跨海航程，藉此得知天下事。當然了，無線技術也可以用來呼救，不過乘客總會認為沒什麼好擔憂的，也不會因此感到安心，甚至鮮少有人特別認真看待這項功能❺。

無線技術在兩年之前造就一起熱門新聞，警方藉此技術逮捕惡名昭彰的克里平「醫師」。克里平的妻子遭人謀害，還以磚頭堆砌埋屍家中，屍體上灑了石灰、部分腐壞。謀殺案曝光前幾天，克里平協同他的祕書艾瑟兒・列・內維（Ethel Le Neve）潛逃。這起刑案轟動全球。世界各地的報紙都刊出克里平的照片，只見他戴著一副眼鏡向外凝視，還蓄留粗濃的下垂小鬍子。

過了幾個星期，蒙特羅斯號（Montrose）客輪啟程航往加拿大，船長對他的一對乘客愈來愈感到好奇。這位「魯賓遜先生」的小鬍子刮得潔淨，這時只剩下巴蓄留山羊鬍。他的鼻梁有戴眼鏡的明顯痕跡，卻沒見他戴過。他和一個兒子同行，那個年輕人顯得特別纖弱，所穿長褲對他而言太長了，帽子裡面還塞了紙張才合他的尺寸。儘管那個年輕人已經二十幾歲，卻仍然經常牽著父親的手。

船長暗中命令無線電收發員向倫敦發送一則信息。負責調查克里平案的專案組長杜尤（Dew）巡官立刻搭上勞倫提克號（Laurentic）定期快輪，要搶在蒙特羅斯號抵達加拿大之前趕上它。航輪天線霹啪傳送無形電信，同時「魯賓遜先生」對此依舊渾然不覺，也不知道報刊每天都刊出新聞，還以圖解標示兩艘航輪的位置。這場追逐在全世界的眼前開展，當杜尤捕獲兩名逃犯，他對他們說：「早安，克里平醫師，我是蘇格蘭場杜尤巡官。我有逮捕狀要抓你歸案。」瞬時之間，馬可尼的無線技術成為破案英雄。

鐵達尼號葬身海底

布萊德工作的船隻叫作鐵達尼號，那艘宏偉客輪從頭到尾都是頂級配備，船上的無線設備是有錢買得到的最新、最棒型號。摁下發報按鍵，主要電容器便發出整整一萬伏特高壓，觸發跳躍電花並把無形電波射向幾百公里，甚至幾千公里之外，發出的聲響震耳欲聾，因此發報設備必須裝進一間隔音室。

還要再等兩個小時才輪到布萊德正式開始值班，不過他知道，菲利普斯一定很累了，因為儘管無線發報十分昂貴，前十個單字收費十二先令六便士，此後每字加收九便士❻，不過鐵達尼號多的是有錢乘客，幾分錢根本不看在他們眼裡。就是為了服務這樣的富豪客層，因此船上才派駐兩名報務員，而一般船隻只有一位。他們前一天遇上一次惱人電力故障，損失七個作業小時，於是兩個小伙子只好接連超時趕工，設法處理完畢堆積待發的信息。前一次布萊德做到精疲力竭，幸好菲利普斯提前半小時接班讓他早點歇息，這時布萊德決定回報他的好意。他身上仍穿著睡衣，掀開綠色門簾進入報務室。

菲利普斯果然疲累不堪。不必多費唇舌就可以勸他讓位。在他移交工作給布萊德之前，船長從門口探頭進來，口吻平靜：「我們撞上一座冰山。我已經派人勘查，看這次碰撞對我們有什麼影響。你們要做好準備，也許需要發訊請求協助。不過先別發送，等我指示再說。」

兩名小伙子只略感驚訝，因為兩人都沒什麼感覺。他們在那裡等著，過了十分鐘，船長回來了。他在門外指示：「發訊請求協助。」菲利普斯詢問：「該怎樣發？」船長回答：「正規國際求救訊號，這樣就可以了。」

顯然情況比表面上更嚴重。菲利普斯馬上開始輕叩。他發出「CQD」，總共六次，接著發送鐵達尼號的呼號，還有船隻目前位置。「CQD」是馬可尼公司的標準緊急訊號，從一九〇四年開始採用。其中「CQ」是「seek you」的諧音，代表「呼叫所有收發站」，後面加一個「D」代表「危難」（distress）。此後過了兩年，柏林召開國際無線電報大會（Radiotelegraphic Convention）並建議改採用「SOS」，這不代表任何意義，只是採摩斯電碼發送時比較好辨識❼。不過菲利普斯只沿襲舊有作法，很少使用這種新式電碼。

「無聲」室內閃起燦爛電花，發出神祕的無形波動，載著菲利普斯的求救呼喊射上太空。時間是午夜十二點十五分。

十六公里外，加利福尼亞號頂風停航。由於冰山阻撓，船長決定等到清晨再繼續航行。遠方鐵達尼號的燈光隱約可見，然而加利福尼亞號上卻沒有人想到會出麻煩。船上只有一位無線報務員，十一點半已下班，這時早就上床睡覺了。

九十三公里外，喀爾巴阡號（Carpathia）的無線報務員哈羅德・科騰（Harold Cottam）也打算上床睡覺。他衣服脫了一半，這時一件事情浮上心頭，心想或許可以和鐵達尼號那兩個夥伴傳個信息。馬可尼公司的報務員網緊密交織，其中許多人都有私交，他們還經常在業務舒緩期間，私下進行船對船空中交流。這樣的交流很少需要打出船隻呼號。經過幾次交流就能輕鬆認出旁人的摩斯叩敲手法，這和在人群當中認出熟悉嗓音同樣容易。你可以聽出旁人按、放發報鍵的速度，還有手法輕盈或強健或遲疑，還有，偶爾也可以根據外人無從得悉的些許手法轉折，分辨出對方是誰。那群小伙子自有一套非正式速記手法。你可以要某個討厭鬼「GTH」（go to hell，下地獄吧）。結束通信時便說「GNOM」，代表「good night old man」（晚安，老頭子。其實他們的年紀都在二十歲上下）。

科騰和菲利普斯、布萊德兩人都是朋友——事實上，就是他介紹布萊德來這裡工作。這時他想起鱈魚角有幾則訊息等著傳給鐵達尼號，或許該讓他們知道。

他敲叩發訊：「我說啊，老頭子，你知不知道鱈魚角有一批信息等著發送給你？」

鐵達尼號發出第一筆求救訊號時，他還在床鋪室內，因此他完全不知道對方出問題了。菲利普斯迅速回應他的問題，內容讓他大吃一驚：

「馬上趕來。我們撞上冰山。」

「該不該告訴我的船長？」

「這是CQD啊，老頭子。位置北緯四一．四六。西經五〇．一四。快來。」

加利福尼亞號船橋艙中，一位見習水手詹姆斯．吉布森（James Gibson）閒來無事，拿他的雙筒小望遠鏡判讀遠方鐵達尼號燈光。他一度以為鐵達尼號正用船上的摩斯燈號發訊，他本想回應，後來卻斷定那只是燈號閃爍不穩。半夜十二點四十五分，加利福尼亞號二副看到鐵達尼號上空白光乍現，爆發一記警示火箭。這就怪了，他心想，竟然有船隻在夜間發射火箭。加利福尼亞號上沒有人多想，為什麼鐵達尼號有這種奇怪舉動。這證明傳統的船對船溝通作法沒有絲毫作用。畢竟，視而不見本是人性常態。

亥維賽的天空電反射鏡發揮功效。儘管就鐵達尼號看來，喀爾巴阡號還遠在地平面之外，載運菲利普斯信號的電波卻已經躍過兩船之間的海水山脈，接著便朝喀爾巴阡號所在位置反彈射去，並引來船隻天線霹啪回應。喀爾巴阡號的船長被喚醒得知消息，幾分鐘後，他就下令把船隻動力全部導向引擎。科騰發報通知鐵達尼號那兩位朋友，他們正加速趕往救援。他寫道，他們還有四小時航程，現正「努力趕來」。

布萊德跑去告訴船長消息。當他回到報務室，菲利普斯正向喀爾巴阡號發送較詳細指示。接著就聽菲利普斯下令：「穿上你的衣服。」原來布萊德忘了自己還穿著睡衣。布萊德胡亂套上自己最溫暖的衣物外加一件夾克，然後穿上靴子。同時菲利普斯一直沒有離開電報機，他仍在發送CQD碼、每隔幾分鐘發一次，並回應所有答訊船隻。然而多數船隻距離太遠，實在幫不上忙。甚至他還試發了幾次SOS，就如布萊德所述，他們恐怕只有這最後一次機會來使用新式電碼。同時，布萊德拿一件大衣披在菲利普斯身上，還把鐵達尼號的醒目白色救生帶縛在他背上。這時兩人都能察覺船隻向前傾斜。海水已經淹到甲板，還聽說很快就要喪失動力。

到了一點四十五分，鐵達尼號向喀爾巴阡號發出另一則信息：「老頭子，盡快趕來。引擎室淹到鍋爐。」那是喀爾巴阡號收到的最後一則信息。幾分鐘後，船長來到報務室，正式准許兩個小伙子離開工作崗位。他說，從現在起，「大家各自求生。」那時是半夜兩點整，救生艇全都離開了。布萊德衝到寢室拿他和菲利普斯的錢。他回來時，見到一名司爐溜進無線報務室，正偷偷解下菲利普斯背上的救生帶。布萊德滿腔憤怒。他回顧說道：「胸中突然湧起一股激憤，那個人不配當水手，我不要他死得體面。我希望他被吊死或被逼上木板條跳海淹死。我希望我把他宰了。我不知道。我們離開無線報務室，任憑他躺在艙房地板，動也不動。」

船上樂團的樂師都已放棄求生指望，英勇堅守崗位。他們不再演奏繁音拍子的慵懶音樂。布萊德向一艘摺疊式救生艇跑去，小艇綁在甲板上，幾名男子正費勁施放，於是他也加入幫忙。這時，布萊德聽到聖歌《秋》（*Autumn*）的旋律響起，彷彿為一段祈禱文伴奏：「領我生還浩瀚大海，引我雙眼仰望上蒼。」海浪把小艇捲離甲板。布萊德身陷小艇下方，駭然發現海水竟是如此冰冷，接著鬼使神差爬上頂部。這時小艇已經翻覆，乘員全都攀附在浸了水的船底。

當晚天色清朗得詭異，星光從周圍冰山反射、映現一片燦爛。這時樂隊已不再出聲。十七歲乘客傑克・帖爾（Jack Thayer）也攀著翻覆的小艇，滿臉驚恐，癡迷望著船隻：

她從船身中段偏船尾那點開始翻轉。船尾漸漸抬起指向空中，顯得從容不迫，就這樣不慌不忙慢慢抬高……她的甲板略轉朝我們這方。我們可以看到好幾群人還待在船上，總共將近一千五百人，一群群或一團團擠在一起，就像成群結隊的蜜蜂；結果卻成群、成對或單獨墜海，當船隻的宏偉後段向天空抬高，聳立達七十五公尺，最後抬升到六十五度或七十度。到這裡似乎暫時止住，就這樣懸著，感覺上彷彿過了好幾分鐘。

接著燈光熄滅。船隻所有引擎都盡了責任。它們堅守崗位，為無線機組供應電力，推動電波載著菲利普斯的求救呼喚傳遍大西洋。這時所有引擎都要止息。

摺疊小艇十分靠近船身，受吸引逐漸朝龐大傾轉船身漂去。這時還有力氣轉頭仰望的人，都見到三具龐大的螺旋槳在他們頭頂上方森然現身。就在這時，最後一段還完整的艙壁，發出連串悶響猛然斷裂，於是鐵達尼號便優雅地、靜靜地滑入海中。

帖爾只聽到人群發出一聲嘆息，此外什麼聲音都沒有。他回憶：「接著大概有一分鐘，四周根本是一片死寂、沒有人出聲。接著有個人呼喊求救，這裡、這裡；音調漸漸提高，匯聚變成連續不停的哀嚎長音，我們身邊水中到處是人，一千五百個人都在求救。那種聲音，聽起來就像是賓州仲夏夜晚林間的成群蝗蟲。」

接下來二十分鐘，說不定三十分鐘，這種駭人呼喊接連不斷，隨著發出聲音的人一個一個凍僵，喊聲也愈來愈微弱。在這段期間，半滿的救生艇都漠然袖手，相距只有幾百公尺，艇上乘員唯恐救生艇被人群蜂擁壓沉，乾脆誰都不救。

這時那艘翻覆的摺疊艇，處境比木筏好不到哪裡去，然而攀附在龍骨上的人，仍舊竭盡全力出手救援，直到船身浸水太過嚴重，再也沒有救人空間，於是他們這才停手。這時船上已經有二十八人，或坐、或臥、或跪，擠成一團，不論朝向哪邊都動彈不得。有人跪在帖爾身上，抓住他雙肩，他們兩人頂上還另有一個人。布萊德全身伸展橫臥，雙腳緊緊抵住軟木船舷，舷外就是冰冷海水；另外還有個人坐在他雙腿上。接下來兩個小時，他們就這樣縮在一起，只有布萊德不斷向大家保證，鼓舞士氣安撫人心，他說：「喀爾巴阡號正以最高速度趕來。我把我們的位置告訴他們了。不會有錯。我們大概在四點鐘或稍後一些，就會看到他們的船燈。」儘管光線黯淡，布萊德看不到菲利普斯，不過他也擠在船上，只是很奇怪，不知道為什麼他始終閉口不語。

喀爾巴阡號真的來了；正如布萊德所料，四點過後不久，他們的船燈就出現了。摺疊救生艇上的乘員全部獲救，只有一個人軀體僵直，原來他已經因為體溫過低而喪命。儘管布萊德想盡辦法用衣物裹住他，但菲利普斯在發報室時不曾停手發訊，沒空穿上保暖衣物，結果他穿得不夠暖，無力對抗大西洋的冰冷海水。毫無生還機會。

布萊德得靠人扶持才能登上喀爾巴阡號，他的雙腳被嚴重擠壓，還長了凍瘡，沒辦法行走。不過在船上醫院休息幾小時之後，他便前往無線報務室和科騰見面。隨後在船隻抵達紐約之前，他都待在那裡、發送乘客的哀悼信息。

船隻入港停靠妥當之後，他還待在發報站滴答發報，房門開啟，只聽一個人說：「老弟，現在實在沒有必要發信了吧。」布萊德回答：「可是那群可憐人，他們都認定信息會發出去啊。」接著他轉頭，這才發現前面那人是誰。照說低階駐船操作員是永遠沒機會親身面見馬可尼先生，不過每間無線發報室都掛了他的照片。布萊德抬眼看牆上那張照片，接著又回頭轉向馬可尼站立的位置。馬可尼向他伸手，布萊德一語不發握住。接著他想擠出笑容，卻辦不到。他說：「你知道嗎，馬可尼先生，菲利普斯死了[8]。」

總計一千五百多人喪失生命。馬可尼幾天之前才來到紐約，得知船難深感震驚。他原本計畫搭乘鐵達尼號旅行，卻由於公事進度落後太多，而盧西塔尼亞號（Lusitania）正好有一位十分優秀的速記員，於是他改搭那艘客輪跨洋。按照原定計畫，他的太太畢雅（Bea）和兩名幼子也要搭乘鐵達尼號，打算到紐約和他會合共度假期。結果他的兒子朱利奧（Giulio）身染疾病，他太太打了電報表示要延後啟程。

儘管損失慘重，所幸無線電波發威，加上空中反射鏡助陣擊敗地平面屏障，總算聯手救起七百一十二人。馬可尼自然也遭受若干批評。他是不是命令駐喀爾巴阡號報務員守密不發新聞，等他能把他們的故事賣得更好之時，再對外透露？布萊德和科騰確實都把他們的故事賣給《紐約時報》，也肯定賺得大筆收入，算起來相當於他們年薪的三、四倍❾。美國一位參議員在調查報告中指出：「有些事情比生命本身更為可貴。眼見海水已經淹到上層甲板，菲利普斯和布萊德兩位無線報務員依然不肯擅離崗位，這是盡忠職守的表率，應予最高度讚揚。」然而，布萊德無法忘懷死在他手中的那位司爐，於是他不斷改變說詞。原本是他和菲利普斯聯手與那個人搏鬥，後來變成菲利普斯單獨下手殺人。布萊德成為英雄返回英格蘭，但是他在船難十週年過後不久突然離去，改名換姓前往蘇格蘭，改行當個旅行業務員。他仍然擁有一套無線電發報機，偶爾也在空中和對他一無所知的人士交談。

事實就是事實，若非馬可尼的電波可以反彈跨越彎弧大洋，鐵達尼號的結局無人得以知曉，而所有乘員也都無法生還。

這時，無線發報機的威力已然經過充分驗證，所有人都想要一台。世界各地紛紛設立無線收發站。馬可尼賺得鉅額財富，也如願以償贏得卓著聲望。他甚至還以他的發明贏得諾貝爾獎。但是儘管亥維賽曾做出預測，卻沒有人知道（馬可尼更不明白）天空那面反射鏡是怎麼來的。

解開電離層之謎的關鍵人物

無線電界還需要另一位物理學家，一位能夠（像亥維賽那樣）理解赫茲射線神祕作用的人物。於是一個人踏進無線電界，那個人的言行謹慎、性情冷靜、注重細節、勤奮又極端拘泥傳統，事實上，可憐的亥維賽欠缺的一切，他完全具備。

愛德華．維克托．阿普爾頓（Edward Victor Appleton），一八九二年生於英格蘭北部的布拉福城（Bradford）。他的家庭屬於勞工階層，住在一處典型的陰森街坊，房子密密麻麻比鄰搭建，而且四處可見當地工廠溢流汙物。但是阿普爾頓的街坊雖然貧窮潦倒，卻也打理得很體面。遮擋窗口的簾布一塵不染，就連林立小屋門前石階也總是刷洗得光潔亮麗。阿普爾頓的父親負責管理倉庫，每天都戴一頂圓頂禮帽，卻不戴工人常用的庶民平頂圓帽。他的鄰居有當警察的，還有鐵道工和郵差，全都身著制服以彰顯他們的尊貴身分。

阿普爾頓是個有出息的孩子。十一歲就得到獎學金，進入一流中學就讀，而且不管他接觸什麼領域，全都有非常優異的表現。他的歌聲優美；他是足球隊和板球隊隊長；他的長相英俊人緣又好，有深灰雙眼，還長了一頭很討女孩子喜愛的波浪型褐髮；他所修學科，從文學到科學，幾乎門門拿第一；他還是歷來唯一拿到物理實驗室鑰匙的學生，這樣他就可以在晚上繼續他的研究。十八歲時，他又贏得一項獎學金，這次是幫他進入劍橋大學。為協助他在那裡站穩腳跟，父母兌現一張人壽保單，他的叔叔也送他一筆五基尼金幣大禮。

就某些層面來講，阿普爾頓進入劍橋大學可說如魚得水。他在一九一一年進入劍橋聖約翰學院（St. John's College）就讀大學部，那時他已經養成根深柢固的保守習慣。他穿戴布拉福城一位裁縫製作的硬領；終其餘生，他都繼續向同一家裁縫店購買相同的領子。聖約翰學院是劍橋最古老、資源最豐沛的學院之一，其顯赫光輝令他讚嘆不已。他來此之後，隨即寄明信片給布拉福城一位朋友，寫道：「我自己就有幾個好房間，也覺得自己是個要人，千真萬確。」明信片正面是劍橋另一所學院的餐廳照片，阿普爾頓加了一句附言：「我們聖約翰還有一間比這更大、更好的餐廳。」隨後他又接連寄出幾張更精彩的明信片。他在其中一張上寫道：「我和一個熟人一起進早餐，他是克萊爾學院（Clare College）的助教，進早餐時可以使用學院的銀質餐具。他是助教，所以學院偶爾會借給他用。看來實在燦爛奪目。」

阿普爾頓在劍橋表現亮麗，兼顧體育和學術科目，他在一九一四年六月畢業時，還拿到物理學域雙料狀元的耀眼成就。兩個月後，英國對德宣戰，阿普爾頓立刻入伍。戰爭結束，他回到聖約翰任教。他對劍橋傳統仍然心馳神往：長袍禮服和制式肖像，餐廳的金、銀餐具⑩和搖曳燭光，還有拉丁語感恩祈禱。儘管他深感自豪自己竟然不費絲毫代價，就被接納進入這等尊貴世界；但阿普爾頓仍舊是個布拉福人，具有相當程度的外來性格，也開始注意到這裡的若干缺點。

好比，當阿普爾頓要求學院處理廚房蟑螂問題，膳食人員竟然拒絕了，提出的理由讓他驚訝。原來聖約翰的蟑螂是在伊莉莎白一世掌政期間由歐陸帶來，因此不得干擾牠們的生活。還有，儘管阿普爾頓欣然領受他聰明、自負同事的嘉許，然而他對那些人鄙視大學牆外世界的傲慢態度卻不大贊同。後來他常提到一位自詡一輩子不曾踏進戲院的劍橋學者，並說那個人：「言談之間明白表示，期望自己不管到哪裡都應獲得讚美，結果令人不平，因為他幾乎到任何地方都受人稱許。」

至少就這點而言，阿普爾頓永遠無法適應當時的劍橋環境。儘管他是個拘泥型式的人、慎重擺脫了自幼養成的勞工階級儀態和腔調，但還是希望能夠和大家輕鬆相處。幾年之後，他當上了愛丁堡大學校長，還會親自撢灰清理檔案櫃較高部分，只因為他的清潔婦身材嬌小，搆不著。他還會與僕役閒聊足球，或者他覺得他們會喜歡的其他一切話題。還有當他和同樣卓越的同事開會，見祕書怯生生端茶進入會場，他還會逗趣說道：「希比女神給諸神端來杯盞啦！」

他樂於和旁人談他的科學研究，凡是想聽的，他都來者不拒。這不只是學界人士，還包括普通人，也就是其他許多學者都藐視的對象。他的公眾演講內容明白清晰、有趣，預先經過周詳演練，然後以他的優美高揚嗓音娓娓道出。他的主要動機發自胸中的求知熱情，企盼能在這個世界發現料想不到的神奇現象。在阿普爾頓心目中，科學完全關乎想像力。幾年之後，在不列顛學會（British Association）一次會長致詞之時，他曾表示：

現代科學最驚人的事實或許在於，就像詩文、像哲學，其所展現的深度和奧妙，逾越我們講求實際的尋常世界；而這是相當重要，且迥異於俗世的特性。科學已經讓宇宙重新展現無窮本質，也就是它一度似乎被取走的豐饒莫測和奇觀。

電離層的白日與黑夜

同時在二十世紀二〇年代早期，當阿普爾頓在劍橋從事研究期間，他領悟自己從事的課題，和講求實際的尋常世界有天淵之別。戰時他曾在氣象信號署（Signal Service）工作，當時他迷上嶄新的無線電技術，特別是一種稱為熱離子管（thermionic valve）的裝置。這種器材是十分重要的信號收發元件，因此列為軍事機密。然而，當時似乎還沒有人懂得這類器材的運作原理，因此必須藉由效率低落的嘗試錯誤作法，一步一步學會使用方式。戰後，阿普爾頓隨身帶了好幾件這種神奇電子管回到劍橋。

（「我可沒有讓英國陸軍添加遭竊品項，有些是當時製造電子管的電燈公司送我的，還有一件德國式的，那是我從一個俘獲的砲彈箱裡面撿來的。」）接著他開始使用這幾件電子管，想要釐清這種用來收發電波的無線電裝備究竟是如何運作的。

阿普爾頓開始深入探究，馬可尼的無線電波怎麼能夠蜿蜒傳播繞行全球？他愈鑽研沉迷愈深。阿普爾頓和馬可尼見過面，據說他十分佩服馬可尼不受任何悲觀理論阻攔的實驗毅力。儘管馬可尼在二十多年前，已經射出電波、彎曲跨越大西洋，然而究竟是什麼東西讓電波反彈傳播，卻依舊令人茫然不解。

阿普爾頓認為，最可能的解釋要從亥維賽的見解入手：高空某處的空氣中充斥電能，那處氣層就像反射鏡能把無線電波反彈折返地球。不過，他還希望更進一步探究細節。這面反射鏡是什麼樣子？是什麼構成的？還有作用方式為何？

馬可尼的無線報務員在多年之前便發現了一種現象，阿普爾頓相信這裡面藏了一條線索：一天當中有某些時段，比其他時候更適於發送無線電信號。就如一位人士所做評述：「每個報務員都有親身體驗，能察覺某些時候的條件似乎完全齊備，利於他們發送信息，這時那種神祕的電花能順利跨越幾乎無從想像的遙遠距離。」而最有利的時機，似乎都是在夜間。沒有人知道這究竟是怎麼一回事，不過有些人揣測，或許是由於夜間較少有報務站繼續作業，收發信號較少受到干擾所致。但阿普爾頓還有一項更好的解釋，他認為，日夜收發效能有別，表示太陽和亥維賽帶電氣層的形成過程有某種關係。

或許有某種東西隨太陽射線進入，從而以某種方式，將高層大氣的成分裂解為帶電碎片，帶走浮動的電子、分子所含電子，也讓空中遍布帶有正、負電的破片殘骸。這樣一來天空必然充斥電力，這種現象肯定也發生在最外圈氣層，而那層大氣正是我們抵禦太空射線侵襲的第一道防線。

不過倘若這是事實，為什麼夜間太陽下山之後，這圈氣層反射無線電波的效能卻變差了？阿普爾頓認為他明白箇中道理。他推斷，帶電層始終都在那裡，就算在太陽下山之後至少還有部分殘存。由於正負電荷相吸，帶電破片終究會重新結合。不過最上層空氣很稀薄、碎片不常彼此碰觸，僅只一夜時間並不夠長，還不會完全消失。

夜間氣層和晝間的情況應該有一項重大差別：夜間氣層位於較高空位置。這是由於在晝間，陽光射線或粒子，或不管是什麼作用能夠透入較深層大氣所致。於是亥維賽的反射層得以向下延伸，進入空氣較為緻密的天空區域。凡是射達這處低空位置的無線電波，不只要被氣層彈開，還會發生碰撞並有部分被吸收，於是在這段歷程會失去部分能量。到了夜間，由於帶電破片重新組合，導致這處低懸氣層的密度降低，並促使氣層上升。這時天上只剩高空的殘存電荷，那裡的空氣稀薄、很少發生碰撞、重組速率緩慢。無線電波在那裡更能從大氣彈開，也不至於喪失那麼多能量。於是無線電能夠傳播更遠距離。

一九二四年四月，阿普爾頓僱請一位紐西蘭人，邁爾斯．巴奈特（Miles Barnett）擔任助理，來幫他測試這項概念。巴奈特立刻著手測定由倫敦發抵劍橋的無線電信號。自從馬可尼最早以滴答電碼跨洋發送信號迄今，無線技術已經有長足進展。如今電波已經有語音伴隨，甚至還搭載音樂同時漂洋過海。兩年之前，新成立的英國廣播公司（British Broadcasting Company）在倫敦建立了電台，稱為「2LO」，而且他們的常態廣播在劍橋也收得到。阿普爾頓要巴奈特測定他們在晝夜不同時段的信號強度。

巴奈特能輕鬆收到電台的信號，他很快就證實夜間信號超過晝間發訊強度。除此之外，他還發現奇怪的現象。每天約在黃昏時刻，信號總是起伏不定、忽隱忽現，彷彿有某種宇宙妖精胡亂調校強度。阿普爾頓和巴奈特很快都明白這代表什麼意義。信號肯定是夜夜隨著亥維賽的帶電層向上空移動。

巴奈特測定的信號含兩種成分：一道是直接朝他射來的電波，另一道是由天空反射鏡反彈射來的。這兩道電波抵達他在劍橋的收發機可能彼此發生干擾，倘若兩條路徑的差異加總構成波長的整數倍數，則兩道電波會結合，構成一道超級電波，這時「音量」就會猛然提高。另一方面，倘若一道電波的傳播波長恰為另一道的一．五倍，其波峰就會與另一道的波谷段落相遇。如此一來，兩道電波就會彼此抵銷，信號也消弭無蹤。

除非出現極度巧合，否則在正常狀況下，這兩種情況都極不可能出現。無線電波的波長由英國廣播公司選定，而信號傳播距離則是由阿普爾頓和巴奈特的實驗室坐落地點，以及亥維賽層的高度來共同決定。這兩組隨機數值沒有絲毫理由沆瀣一氣，讓電波的波長恰好倍增或彼此抵銷。而且就一般而言，從早到晚都不會出現這種情況。

然而，在黃昏時情況便有不同。亥維賽層每夜都會向高空竄升。氣層浮升時會通過特定高度，這時反射無線電波與地面電波發生干擾。設想亥維賽層逐漸升高的情況。首先，氣層抵達某一高度，導致反射波與地面波的波峰恰好重疊，於是信號音量提高。氣層繼續提高、通過另一處特定高度，這時反射無線電波恰好與相匹配的地面電波彼此抵銷。突然之間，信號消失無蹤，氣層繼續升高，碰到另一處波峰相疊位置，隨後又升到另一處抵銷點。隨著亥維賽層逐步升高，信號便出現強、弱、強、弱現象，巴奈特的儀器所測音量也隨之起伏共鳴。這是第一項直接證據，顯示亥維賽的見解正確。

阿普爾頓由此產生一種概念。很顯然，他無法改變亥維賽層高度來進行實驗，不過只要好好遊說，倒是可能讓英國廣播公司改變信號波長。倘若他們接受所請，逐步改變廣播信號，這就會產生彷若帶電層升高的相同效果：電波會逐漸通過不同定點，有時相互累加，有時彼此抵銷，最後產生同樣高低起伏的信號干擾效應。這就能證實亥維賽層確實存在。此外還能得到另一個收穫，探出這種神祕反射層的確實高度。

那是因為阿普爾頓可以在信號經過最高點時計算它們。每個最高點都告訴了我們新的波長相加的點在哪裡。只要知道廣播的波長，還有廣播站到他的實驗室的距離，他就可以求出反射波必須達到哪個高度，接著才反射轉朝地面，傳抵他的接收機。

這個構想十分高明，英國廣播公司迅即同意配合。然而要逐步改變廣播波長，在2LO電台不容易進行，不過他們可以改在南部沿岸的伯恩茅斯（Bournemouth）進行。這樣一來，阿普爾頓就必須重新計算從電台到實驗室的適當距離。結果讓他十分懊惱，實驗不能在他喜愛的劍橋進行，必須到外地借用實驗室，而且無巧不成書，合用的實驗室竟然就位於劍橋的死敵——牛津大學。

一九二四年十二月十一日，阿普爾頓和巴奈特把實驗安排妥當⓫。他們耐心等待伯恩茅斯結束常態廣播。在巴奈特心目中，最後一首沙弗伊．奧爾菲斯樂團（Savoy Orpheans）演奏曲似乎是永遠都播不完。他滿腹牢騷：「而我還一直認為自己喜愛舞曲。」最後，就在午夜之前，節目結束了。伯恩茅斯電台韋斯特台長（Captain West）和兩位研究人員通電話，要他們做好準備。接著，午夜過後幾分鐘，變動信號開始播送。過了幾分鐘，阿普爾頓期待的起伏狀況出現了。亥維賽的地球帶電氣層在他頭頂上空約百公里處霹啪作響。

阿普爾頓發現了當初亥維賽只能想像的現象。真正的工作於是開展。這時他已經在倫敦大學履新擔任物理系系主任，藉職務之便建立了一個研究網絡，派員協力研究這個新氣層。這時，常變信號也改由泰丁頓（Teddington）的英國國家物理實驗室（National Physical Laboratory）負責發送，同時阿普爾頓也在各地新設了幾處收發站，包括蓋在彼得波羅（Peterborough）外緣的兩棟木屋營舍。

阿普爾頓新聘了一位助理來負責彼得波羅站營運，那位叫W.C.布朗先生（Mr. W. C. Brown）的人戰時在船上擔任報務員，還曾遍遊四方。其他閱歷暫且不提，單憑見多識廣養成他的高度智謀，阿普爾頓曾說：「就算缺茶、缺奶精又沒有杯子，他也能在半夜變出一杯熱茶。」他又說：「當布朗太太偶爾來陪他，這時也會出現滋味最美的臘腸捲，同樣是憑空出現。電離層初期研究，全都是就著熱茶和臘腸捲完成的。」

彼得波羅電信站的第一項用途是投入測試拂曉收發狀況。國家物理實驗室啟用之後，阿普爾頓的運用彈性大幅提高，更可以掌控測試信號的播送時間。由於他當時已經知道，亥維賽層在黃昏時分會上升，因此他希望檢驗氣層是否在黎明時沉降。結果一如預期，當太陽射線回頭為大氣充電，無線電波的反射訊號也隨之穩定削弱，氣層逐步下降——有時還降到離地約只達五十公里。

不過，這裡仍有一個耐人尋味的問題：太陽究竟是怎樣促成這種作用？阿普爾頓希望查清楚，亥維賽層是如何成形。

抵擋X射線的功臣

一九二七年六月二十九日這一天，他終於有機會查明原因。那天會出現日食，月亮通過太陽前方擋住視線，從地球見不到陽光。當陽光被遮擋瞬間，情況是否就彷彿黃昏？然後當陽光復返，亥維賽層會不會像在拂曉時分那般變深？

日食預計在清晨五點左右出現。阿普爾頓向有求必應的英國廣播公司遊說，請他們特別安排從伯明罕（Birmingham）發訊，由他在彼得波羅接收。他還聯絡船艇，說服船長在他實驗期間節制發報作業，來保持電波淨空。二十九日朝陽升起，陽光慢慢綻現，亥維賽層也如常開始沉降。接著日食時刻逼近。月影開始籠罩彼得波羅上空大氣，反射無線電波迅即增強，同時亥維賽層也猛然上升。

黎明和黃昏的效應始終都是逐漸顯露，隨著陽光緩緩灑落地平面，展現出幾難察覺的變化。然而在日食當時，變化來得毫不遲疑。效果瞬間展現。

就阿普爾頓而言，這只代表一件事。不論大氣帶電是什麼造成的，那種現象肯定是以光速朝地球前來。沒有粒子能移動得這麼快，那肯定是某種光線。阿普爾頓也猜到了那名嫌犯是誰，肯定就是宇宙間最活潑的射線：X射線。

這就是他查訪追尋的答案，可以解釋亥維賽的反射鏡為什麼出現在天空。不過結果不止於此，這次發現還率先揭示這面反射鏡對萬物眾生的重大影響。因為讓大氣帶電的歷程，也保護我們免受駭人威脅。

來自太空的X射線會戕害生靈，因為這種射線不只破壞高空電離層所含原子，對生物細胞也有相同危害。入射X射線帶著極高能量抵達，能夠瓦解DNA分子、碎裂成帶電殘片，從而觸發癌症。因此我們才必須如此審慎控制醫療X射線劑量。

由於X射線含極高能量，只需動用些許我們就能看穿生物組織，見到體內的器官和骨頭。因此我們上醫院不必太過擔心，同時接受四萬五千次胸腔X射線照射才會要你的命。不過，一旦脫離電離層保護，只需瞬間就會產生那種致命轟擊。太陽不斷射出X射線，只需一次X射線爆射，凡是沒有在電離層保護下的生物全都要被烤焦。國際太空站特別裝置一個強化艙，目的就在保護太空人免受這種危害。當太陽爆發閃燄，太空人都必須立刻趕往保護艙隱蔽。

經由這次日食實驗，阿普爾頓發現電離層重要無比，而且不只是作為通信的管道。電離層還構成另一層專門用來犧牲的大氣。這圈氣層任令其原子被擊碎，從而保護我們免受不斷轟擊脆弱地球[12]的X射線侵害。

阿普爾頓的名望確立，世俗崇高榮譽紛沓而來。他獲英王頒授爵士勳位，還獲頒美國功勳獎章、法國榮譽軍團勳章之軍官勳位，甚至還奉教宗指派為宗座科學院（Pontifical Academy of Science）院士。阿普爾頓接續著馬可尼，榮獲亥維賽擦身錯過的諾貝爾物理獎[13]。晚年阿普爾頓成為卓越的大學行政專才，大半精神投入委員會事務，再騰不出多少時間從事實驗研究。他的地位比以往更為穩固，不過他依舊不改其幽默個性，他的女兒羅瑟琳（Rosalind）生性「有點頑皮」，深得父親寵愛。有次她在旅館用餐，覺得飲料不對胃口，她不動聲色，從籐草購物籃中取出一瓶杜松子酒給飲品加料，這舉動可把父親逗樂了。

同時，阿普爾頓一得空便溜班去蒐集資料或分析結果。他談起自己的研究，比擬那是「逃入高空氣層」。他終其餘生都努力鑽研電離層的作用。

二十世紀三〇年代他前往北極探勘，成就一項耐人尋味又極令人不解的發現。阿普爾頓一直想探究磁性對電離層的干擾現象，當時已經知道這種作用在兩極最為強盛。因此他安排在挪威遠北區的特羅姆瑟市（Tromso）測定讀數。阿普爾頓在那裡發現，電離層和磁暴似乎存有某種牽連。當磁暴出現擺動羅盤磁針，電離層便銷聲匿跡。電性和磁性顯然以某種方式聯手運作。

儘管阿普爾頓想不出這兩股力量究竟是如何在我們頭頂上空協同運作，不過他肯定是踏上了正軌。因為大氣這圈最終防護層，確實是由電離層的電性和更上層的磁性合力驅動。地表上方幾千公里高處，空氣稀薄得幾乎見不到絲毫成分，由地球磁場射出的磁力線橫掃天際，警戒來自天空的最後一道威脅，而底下的電離層則守株待兔，攔截威脅並解除其危害。

這種威脅危害最烈，我們卻始終懵然無知；直到二十世紀五〇年代，太空時代萌芽之際才有所覺。

注釋

❶ 紫外光和紅外光都是不同型式的電磁波；見第五章。不過兩類光波的波長都微不足道，就無線電波而言，其相鄰的波峰、波谷，間距可達幾公里之遙。波長愈短能量愈高，因此無線電波是能量最低的電磁波，我們才能夠在這個世界生存，任憑無線電波穿梭往來，都不至於受其危害。

❷ 至今仍有人懷疑，當天馬可尼是否真的聽到信號聲。無論如何，請參見麥克金的書：*The Friendly Ionosphere*, by Crawford MacKeand (Montchanin, Delaware: Tyndar Press, 2001)。麥克金詳盡探究技術細節，模擬馬可尼使用的設備，歸結認為他的說法極為可信。

❸ 他身高一百六十四公分。

❹ 約略就在那時，一位叫作亞瑟．肯涅利（Arthur Kennelly）的美國科學家也提出相仿見解。之前亥維賽曾經就這項概念深入闡述，寫成一篇學術報告投遞給《電學家》期刊，結果文章卻始終沒有刊出。或許就是這樣，當時的研究人員才使用「亥維賽」一詞來稱呼那圈氣層，或者充其量只把肯涅利的姓氏附在亥維賽後面。見 Ratcliffe, Sun, Earth and Radio。

❺ 當代一位評論家戲稱，魯賓遜漂流孤島不必再面對多年孤寂，他只需要啟動船上的無線電裝備，「呼叫最接近的電台和船隻，然後就可以放鬆心情，邊等救援邊聽股市交易最新行情。」早幾年之前曾有兩艘船隻相撞，最後，其中一艘共和號沉沒。還好當時發了無線海難信號，不過救援抵達之時，所有乘客已經轉搭上倖存的佛羅里達號，接著它還蹣跚駛入港口。

❻ 換算現值相當於前十個單字收費近六十美元，此後每字加收近四元。

❼「SOS」碼很簡單（點點點／劃劃劃／點點點），而「CQD」碼就比較複雜（劃點劃點／劃劃點劃／劃點點）。

❽布萊德那堆待發信息裡面，有一則是帖爾的母親託發的。他的父親隨著鐵達尼號失蹤。帖爾太太的信息寫道：「不管找誰來見我們都好，就是不要找小孩。希望沒了。」這則信息始終沒有發送出去。

❾布萊德賺了一千美元，科騰則賺了七百五十元。他們每年各賺三百五十元左右。

❿當時阿普爾頓的事業生涯還在早期階段，進早餐時不能使用學院銀器。當時也沒有別緻的膳宿設施。他在戰爭期間取了一位布拉福城女子為妻，後來當他的新婚妻子來到劍橋，第一次見到他租下的連棟式住家，想到兩人就要住進這種不討人喜歡的地方，她不禁哭了起來。

⓫接著再過短短幾個月，亥維賽便死了。

⓬後來才發現，這圈霹啪作響的氣層十分複雜，超乎所有人的理解。先前阿普爾頓已經把亥維賽的發明稱為「E層」（E代表電）。不過後來他還發現，更高空還有一圈，他稱之為F層，其他人則多半稱之為阿普爾頓層。接著又發現了一圈較薄弱的，位於E層下方，自然便冠上了D層名稱。（阿普爾頓說明：「我沒有採用字母A、B或C，因為我覺得有必要預留一、兩個字母，以防有人發現D層底下還有其他氣層。目前還沒有發現，所以現在看來，氣層名稱從D開始，就顯得有點離譜。不過，我承認這是我的錯。」）

⓭他前往瑞典受獎，在典禮上發表演說，還講了一個小笑話來娛樂現場嘉賓。他說，他們不該對科學方法抱持太高信心。從前有個科學家，調製威士忌加蘇打水給他的朋友喝，接著就小心觀察他們的反應。隔天晚上，他又調製蘭姆酒加蘇打水給同一群朋友喝，再隔天晚上，則是杜松子酒加蘇打水。每次他的朋友都喝醉了。那位科學家歸結認定，造成醉酒的起因，肯定是所有飲料都具備的唯一共通點：蘇打水。這個故事效果很好。當時瑞典王儲（後來的古斯塔夫六世．阿道夫）和阿普爾頓夫人的座位相連，後來阿普爾頓才發現，當天王儲只喝蘇打水。

第七章

最後的邊疆

一九五七年十月四日，美國冰河號破冰船，加拉巴哥群島附近某片海域

昨天四日夜到今晨是我非常振奮的一段時光（對整個文明世界也是如此）。就在晚餐之前，勞瑞．卡希爾（Larry Cahill）告訴我，船隻剛從消息管道收到新聞，蘇聯成功發射一具衛星。衛星的資料如下：軌道與地球赤道面傾角六十五度。直徑五十八公分、重八三．六公斤（哇！）。估計高度九百公里。週期為一小時三十五分。

太空爭霸戰

詹姆斯．范艾倫（James Van Allen）的田野筆記向來做得一絲不苟，這次也不例外。筆記標題簡潔，上面寫著：「赤道－南極洲探勘作業」（Equatorial-Antarctic Expedition），而且每筆記載都仔細標示日期。船隻才剛通過巴拿馬運河，這趟探勘還不算真正開始。不過范艾倫通常在啟航之際就開始記筆記，凡是可能影響後續發展的芝麻小事，全都記載下來。他完全沒有料到自己會寫下這麼令人振奮的新聞，當然也沒想到消息來得這麼快。

范艾倫吃了晚餐，還看了一部二流電影。心情卻始終無法平靜，就算身處大洋海域，他都要更深入了解真相。他前往通信艙，一個年輕電信員已經在那裡就坐，頭戴

耳機忙著調整收訊機。他說：「我想我找到了。」范艾倫接過耳機親自聆聽。耳邊傳來清晰嘹亮的「嗶、嗶、嗶」聲響。這實在令人不敢相信，由人類發揮巧思動手發射的人造衛星，偶然通過船隻上空，發出這陣規律、嚴謹的信號聲響，昭告天下它就在那裡。這和大氣發出的自然飄忽雜訊完全不同，而且正是范艾倫多年以來都想聽到的聲音。

他從一九四八年開始就經常表示，人類總有辦法把衛星射上軌道。《紐約時報》便曾因此嘲笑他；《紐約客》還以其特有的溫和戲謔文風來捉弄他。有一次，他在一場重要研討會上發表演講，卻由於所見「流於空論」，被迫刪除部分內容。如今果然成真，衛星就在他們頭頂上空，「嗶、嗶、嗶」作響。

范艾倫馬上想錄下信號聲，不過錄音機擺在下層的實驗室中，體積也太大，況且那台機器還完全與另一件儀器整合在一起，要拆下太過費時。當時電信室中還有一位船客，美國海岸與測量調查局（Coast and Geodetic Survey）的約翰・尼威克（John Gniewek）。尼威克預定在隔年前往南極洲，主持一處地磁研究站。尼威克的艙房裡擺了一台小型磁帶錄音機，他說馬上就可以拿來。尼威克去拿錄音機，同時范艾倫也三步併作兩步、下樓去取他的示波器。從太空向我們射來的第一筆人為信號呈現哪種相貌？范艾倫在他的筆記簿上形容那個樣子：一條直線，不時出現週期雜亂線痕，彷彿有個小孩拿著鉛筆亂畫，每隔〇・二秒塗鴉一次，各持續〇・三秒。

探勘隊隊員紛紛來到電信室，裡面愈來愈擁擠。衛星再次通過，他們輪流聆聽，隨後又聽著衛星再次通過，接著又是一次。最後，在凌晨兩點鐘，范艾倫起身回寢室睡覺。他很少在田野筆記上寫下這麼多驚嘆號。當天最後一句話，或許最富意義：「倍感激動！」

「太空時代初露曙光！」全球報紙頭條都大肆宣揚。倫敦《每日鏡報》更動報頭固定文字，它不再是「每日銷量世界第一」，它已經成為「宇宙」第一大報。

新聞很快傳到華盛頓。基於巧合，或更可能是按照計畫，蘇聯、美國和其他五國的科學家來到美國國家科學院，齊集討論火箭和衛星活動，為當時正逐步開展的國際地球物理年（International Geophysical Year）共襄盛舉。蘇聯代表團的謝爾蓋．波洛斯科夫（Sergei M. Poloskov）先前曾表示，世界很快就要出現第一顆繞地人造衛星，當時這項見解還引起騷動。結果真的實現了。《紐約時報》的沃爾特．沙利文（Walter Sullivan）接到所屬編輯室一位編輯的電話。他馬上趕去通知現場一位美國人。他輕聲說：「上去了！」那個人擠過人群，要把新聞轉知美國的官方會議代表團，他找到一位洛伊．柏克納（Lloyd Berkner）。柏克納要大家安靜。他說：「我要宣布一件事情。我剛從《紐約時報》得知，蘇聯已經有一顆衛星在軌道運行，高度為九百公里。我要向我們的蘇聯同行恭賀他們的成就。」

當然，美國被嚇壞了。剛開始還一片靜默，接著是戲謔玩笑，不久就是一片譴責。全國各地酒吧紛紛販售「旅伴號雞尾酒」——以一份伏特加和兩份酸葡萄調製。所有人都想知道，俄國人怎麼會搶先上了太空？美國是以科技創新自豪的國家，幾十年來一直領先世界，還開創飛行先河。美國的衛星計畫怎麼會被趕上，還有個賭徒酸溜溜表示：「怎麼連天線都垂下來了？」

理論層出不窮。就像麥卡錫時代過後那般眾說紛紜，有些人說，問題出在科學界的獵巫現象。另有人指責高層。總統自己不就一再表示，科學界「只不過是個壓力團體」？總統助理謝爾曼・亞當斯（Sherman Adams）不是曾經貶斥藐視「外太空籃球賽」？只有一件事情大家都清楚明白：美國人必須還以顏色，而且要快點想出對策。

當時美國有個官方衛星計畫，稱為前衛計畫（Vanguard）。計畫小組歷經機件故障技術失靈，夏天過去了，他們完成第一具完整火箭、準備要發射升空。不過火箭的上兩節都只是擺樣子。當時也沒有人再想做任何測試。他們只想要一顆衛星。

計畫主持人約翰・哈干（John Hagan）費盡脣舌向總統報告計畫現況。他們還安排好在同年十二月進行另一次發射，而且沒錯，到時就會採用完備的火箭，而不僅僅是展示品。火箭還會搭載一件極輕的酬載（payload），重量近兩公斤，這也可以算顆衛星吧。不過，這並不是，請注意，不是任務飛行。發射目標只是要測試發射載具。把一顆衛星送上太空，哈干表示，是這次飛行的「額外收穫」。

十月九日，總統新聞處通知記者，在兩個月間，前衛計畫就要發射一具「搭載衛星的載具」。

這時壓力真正開始升高了。十一月初，前衛測試火箭（稱為TV-3號）進駐佛羅里達州卡納維拉爾角的18 A發射區。往後四週，所有試驗都順利完成。工程師抱持嚴謹樂觀態度，但由於大批民眾開始湧入那處海岬，讓他們心中染上不安。這本來是一次試驗，應該在嚴謹受控的情境下進行，也該帶點安詳、寧靜。然而，總統卻昭告眾知引來這種後果。消息四處流傳，都說美國這次要設法把衛星射上太空。所有人都希望能親眼目睹。

或者說，幾乎所有人。哈干早先便決定留在華盛頓運籌帷幄。他的副手保羅・沃爾什（Paul Walsh）會向他詳細報告現場情況。

《紐約時報》當然也到了現場。十二月一日週日，該報記者刊出報導：「昨晚，飛彈時代的『賞鳥人』在一處砂礫灘岸目睹卡納維拉爾角奇景，前衛塔台映襯星空展現鮮明輪廓，兩道燦爛白光照耀基部，頂端一盞紅色信號燈閃耀光輝。」這實在是一幅壯觀景象：白色火箭，緊倚巨大的龍門起重吊車，聳立直指天際。民眾從美國各處湧至，甚至還有些來自歐洲。日子一天天過去，發射時程不斷延後，倒數計時也一次又一次中止，然而民眾激情卻逐日高漲。原先預計星期三發射，接著是星期四。最後在十二月六日星期五上午十點三十分，終於只剩六分鐘就要發射了。

發射前四十五分鐘。無線電追蹤網絡開始發送「完全正常」信號。前三十分，警報器響起，通知所有非必要人員都要離開發射場所。前二十五分，發射管制台厚重防護門關閉。前十九分，管制台燈光熄滅。前五分鐘，朗讀倒數計時的聲音些微發抖。前一分鐘，倒數計時改為讀秒。火箭發射，引擎發出無法形容的巨響，轟然點火。

「小心！天啊，糟了！」「臥倒！」控制室裡的人，多半真的臥倒。火箭倒地爆出一團驚人烈燄。（這時卻沒有人注意到，那顆衛星由鼻錐滾出，跌落地面發出嗶聲，還在運作，卻嚴重凹陷毫無指望了。）沃爾什在控制室西北角落有利觀測位置，一邊以電話和華盛頓特區保持聯繫，向哈干轉述倒數進度。他說：「零、發射，第一次點火，」接著就是「爆炸！」那邊傳來哈干的回應：「混蛋！」

顯然這時必須啟動備用計畫。陸軍也自有一套火箭運載系統開發計畫，截至當時已經進行多年，且逐步進入公開階段。回顧旅伴號在十月升空之後，新任國防部長尼爾・麥克艾羅伊（Neil H. McElroy）曾在當月上任之前，到全國各地軍事設施巡視。十月四日新聞傳來的時候，他正在紅石兵工廠（Redstone Arsenal）視察。陸軍火箭科學家韋爾納・馮布勞恩（Wernher von Braun）一直希望自己的計畫能夠雀屏中選，結果卻是海軍的系統獲得青睞，改頭換面成為前衛火箭。這時他簡直是聲淚俱下陳情哀求：「我們早知道他們會落入這種下場，前衛絕對不會成功。我們有現成的裝備，看在老天份上，放手讓我們做吧。麥克艾羅伊先生，我們可以在六十天內把衛星送上天空。只要有您的授權和六十天就夠了。」

總統辦公室經過慎重考慮，最後終於授權馮布勞恩著手進行，這時他早就摩拳擦掌躍躍欲試。他手頭不只擁有可用的火箭裝備，連衛星都準備好了。由於當時正逢國際地球物理年，或有機會發射火箭，一群熱情科學家便為此投入開發酬載。其中一人深具遠見，設計機器時兼顧前衛火箭和陸軍競爭型號主神C型火箭（Jupiter C）的規格。當時那位科學家正待在太平洋上一艘船上，他名叫詹姆斯．范艾倫。

火箭氣球發射成功

收到第一封馬可尼無線電報時，范艾倫人還在冰河號上。電報在十月三十日送達，內容寫道：「致范艾倫博士，請您授權在春季將您的實驗設備轉移兩套給我們。請即回覆。」

他不覺得訝異。旅伴號發射隔天，他便在田野筆記簿裡接著前晚的簡略記載寫下連串評述。第一則是「傑出成就！」緊接著就是：「我們的前衛現況如何？」

他匆促發出回電，同意所請。是的，他非常樂意將所述設備轉移給噴射推進實驗室，以便在春季發射時使用。這時冰河號的任務也將近完成，接著在十一月初駛入紐西蘭利特爾頓港（Lyttleton Harbor）。范艾倫收拾行囊匆忙趕回愛荷華州。

范艾倫自從得知愛荷華大學出現懸缺開始，心中都很愉快。他生在愛荷華，也在那裡長大，很高興能在東部約翰・霍普金斯大學工作期滿之後回到故鄉。不過他的妻子，阿碧蓋兒（Abigail）卻沒有那麼篤定。她是東部人；當初兩人在巴爾的摩意外結識，那次真的是一場意外。有一天范艾倫開車前往實驗室，兩人在一處設有暫停標誌的路口相撞。車輛受損都很輕微，對兩位駕駛的影響卻十分深遠，因為他們在六個月後結婚。

阿碧蓋兒之前只有一次來到密西西比河以西，當時她大受文化差異衝擊，深信就算前往月球也不過如此。這家人在七年之前，天寒地凍的元旦日，開著一輛老舊旅行車抵達，後面拉著一輛還更老舊的拖車。范艾倫本人也承認，他們在那裡住的第一戶狹窄公寓，有「很嚴重的熱傳導問題」。不過這時情況好多了，一家人安頓下來、阿碧蓋兒很開心，工作也順利推展，甚至在衛星領域突飛猛進之前便是如此。

范艾倫是個專業物理學家，戰時曾擔任海軍軍官，不過直到有機會檢視擄獲的德軍 V-2 火箭，就此進行實驗之後，他的科學見識才開始飛揚。從此以後，他只能向上仰望，著眼於地球的最外層大氣。他希望了解那裡的細膩構造是什麼東西造成的。

說不定那裡有來自外太空的粒子，不時衝擊地球的外部氣層，而那正是來自宇宙的信息。隨後在愛荷華大學，范艾倫率先研發出一種儀器，他稱之為「火箭氣球」（rockoon），這件儀器是個載著火箭的氣球，上升到約一萬五千公尺高空後，接著火箭引燃，又再向上竄升六萬公尺。一九五三年，他採用這種方法在空中發現了帶負電的粒子（電子），並構思推敲電子是否與極光的構成有某種關係。

但是衛星是他這輩子所曾見過，最令人振奮的科學壯舉。他之前已經設計出一種裝備，可以由載具射上人類想像得到的最高高度；這件裝備能搭載一部簡單的蓋格計數器，用來測定放射線。宇宙線正是種放射線，范艾倫的蓋格計數器一旦射上天空，便得以在放射線中穿梭，每遇上一股射線就會霹啪作響，透露射線的來龍去脈。這時儀器就要假手陸軍主神C型火箭計畫升空起飛，同時，這項計畫也已經改名「探索家一號」。這太好了。因為旅伴號（俄文原名Sputnik，本身便有「衛星」之意）只是升空飛行，而探索家一號則要進行探索。

一月三十一日星期五早上，卡納維拉爾角開始進行倒數計時。預定發射時間為當天晚上十點三十分。所有事項順利推展，順利得簡直要讓其他人感到難堪。晚上九點四十五分，有人注意到火箭尾端一處洩漏，不過修復故障只延遲發射十五分鐘。到了十點四十八分，主神C型火箭起身離地，發射升空。

這部巨型載具共分四節：第一節是推進用液體燃料火箭；第二節共含十一具發動機；第三節還有三具發動機；最後一節只有單一發動機，也是酬載棲身的安置處所。當他們監看每節火箭依預定順序逐次點燃，工程師注意到，第四節似乎有點超前。衛星肯定去了某個地方，然而，他們還不知道那究竟是哪裡。衛星沒有墜回地面，不過也可能像顆彈弓彈丸，被射往另一處髒汙的土地。除非有人收到信號，否則沒有人知道衛星有沒有開始運作。

范艾倫已經算出什麼時候該收到消息，繞軌一整圈要花九十分鐘。到時衛星就該在墨西哥北部上空發訊，加州南部設有許多接收站可以收到信號聲響。當然了，條件是衛星必須在那裡出現。接下來一個小時，他在五角大廈戰情室（當時已經成為衛星的通信中心）和其他訪客一起站著等候。旁觀閒雜人等三三兩兩進入室內，沒有哪位特別富有聲望。喝了更多咖啡，等了更久時間。又過了半個小時，連閒談聲都停息，沒人想要開口。現場瀰漫茫然失望氣氛。接著電話響起，發射過後將近兩個小時，加州地震谷（Earthquake Valley）的專業無線電收發站傳來消息，還附帶一句魔法金言：「哥德斯頓逮到飛鳥了。」（Goldstone has the bird）

室內爆出滿堂喝采。范艾倫、馮布勞恩和噴射推進實驗室主任，威廉・皮克陵（William Pickering）馬上被陸軍車輛載往國家科學院，從後門溜進去提報。接著就是記者招待會。范艾倫驚奇發現，儘管已經凌晨一點半，房間依舊擠得水洩不通。後來他形容那次聚會「生氣蓬勃」。三人合照迅速發送到世界各地，照片中有范艾倫、皮克陵和馮布勞恩三人，還大張旗鼓在頂上高掛一具探索家一號的全尺寸模型。兩位火箭專家滿臉笑容不可自抑。范艾倫面露從容歡顏，或許也帶點疲累。

天空具有放射性

往後幾天，探索家一號不斷傳來點滴數值，幾乎沒有時間進行分析。不過那批資料似乎有點古怪，衛星上的蓋格計數器，有時測得宇宙線的零星起伏，數值就如預期；然而數值偶爾也會下降到零，彷彿機器有週期失靈現象。問題是，數值回傳發訊作業並不是運行得非常順暢，因此他們沒辦法湊出連續軌跡。

探索家二號的表現應該會比較好，可惜由於火箭第四節有缺陷，衛星在發射台上便喪失功能。探索家三號隨即在一九五八年三月二十六日升空，結果也證實范艾倫的初步推測。要嘛是他的儀器出了毛病，不然就是天上有非常奇怪的現象。

探索家三號發射過後不久，范艾倫飛往華盛頓特區。當衛星呼嘯通過聖地牙哥上空，那裡的一座接收站把全軌道測定值完整下載。范艾倫必須取得那批數字。他前往設於賓夕法尼亞大道的前衛資料中心，取得「資料帶」攜回他的旅館。他用計算尺運算，拿尺和筆把結果標繪在一張方格紙上，一直工作到清晨三點鐘。

研究了那幅標繪圖示，范艾倫這才明白，探索家一號的資料為什麼如此怪誕：他們接收的讀數，是分從不同週期階段測得的。然而，儘管這時完整紀錄攤放在他眼前，資料依舊難以理解。蓋格計數器在低空海拔登錄的接觸頻率不高不低，每秒十五至二十次，根據他先前幾次以最高海拔火箭氣球所做實驗研判，這個結果和宇宙線預期照射情況相符。但是接下來儀器讀數卻呈低平直線，彷彿升得愈高，所見宇宙線愈少。這完全沒道理。

范艾倫收拾好計算結果，上床睡覺。隔天他直接前往辦公室，拿那幅標繪圖向他兩位同事賣弄。他想知道厄尼・雷伊（Ernie Ray）和卡爾・麥克伊文（Carl McIlwain）對這幅圖解有什麼看法。

麥克伊文那陣子也相當忙碌，前一天他才拿蓋格計數器原型機進行測試，做出重大發現。沒有信號時，機器讀數自然呈低平直線。不過當信號太多，讀數同樣要顯現直線。當接觸計數達每秒兩萬五千次，讀數便呈飽和。另兩人瞪眼看他。這就表示，強度超出預期達一萬倍。

雷伊說：「天啊，天空有放射性。」這可不是指老生常談的宇宙天空，而是指我們頭頂正上方，緊貼地球大氣邊陲的那片天空。根據他們這項新發現，高空彷彿有一團不斷威脅眾生的蕈狀雲。

不過，倘若真相如此，那麼我們為什麼沒有被烤焦？他們發現當時已經有現成學理來解釋原因，六年之前，一位年輕科學家已經在挪威提出這項解釋，只是國外卻沒幾個人相信他。

不需火藥的大砲

一九〇三年二月六日，挪威基士揚尼亞，皇家菲德里克大學節慶大廳

這所大學最華美的廳堂始終令人歎為觀止：一根根科林斯式臺柱，一道道大理石拱門，還有光鮮亮麗的木製樓板。今晚有一位德高望重的貴賓蒞臨，令廳堂的彎弧長椅更增華彩。燦爛華美吊燈底下，基士揚尼亞（Kristiania，奧斯陸當年市名）社會精英喃喃低語滿心期待。他們來自各行各業，包括金融、船運和礦冶等實業家。國防部長也在現場。沒錯，來自軍方的觀眾為數不少，而且挪威陸軍首長也到場出席，更別提各軍種統帥和較偏軍務方面的國會議員；最前排是歐洲數一數二大兵工廠，阿姆斯壯和克魯伯公司（Armstrong and Krupp）的代表團。廳內還有來自各大學的多位教授，以及基士揚尼亞的知識份子，分別散坐於不同位置。其中許多人的妻子也來了，因為那時挪威正處於漫長寒冬時節，晚上天氣很冷，除了這場晚會之外，城內能參加的消遣活動只有音樂演奏、戲劇表演和古怪的降神聚會，而對厭倦那些娛樂的市民來講，參加這場晚會肯定十分有趣。

克雷斯蒂安·伯克蘭（Kristian Birkeland）站在大廳最前端，也就是所有彎弧長

椅的焦點凝聚位置。他的身材瘦小、長相討人喜歡，佩戴一副絲框眼鏡，雙耳恐怕略大於他的理想尺寸，而且他兩鬢貼著幾縷稀疏頭髮更顯得雙耳奇大。儘管他仍很年輕，但從幾年前開始，額頭卻已經童山濯濯，令他十分懊惱。他的衣著一如既往，仍是潔淨無瑕：外穿黑色長禮服，內著背心和雪白襯衫，鞋子擦得光可鑑人，領部還打了黑色領結。

伯克蘭等候觀眾安頓下來。他喜歡公開演示，也愛向民眾展現才華，加上他在物理學領域又展現顯眼才氣，於是他的母校皇家菲德里克大學延聘他為講師。這時雖然他才三十六歲，卻已經晉升正教授達五年之久。事實上，就這個顯赫的位置而言，多數人通常都得等到五十歲，甚至更年長之後才能獲得聘任。

正是基於這點，加上其他種種因素，他才有辦法說服大學管理階層，讓他使用他們的寶貝宴會廳，而且實際上還是作為私人用途。因為那群實業家和軍事家，並不是為了瞻仰物理學恢宏進展才來這裡集會，他們想看的是伯克蘭的最新發明，還有，更重要的是要斷定，這項發明是否能為他們的投資帶來利潤。

演示需要龐大電力，這表示現場需要同等龐大的發電機。大廳沒有地方擺放這種龐大機器，況且，擺在那裡也並不相稱，因此伯克蘭已經把機器安置在室外校園庭院當中。發電機的電纜則輸向這場演示的主角：一台簇新的「電磁砲」。

那尊大砲佔據舞台中央。砲筒孔徑超過五公分，筒身纏繞道道神祕銅圈顯得粗大，還有更令人讚嘆的，砲身達三．七公尺長，用螺栓牢牢栓上一座大型白色砲架。砲筒內部有一枚沉重鐵質「砲彈」，重約九公斤，備便上膛，隨時可以發射轟擊目標，那是厚約十三公分的實心木板。事前順利完成幾次試射；每次輕撥開關，砲彈便由砲筒轟然向外拋射，正中紅心。

電磁砲的背景科技和伯克蘭很投緣，他對日新月異的電磁新科學十分沉迷。他在事業生涯早期曾經前往巴黎，在世界屈指可數的最著名科學家，亨利．龐加萊（Henri Poincare）門下受教。而且他在那段期間，還巧見一組出色的方程式。

就是這組方程式為赫茲帶來靈感，到了當代，還讓隱居英國鄉間的亥維賽激發昂揚鬥志。回顧一八七三年，伯克蘭年紀只有六歲，蘇格蘭科學家詹姆斯．克拉克．馬克士威爾（James Clerk Maxwell）便構思出一套基礎定律，來闡述電和磁的綿密交織關係。他深入鑽研這兩種作用力，通盤彙總過去幾十年來涓滴出現的相關發現。電力似乎會受到磁體影響：手持羅盤靠近通電的電線，羅盤針就會晃動。反之亦然，移動簡單一條銅線通過磁體旁邊，儘管眼前見不到電池等電源，那條電線馬上會出現電流。電場會莫名其妙生成磁場，相反也是如此，而這正是馬克士威爾方程組所代表的現象。

馬克士威爾方程組內含的關係，也表示電場和磁場能彼此複製、構成永不止息的蜿蜒波動。這就是光波和無線電波一類電磁波的組成原料，完全就是同一組電、磁場彼此交織生成的伸縮變異現象。

除了推動物理學進展之外，那組方程式還帶出眾多發明：馬可尼的電報、貝爾的電話，還有發電機和電動馬達。根據馬克士威爾方程組的另一個觀點，若是你把導體擺進磁場，那件物體便會移動。

伯克蘭循此構思概念，造出他的電磁砲。倘若不用火藥，改採電磁力來拋射砲彈飛越上空，這會產生何種影響？這肯定會帶來一筆財富。

他真正目標是想賺錢。儘管伯克蘭樂於擺弄他的技術製品，不過他投入這類科技的目的，卻是想籌措資金，好讓他從事十分費錢的真正愛好。他早就深深著迷於北極光的成因問題。

籌措資金困難重重

回溯十九世紀九〇年代，伯克蘭在大學研究階段，便已投入探究當時才發現不久的現象：陰極射線。這種射線由真空管熱陰極，川流湧入真空空間，平常是看不見的，只有在碰上玻璃管壁才會現身，因為管壁塗敷螢光塗料會發出鬼魅般紫光或綠光。（平板屏幕革命性劇變之前的電視，正是以這種原理來運作。傳統電視映像「管」的體積龐大，裡面有個熱陰極能放射出無形的射線，穿越真空管空間，撞擊屏幕內壁並描繪出一幅影像。）

伯克蘭著手研究陰極射線之時，還沒有人知道（包括他在內）那種射線究竟是什麼東西。就像馬克士威爾和赫茲發現的多種電磁波，陰極射線也是看不見的，而且威力也很強，但從另一方面來看，這類電磁波和他們發現的多種電磁波卻是非常不同。如果拿一塊磁體擺在X射線、光線或無線電波近處，結果並不會發生任何事情，那些電磁波所含磁場，完全抑制了磁體的一切作用，於是波動不受干擾、繼續向前推進。

陰極射線就不同了。當伯克蘭把一塊磁體擺在鄰近位置，陰極射線會掉轉方向、改朝磁體兩極射去。這讓他產生一種構想。他把一塊帶磁性物體塗上螢光塗料，接著對準那塊物體發射一束陰極射線。結果一如預期，無形的射線突然現身，片片光輝在磁體的北極和南極部位閃現舞動。那種光芒有點像是北極光。

幾世紀以來，世人早就知道兩極上空會閃現鬼魅般光輝，在空中映現出綠、紅和白色的鼓盪光簾。許多人都曾經試行解釋這種發光現象，各家的說法光怪陸離多不勝數。然而，當伯克蘭在實驗室中，凝神注視真空管內的發光磁體，他便心知肚明，恐怕真相只會比那些說法更顯得古怪。太陽不斷向我們放射陰極射線光束。接著，地球本身的磁場，便捕捉這些光束並導向兩極，由那裡的空氣吸收射線能量，從而映現耀眼光輝。

伯克蘭產生這項概念過後一年，英國科學家約瑟夫・湯姆生（Joseph John

Thomson，一般習稱「J. J.湯姆生」）在一八九七年發現陰極射線其他更重要的現象。陰極射線根本不是射線，或起碼並不是穩定移行的波動。其實那是種粒子束，其構成原料是成群的帶負電纖細粒子——也就是如今我們所稱的電子。

後來更證實這項發現重要無比。因為倘若伯克蘭的見解正確，那就表示太陽正不斷拋出電子，還可能連帶向地球放射帶正電的粒子。這種荷電粒子正是我們見識過的可怕威脅：引人顫慄的輻射，也是核爆所生成的產物。儘管伯克蘭還不明白，不過他當時提出的見解，牽涉之廣，遠超過極光的成因。他的直覺後來導出一項發現，彰顯地球大氣究竟是如何保護我們免受外太空的放射性侵害。

伯克蘭迅即決定著手嘗試，設法驗證他的直覺。但是他心中的構想非常費錢：除了極地探勘、新建極光觀測站、測量儀器，還需要一間功能強大的實驗室，而且是皇家菲德里克大學從未見過的高檔等級。儘管伯克蘭當時所得研究經費，已經佔了大學研究預算很大的比例，但是他所需資金還要多得多。因此，他決定藉助他本人的發明創意來填補基金缺口。

伯克蘭喜愛發明，和他對物理研究的喜好程度幾乎不相上下。到他晚年，手中將掌握六十多項專利，含括各式各樣品類，從電毯、機械式助聽器，還有一項用來硬化鯨油以供製造固態人造黃油的技術[1]。不過就伯克蘭的所有發現看來，最大的指望是寄託在他的電磁砲身上。當時節慶大廳裡面還有一位古納爾・克努森（Gunnar

Knudsen）先生。克努森是位工程師，也是國會議員，同時身為伯克蘭火器公司（Birkeland Firearms Company）的五位合夥人之一。兩年之前，伯克蘭籌設公司之時，便曾寫信給克努森，延攬他加入，信上寫道：

> 最近我發明了一件裝置，藉此或許便能採用電力來替代火藥，發揮推進作用……克拉格上校（Colonel Krag）親眼見識我的實驗，他提議創辦一家公司，延攬幾位人士出資，按照我的計畫來製造一部小型火砲。當然了，這就相當於賭一場博奕，不過所需捐助額度相當低微，同時我也相信，獲得豐厚收益的機會很高。

克努森認識伯克蘭，也很喜歡他，於是他出資贊助部分基礎研究。他的回信十分厚道：「我欣然接受你的邀約、樂意參與你的發明，並且保證，就算沒有滋生豐厚彩金，我的笑容依然不改。」在那種情況下，這樣的回應算是不錯了。

差不多該開始演示了。伯克蘭是個作秀專家。儘管他的大學職務理當兼顧教學和研究，然而在這些日子裡，他簡直沒有時間從事教學，於是他出錢僱人幫他上課。在早期階段，他確實讓演講廳蓬華生輝，學生也一向愛聽他講課，他們總是無法預料接下來伯克蘭要說出什麼轉折；他的助理奧拉夫．德維克（Olaf Devik）曾多次出席伯克蘭的早期課堂演講，並曾生動回顧當時情景：「他操作珍貴的電力課堂裝備，遠超過其功能極限，保險絲燒斷了，他仍莊重自持面不改色。接著他神態莊嚴停止講課，撫平他貂皮罩袍的縐褶，擦乾眼鏡端詳黑板，好看清他才剛算錯的部分。」伯克蘭並不排斥故意燒斷保險絲來製造效果。他有時候會伸手輕觸開關，簡直就像在愛撫，過了一會兒卻猛然摁壓，於是火光閃現，讓聽眾倒抽一口氣。接著他露出微笑向觀眾示意，打理整飾儀容，然後接下去繼續講課。

不過，他的電磁砲演出，卻要在寂靜中展現精彩情節。這項裝置能夠投射魚雷從空中飛越，威力和現代戰爭武器相差無幾，然而它卻帶有弓箭的優雅性能。不會出現爆炸、沒有閃光、沒有反衝作用；就如演練結果顯示，那枚九公斤拋射物會靜靜地從砲筒平順射出，接著精確無誤朝目標飛去。

伯克蘭在電磁砲和目標之間，以欄杆隔出一道狹長的安全廊道，除此之外，廳內所有席位全都坐滿觀眾。（北極探險家暨專業玩命特技家弗里喬夫・南森〔Fridtjof Nansen〕堅持要坐在安全區內，把伯克蘭給惹惱了，南森卻斷然不肯讓步。）伯克蘭看時候正該開始。他說：「各位女士，各位先生，大家可以輕鬆就坐。稍後我向下轉動把手，各位不會聽到任何聲音，只有彈體拋射擊中目標發出的砰響。」

他伸手握住把手。當他向下轉動把手，大廳卻響起震耳欲聾的轟鳴。閃光眩目；一道火燄從砲筒狂噴而出。電磁砲出現短路，發出一道整整一萬安培的拱弧電流，跳過金屬套管。可憐的南森，座位十分貼近電磁砲，可惜沒有人記載他的反應，不過其他觀眾全都驚慌失措，現場傳來驚恐尖叫，接著成群顯貴不顧尊嚴，奮力逃離擁擠大廳。伯克蘭事後表示：「那是我這輩子最戲劇性的一刻。就那麼一射，我的股份匯兌比率便從三百一路跌到零。」觀眾只顧逃命，沒有人注意到拋射彈體確實發出砰響擊中紅心。

隔天，基士揚尼亞全城都在談論節慶大廳那次慘敗。伯克蘭的許多同事都陽奉陰違趨而避之。有些人還幸災樂禍想坐收漁利，他們覺得這個自以為是的年輕人，也該調降一、兩個層級了。換作才氣低下之士恐怕早就氣餒，然而伯克蘭卻忍俊不禁只覺好笑。畢竟，就算要落敗，也總要敗得轟轟烈烈。問題是下一步該怎麼做？短路本身很容易修復，然而潛在投資客的感受，要修補就比較困難了。

在他還沒有開始著手嘗試之前，伯克蘭發現這次意外電花的另一項用途。演示過後一週，在克努森主辦的一場晚宴上，伯克蘭遇見實業家山姆．埃德（Sam Eyde）。埃德和他談起氮肥料。所有植物都需要氮，不過若是想讓植物生長茂密，你就必須動手供應氮。當時只有一種作法可以補充氮肥，那就是找到自然硝石沉積，一種含硝酸的礦物。

任何人只要能夠以人工方式，大規模生產氮肥，都能夠促成農業革命，還可能為世界帶來充分糧食。更棒的是，眼前就有種龐大的氮源等著讓人取用，而且和空氣一樣不費分毫。氮氣體積佔了地球大氣的百分之八十；這是種充沛的稀釋劑，不讓氧氣把世界燒光的惰性氣體。不過，埃德遇上的難題，正是肇因於氮氣的惰性。空氣中的氮氣呈分子型式，含兩顆原子，由於原子束縛得十分緊密，幾乎沒有東西能把二者分開。從農業觀點來看，只要侷限於這種型式，氮氣就毫無用處。

埃德擁有充分動力，足以把氮分子裂解為兩部分；他擁有挪威的好幾處壯闊瀑布，可以藉由水力發電廠，隨心所欲發出充分電力。然而他卻完全不知道，該怎樣把他的電力，轉變為所需的瞬息熾烈電花。

這點伯克蘭倒是完全知道該怎樣做。他早就用那種電花，把基士揚尼亞半數市民給嚇壞了。他在晚宴上熱情激昂向埃德說明他的見解❷，以他的壯盛電花，加上埃德的動力來源，讓兩人可以直接從空氣取得肥料。

伯克蘭暫停他的極光研究。往後三年，他全心全意投入，希望能解決問題，設法把他那次意外短路，轉變為功能完備的氮氣分裂熔爐。結果大有斬獲，這項成就在世界各地廣受矚目。卡通漫畫描繪伯克蘭身著潔淨禮服，打了領結，戴著眼鏡，脣上還有蜷曲小鬍子，道貌岸然地轉動一台衣物軋乾機，憑空擰出糞肥，旁觀人士則以手帕掩鼻，抱怨臭氣難聞❸。很快地，資金開始大量湧入。這下子，他就有錢可花，得以回頭鑽研他掛念不已的極光。

無聲的極光

一五七〇年一月十二日，波希米亞

首先，一團彷若浩瀚山脈的黑雲出現，掩住原本閃爍光芒的幾顆明星。雲層上方有一條光帶，像燃燒硫磺般綻放光明，形狀就像艘船。許多火炬從這裡升起，簡直就像蠟燭，其中還間雜兩根巨大火柱，一根在東邊，另一根在北邊。火光順著巨柱向下延燒，就像滴滴鮮血，照耀城鎮彷若著火。巡守敲鐘喚醒居民，讓他們目睹這起上帝神跡。所有人都惶然表示在他們的記憶當中，人類從未見過或聽聞這般邪惡的景象。

凡是見過極光的人，永遠忘不了那種景象。光芒憑空出現，通常呈淡綠色彩，像幅閃爍的簾子或尖突射線，或呈螺旋狀，像巨大螺殼輪廓那般蜿蜒橫跨天空。極光最詭異的一點是完全無聲。當你見到極光，你察覺天上那種光線，覺得同時應該發出爆響；設想閃電、煙火或炸彈。然而，這種光芒卻完全沉靜，明暗搏動，就像一隻貓悄不作聲伸爪摩搓[4]。

自從這種光芒見之於紀錄，幾世紀以來都不斷令人恐懼，也引人敬畏，這兩者程度幾乎不相上下。平常極光只在極北或極南地區出現，在極地長冬暗夜的雪地上空舞動。極光最盛之時，你可以借光閱讀，或在原本黑暗的小屋當中，看清他人臉孔。極光會照出影子，為獵人照亮道路。有人說，極光是上帝為極地居民創造的，藉此補償每年一次沒有陽光的缺憾。

傳說不絕如縷。或說那是天界戰士的劍光，或稱那是瓦爾基里侍女的盾牌，也有人說那是成群天鵝困陷冰雪，鼓動翅膀的影像。極光是死去的老處女一邊跳舞，一邊揮動白色連指手套。（這是來自挪威西部的傳說，其中一種說法流傳至今；如今仍偶有人提到年邁織女，述說她們不久就要起身投向北極光。）有些人認為，揮舞白布會讓極光增強；另有人則相信，向極光揮手或吹口哨會激發怒氣、壞事降臨。

許多人認為極光會帶來危害。倘若你毫無遮擋在極光下走動，頭髮就會被扯掉；極光會取走兒童的腦袋，拿來當作足球在天空亂踢。極光是種恐怖凶兆，是戰爭、貧窮和瘟疫的信使。

最後那種憂懼常流行於較南緯度地帶，當極光一反常態掙脫羈絆，侵入偏南地區飄忽閃現，南方民眾罕見這種天象，因而心生畏懼。在極地以外區域，那種白、綠光芒往往染上些許紫紅色澤，那幅景象把十六世紀的波希米亞人給嚇壞了。恐怖情緒年深日久，儘管中世紀迷信時代過去，較開明時期取而代之，這種恐慌依舊延續下來。一八九八年九月九日，極光毫無預警突然現身，把倫敦、巴黎、威尼斯和羅馬上空染上紅、橙光澤，許多人深恐災難迫在眉睫，然而無巧不成書，隔天上午凶兆似乎應驗，深受民眾擁戴的奧地利美麗皇后被一位義大利無政府主義者刺殺身亡。

伯克蘭對這種迷信自然是置之不理。他馬上向一位天文學家熟人發出一封電報，請教他太陽黑子在事件前後會出現哪些變化。他很快得到回應，結果一如他所預期。就在極光顯現之前幾天，太陽出現異象，幾群反常太陽黑子約在同時現身，在日面徘徊逗留。

自從伽利略在十七世紀率先以望遠鏡觀測日面，世人便知道太陽表面偶爾會出現醜陋斑點。（伽利略認定太陽出現黑子，為他增添一筆反教會法定罪行，因為上帝的無上事功，怎麼可能出現瑕疵？）到了伯克蘭所處時代，事情逐漸明朗，太陽經常噴發烈燄，而且和這種黑子或有關連。一八五九年九月一日，英國基尤天文台（Kew Observatory）科學家理查・卡林頓（Richard Carrington）爵士領先世界率先見到這種噴發現象。原本他是進行太陽黑子例行觀測。當時已經明白直視太陽會損傷視力，這點伽利略知道得太晚，不過卡林頓經過深思熟慮，投射太陽光盤到一片塗有淡麥黃色膠質的玻璃板上。影像十分清晰，直徑約二十八公分。正當他仔細標記黑子位置之時，卻注意到日面北邊高緯度區一處黑子群集地帶，映現出兩片白色強烈光斑。

剛開始卡林頓還認為，那肯定是他的設備破洞造成的，不過他很快就明白，他眼中所見是種至關緊要的現象。「於是我抄錄精確計時器讀數，眼見噴發強度急速激增，我感到意外，心中有些激動，匆忙跑去叫別人過來和我一起親眼目睹這種景象。

我離開還不到六十秒，回來之後，結果卻讓我丟臉，情況已經大為不同，亮度也大幅減弱了。」卡林頓算出，在五分鐘時間內，那兩片光斑就移動了五萬六千多公里。

這種閃燄所生效應很快就影響到地球。卡林頓觀測之後十八小時，一陣磁暴湧現，干擾全球的電報傳輸，極光掙脫常態束縛，連遠在夏威夷、智利、牙買加和澳大利亞都見得到。這種現象十分合理，探險家早就注意到極光似乎會讓羅盤針出現意外擺盪。回溯十八世紀，確實有一位叫作奧拉夫．希奧特爾（Olaf Peter Hiorter）的瑞典科學家，花了一整年時間，每小時逐一記錄北極光在頭頂閃現，進而影響偏轉羅盤針的情況。他在八月和聖誕佳節間曾兩度回家短期休假，但留下的紀錄依然非常可觀——甚至可說是非比尋常——計達六千六百三十八筆讀數。

希奧特爾從事這項研究，目的在於提醒前往北方大地的旅人，告誡他們極光出現之時別相信羅盤。伯克蘭卻看出這其中更深奧的含意。倘若他的見解正確，極光確是由太陽射來的電子集束，那麼地球的磁場自然要受到影響。伯克蘭的研究領域包括葛蔓糾結的電磁學，他深知凡有移動電子就會出現電流；同時凡有電流之處，磁性就會漲落起伏。

再者，這種變化在兩極附近幅度最劇。環繞地球的磁場，樣子有點像是對切成半的蘋果。磁力線從南極發出，彎曲越過赤道上空，最後穿入北極重又隱沒。這種「封閉的」場線構成一圈幾乎滴水不漏的磁位壘（magnetic barrier），來自太空的荷電粒子遇上場線這圈無形力場，沒有幾顆可以滲入。然而，由南極發出的最陡峭場線，卻沒有和北極的對應場線相連。實際上，兩極分有零星幾道場線，直接朝上往太空射去。伯克蘭認為，這些場線可以為他的陰極射線提供必要通道。陰極射線可以依循這種開放式場線，像顆顆鍊珠滑落般盤旋而下，最後觸及地球大氣。射線一路激盪磁場，射抵大氣之後就會被空氣吸收，讓大氣輝映出若隱若現的鬼魅極光。北極光和南極光，正是地球大氣尖兵發揮效能所顯現的跡象。

舞動極光

九月十六日，伯克蘭在挪威《世界之路報》（*Verdens Gang*）刊出一篇文章，標題為〈太陽黑子和極光：來自太陽的信息〉。他寫道，在歐洲全境引發極度恐慌的極光，並不是什麼鬼魅災難凶兆。極光是我們自己的母體恆星，向我們射出某種集束所顯現的跡象。伯克蘭知道他握有一項很棒的理論，不過他還是必須提出證明。他決定動用自己種種發明賺來的財富，建造他這所大學前所未見最大、最先進的實驗室。不久，房間塞進大量設備器材，只有負責執行實驗的人才准許進入；學生有問題時，都必須待在門外向內嘶喊發問。到處可見懸垂電纜；一台龐大的發電機佔了整整三分之一個房間，還加上一排排充電電池、照相機和各式工具。伯克蘭的新王國不時發出砰響、閃光，散放古怪氣味，讓他大為出名。大學有一個委員會，每年應檢視所有廳室至少一次，這處實驗室卻讓他們視為畏途，始終不敢靠近。

就連伯克蘭和他的團隊在實驗室也不免要蒙受風險，他們全都習慣偶爾遭受電擊，而且工作時也常把一手擺進口袋，這樣一來，萬一遭受強大電擊，電流會順著體側直接向下傳導，而不至於流過心臟。

在實驗室中，伯克蘭的衣著變得更古怪了。他仍是一身耀目的瀟灑西裝，領結同樣打得端正。不過這時他的一身裝束，經常要添加一頂菲茲氈帽（fez），腳上還搭配一雙鞋頭又尖又長的紅革室內便鞋。他見了容易受騙的人就說，戴菲茲帽是要保護頭部免受電磁輻射傷害。見了其他人他便坦言，戴帽子是要給他的禿頭保暖。

他沉迷耽溺工作。不管是誰來描述伯克蘭，首先總會提到「孜孜不倦」一類的形容詞。他自童年開始就染上慢性失眠症，而解決辦法就是整夜不停工作。每當一項計畫讓他沉迷，他總是日以繼夜永不停歇，甚至連吃飯都省了。他的一位助理為文描述他：「我從沒有見過任何人，像他這般專注於科學、這樣不顧一切全心投入。他的工作辛勞遠超出人類體能的耐力極限。他永遠無從想像，自己哪有可能不全心專注工作。」（就是這種態度賠上了他的婚姻，他在研發熔爐期間，曾與一位比他年長四歲的老師結婚。不久之後，妻子受不了他的工作習性，終至離他而去。伯克蘭對妻子離開並不十分在意，只想急切讓所有人都知道錯在他，還盡力務使前妻取得充裕金錢。

這點或許他是做得有些超過，因為儘管他的前妻不曾再婚，也始終不再工作，然而終其餘生，她年年夏季都能待在法國度假勝地里維埃拉（Riviera）曬太陽。）

儘管伯克蘭工作十分投入，有時卻也會發呆出神。當他在實驗室變得十分冷漠，他會任令助理繼續工作，自己卻無緣無故外出進城一、兩個小時。回來時只見他帽子向後歪戴，卻是神采飛揚，為某種新穎構想或真知灼見而振奮不已。

伯克蘭十分鄙夷官僚體系。他不寫日誌也不做筆記，只隨手拿紙信筆記載，寫好就塞進口袋或遺落在墊子下，或者到處擺在實驗室各個角落。儘管他幸運擁有絕佳記憶，但是這習慣肯定讓大學行政人員忍無可忍，當他們要求提供開銷細節，他回答：「要那個做什麼？我記得總額。」有時他會派送便條紙給主管單位，宣布他佔用了這個房間或那間廳堂，設了新的實驗室。有一次，他甚至還霸佔一間演講廳的一半空間。教務長和副校長大為震怒，他慢條斯理告知校方，「演講廳是縮小了，不過聚攏學生坐在一起，空間也夠用。」他自掏腰包支付演講廳修改費用，緩和他們的怒氣。

伯克蘭的新實驗室有個配備最令人讚嘆不已，那就是他安置人工太陽和地球的真空艙室。艙室容積達整整一立方公尺，側邊就像玻璃水族箱邊那般筆直，不過頂點呈圓弧狀，外壁厚達五公分，因此抽出空氣時才不至於崩塌。這個艙室的確夠大，可容他最苗條的助理爬進裡面，盤腿坐著清理內壁。（伯克蘭有次開他玩笑，「不小心」把他關在裡面。伯克蘭喜歡惡作劇，他的助理都抱持幽默任他戲弄。有一次，他擺了一根帶了強磁性的鐵棒在金屬桌上，接著不動聲色要一位助理拿開棒子。那位助理幾度掙扎使力，接著其他人也過來幫忙，大家一起用力，終於挪動鐵棒幾公分。他們全神貫注，無暇顧及伯克蘭，這時他卻悄悄撥動關閉控制磁性的開關，結果鐵棒和助理瞬間通通飛離桌面。）

艙內一壁近處設有一個發出輝光的陰極，發射電子束以模擬太陽。一束束隱形射線沿著管道，穿越空間直達伯克蘭的「小地球」。那是一個以黃銅薄片製成的圓球，直徑約三十五公分，裡面有個以銅線纏繞的鐵核磁體。為了更符合實際情況，伯克蘭還把磁體傾斜二三．五度，和地球本身的傾角吻合。

球體表面塗敷氰化鉑鋇（barium platinocyanide），這種化學塗料一受電子照射便會發出輝光，就像今天的電視屏幕。當伯克蘭啟動「小地球」內部的磁體，陰極「太陽」的電子便轉向朝「小地球」兩極射去，在那裡構成兩個舞動環圈，分在北極和南極發出鬼魅般紫色輝光。

伯克蘭見到這種景象心中欣喜。他寫道：「顯而易見，除了純科學理由之外，我做這件事情還有個次級目標，那就是讓我自己能夠欣然目睹這般景象，這所有重要實驗，全都以我竭力促成的最出色樣式展現。」

伯克蘭偶爾會邀請觀眾擠進實驗室，好向他們炫耀他的人工極光，結果也少有人不感到驚奇。竟然有人能夠造出北極光和南極光，並隨心所欲令其舞動。此外，他還能解釋極光為什麼出現。而且他的實驗和他的理論也吻合無間，令人震撼。

但是就算伯克蘭讓「小地球」外表舞動輝光彷似極光，卻不見得表示他的見解正確。許多人認為，太空有放射性射束的觀點十分荒謬。伯克蘭必須證實，發生在他真空室內的現象同樣也發生在室外真實世界。

極地征途

他必須證明當日面出現黑子，北方天空除了極光之外，還會出現電流。由於電流位置太高，他沒辦法直接測量，不過說不定他可以偵測電流對附近磁場的影響。因此，伯克蘭打包儀器妥當，動身前往北方。

就伯克蘭這般體格瘦小還有點虛弱的人來講，他投身極地探勘表現的熱情，簡直稱得上是暴虎馮河。當然了，他必須進入極光區，也就是前往挪威最遠北省分。同時他還必須在冬季前往，那時北方會出現黑暗長夜，最適於研究極光。此外，他還做出另一項決定，讓處境更為艱辛，他想在高山山巔研究極光。

其中一項理由是要竭盡人力極限，盡量貼近極光。確實有若干理論堅稱極光出自電流，而電流則由山尖向外洩出地表，因此這種山尖就像倒置的避雷針；就算你認同伯克蘭，同樣不相信這種說詞，卻仍有許多人認為挪威北部的極光降得極低，其本身會觸及山巔。沒錯，這是出自謠言和傳說，並非得自科學資料，不過偶爾也會出現目睹報導。這種「密切接觸」的細部敘述有時異常詳盡，還充滿詩情畫意。底下這段是芬馬克郡塔維克城（Talvik in Finnmark）的一次航海紀實，可遠溯自一八八一年：

夜幕低垂，北極光立刻在天際歡然綻放光燄。極光在深藍蒼穹匯聚成一片龐大火光，還有一束束巨大光柱，淡紫色、藍色和綠色，結合成巫術火燄繩結在船隻上空舞動。我們才剛抵達科斯峽灣（Korsfjord）中央，我猛然見到阿爾塔（Alta）上空，一道極光糾結下垂直抵水面，還以高速移動奔騰橫越峽灣……「它會掀翻船隻，」划手座傳來雅各的呼喊……在暗夜當中，我看得到划手都彎身低伏，高舉長槳，於是磷光便照耀槳葉……我闔上雙眼，閉目片刻。頃刻之後，光芒大盛透入眼簾，我環顧四望，發現我們身處一片奇異光海中央，那幅盛景令人永難忘懷。光燄映現美妙透明色澤環繞我們，紫色、藍色和綠色，卻沒有絲毫風吹氣息……過沒幾秒鐘，那幅罕見的曼妙晃動極光就通過我們。片刻之後便消失無蹤。

就算這種報導所述——就如伯克蘭所猜想——並非實情，而且極光並不會碰觸地表，不過若有機會被極光吞沒，卻也令人難以抗拒，而攀登山巔似乎是最穩當的嘗試作法[5]。一八九七年二月，伯克蘭和兩名助理動身前往芬蘭遠北地區勘查，在芬馬克郡尋找合適的山頂位置。

剛開始還一切順利。在這個季節，那麼偏遠的北部地帶幾乎不見絲毫日光，不過月亮會綻放燦爛光芒，照耀山頂濃厚雲層，為馴鹿隊伍照亮路途，引領牠們載運伯克蘭的勘查小組和設備器材攀上山坡。二月九日，風速略為增強，刮起地面雪花構成陣陣煙霧。不過這沒什麼值得大驚小怪，只是天氣實在很冷，氣溫只有攝氏零下十度。路途只剩十六公里了，不久就會抵達目的地——洛地堪小屋（Lodikken Hut）。

然而，當他們和芬馬克嚮導一起加緊趕路，風勢卻愈來愈強，而且始終逆向吹襲，似乎正是從他們想前往的小屋直接刮來。伯克蘭開始擔心了。這支小隊繼續掙扎前進。他們不再器宇軒昂端坐雪橇，在雪地輕巧滑行。這時馴鹿都磨蹭不想前進，他們的嚮導迫於情勢只好下橇領軍，而且倘若還有人笨得繼續坐在橇上，肯定要被強風刮起的亂石碎冰散彈轟擊。

最後馴鹿全都趴倒，不肯再前進，嚮導臉龐凍傷泛白，裹著芬蘭皮大衣，四肢伏地，同樣再也不肯前進。這時已經無計可施，只好用行李和雪橇堆造一道擋風屏障，還在後方搭起一頂小帳棚。這趟行程原本只需幾個小時，因此，除了緊急帳棚之外，隊伍幾乎不帶任何輜重補給，沒有食物、燃料，而且就算他們帶了火爐，在這種駭人強風吹襲之下，也無法取得溶水。往後二十個小時，在這段極地陰鬱長夜當中，這支小隊伍都蜷縮在睡袋裡面，盡量不去理會飢渴痛苦，也設法不讓他們的帳棚被風雪掩埋。黎明終於降臨，儘管風勢沒有絲毫減弱、能見度依然只達幾公尺距離，伯克蘭還是決定出發，他覺得只有設法尋路回到山下，大家才有機會生還。

嚮導不情不願地慢慢起身，幫忙掙脫那頂細小營帳，並把馴鹿整頓好。等到略為解凍暖身，他才把本領施展出來。伯克蘭回憶說道：「下山那幾小時，是我這輩子最興奮的時候。直到這時，我們的嚮導才真正施出混身解數，顯示他名符其實是個行家。他的表現令人激賞，只見他東奔西跑，尋找小徑或選定方向，還有當馴鹿變得難以駕馭，就見他上前操控，接著突然之間，隊伍又頂風繼續前進。」

經歷這趟瘋狂行程，隊伍安然回到加爾吉亞（Gargia），從他們出發到這時，已經過了三十一個小時。全隊生還只能說是奇蹟，只有伯克蘭的一位年輕助理，二十歲的伯恩．海蘭德漢瑟（Bjorn Helland-Hansen）嚴重凍傷。他的雙手從指尖到手腕全都僵硬泛白。其他人都在山區小屋舒舒服服泡溫水，可憐的海蘭德漢瑟卻只能把雙手泡進冰水，靜坐等待血液恢復循環——還有不免要伴隨而來的痛苦燒灼感受。後來他的多數手指都失去最前面一節，他成為外科醫師的夢想也隨之幻滅[6]。

太陽黑子

這趟慘烈探勘旅程還是展現了它光明的一面。二月五日五點五十分，伯克蘭看到讓他出神的現象。天氣轉晴，月球大放光明照耀雪地。接著，突然之間，一道更明亮的光線綻現，從東到西在天上畫出一道拱弧。剛開始時光線很窄、很強，接著灑落垂現閃爍簾幕，像一束束玉米般捆紮併列。伯克蘭肅然凝神，看著這齣天光戲碼自行上演，持續長達一個多小時。

接著，隔夜又出現相同狀況。剛過六點鐘，極光又出現了，也歷經完全相同的拱弧、簾幕和捆束過程。在伯克蘭心目中，這簡直就是個預兆。地球日復一日繞軸自轉，一再回轉面對太陽。他想著，既然極光這麼一致，接連兩天都在同一時間現身，那麼它肯定是肇因於太陽的某種現象。他從一八九六年湧現的直覺肯定正確無誤。

同年秋季，伯克蘭回到芬馬克郡山區，下定決心要再試一次。這次，他在奧頓峽灣（Alten Fjord）西岸的哈爾德（Haldde）地區，如願找到他的理想地點。伯克蘭著手在兩座相鄰山峰分頭搭蓋混凝土小石屋，建立了世界上第一座常設極光研究觀測站。他對這兩棟小屋極為自豪：

天氣清朗時，天空發生的現象一覽無遺，從開始到結束一無遺漏。視野不受遮擋，從這兩處觀測站，特別是從最高、位置最北那處，視野綿延連貫，從西邊克威南根（Kvaenang）山脈的尖聳藍色巒峰向東延伸，直見到波桑格（Porsanger）山脈的和緩輪廓，再從北邊的朗格峽灣（Lang Fjord）險峻懸崖以及斯提恩島（Stjerne Island），向南伸展直達山區高原，極目遠眺只見內陸景象波盪起伏，直望見山居拉布藍人（Lapp）的冬季棲居地帶。俯視遠望，底下峽灣橫臥，就像一條黝黑的航道。

一八九九年九月，兩棟小屋終於完工。伯克蘭率領兩隊人馬登上山頂，打算在那裡度過整個冬季。那裡的自然環境偶爾會大發慈悲，卻更常顯露駭人相貌。他們就要在那裡度過新世紀的第一天，接著還要一直待到一九〇〇年四月。那裡的風勢十分駭人，經常刮起時速超過一百六十公里的狂風。「有時狂風呼嘯吹襲房屋，讓你覺得自己是坐在瀑布底下；地板為之震顫，所有東西都在搖晃。我們很快就學會，如何由屋內噪音來衡量戶外風暴的相對強度。」當風暴湧現，接連幾天都沒有人能離開小屋；真有人嘗試外出，那麼屋內三人，全都必須使勁用力才能把門關上。小屋內部，就算房門關著，儘管點著火爐，區區幾公尺之外的水偶爾也要結冰。有一次，擺在房間中央桌上的一盞燈火，儘管房門緊閉卻仍被吹熄。伯克蘭表示：「不曾試過的人，沒有人能想像在那種氣候外出是什麼滋味。」

有一個人不斷走到戶外投入這種風暴，那個人是芬馬克郡的強悍郵差，每週都有一、兩次，攜帶外界消息蒞臨小屋。伯克蘭說：「我們經常擔心他，不過他總是安然無恙，只是有時候當他來到這裡的樣子是全身蓋滿冰雪、面目全非。有一次我問他，氣候那麼惡劣，難道他從來不怕。剛開始他沒有回答，只坐下來靜靜解凍；過了一會兒他回答：『我太笨了，不懂得害怕。』」

儘管有風暴肆虐，探勘作業仍然大有斬獲。隊伍一次次見到輝煌極光，而且伯克蘭最珍貴的儀器——他的磁強計——表現遠超出所有預期。每具磁強計都安在石屋室內，各有一個專屬房間。伯克蘭進入房間之前都會檢查口袋，把硬幣、摺疊小刀，或其他一切可能干擾儀器敏銳磁體核心的物件全部清空。連他衣物上的鈕釦都以骨頭製成，而且他的圓眼鏡還採用不帶磁性的黃金鑲框。所有磁性金屬全都禁止攜入室內。房門鉸鏈以黃銅製成，而且釘子不採鐵質，都以銅料打造，暖氣也都採陶管傳輸。

三具磁強計分由不同向度，持續監測地球磁場。一具記錄磁場的指向，另一具監測水平強度，第三具則測定垂直強度。三件機具分別裝在大型箱中，箱子側邊各開一個孔。箱內各有一條纖細石英線吊掛磁體，線上還裝了一面鏡子。箱外設有一盞油燈，火光透過透鏡，聚焦構成纖細光束朝箱內射去，接著由鏡子向外反射，並映照箱外的感光紙卷。只要頂上的磁場出現任何變化，都會觸發磁體反應，帶著鏡子搖晃擺盪，因此反射的光線便會偏轉。就算反應出現時沒有人在室內，只要把感光紙處理顯影，立刻可以清楚看出偏轉現象。

縱貫這漫長冬季，每當研究小組見到頭頂出現極光，磁強計鏡片幾乎都會搖晃，描畫偏轉路徑的線條也猛然彎折。伯克蘭的期望實現了，他所描繪的正是高空電流，也就是從太陽川流湧入的陰極射線。

結果也清楚顯現極光完全沒有隨著冬季進展而向地面貼近，連這處高山峻嶺也不例外。從一方面來看，這實在令人遺憾；伯克蘭睜大雙眼，迫切期望能被他鍾愛的極光籠罩，享受這等美妙經驗。不過，起碼這就表示，往後他可以在較接近海平面的地方進行考察。

因為伯克蘭已經知道，往後還有多次探勘機會，電流運動顯然是複雜多端。伯克蘭明白要追查那種蜿蜒路徑，他就必須從遠更為偏荒的位置取得測量資料。於是他決定擴展他的作業範圍。除了挪威之外，他還會在冰島、俄羅斯，以及地處嚴寒北方的斯瓦爾巴群島（Svalbard）設立天文觀測站。伯克蘭對外發出通知，向全球所有觀測站徵求磁強圖，世界各地的天文台紛紛回應，資料開始湧入。

當伯克蘭把測量資料安排妥當、拼湊出全貌，呈現在眼中的一切全都證實他的猜想。每當太陽黑子出現，同時電子束也像探照燈一般，從太陽向外射出。有些錯過地球，有些和環繞整個地表的閉合磁場線圈擦身而過。其餘電子束則由我們的防護磁場導引，安全流向兩極。伯克蘭沒辦法直接看到電子，不過他可以追蹤電子從北極上空沿磁場線盤繞而下，測定其沿途生成的雜亂影響。接著，電子流會遇上一次短路。（那就是電離層，不過當時伯克蘭還不知道這點。除了攔截入射X射線之外，電離層還提供一條便捷的橫向管道，供入射電子通行。）當電子構成壯闊拱弧，在上空川流橫向通行，同時也逐漸被空氣的原子和分子吸收，而且沒錯，北極光也映現光輝。最後殘存的電子全都自行附上新的場線，並循線螺旋回轉向上，安然返還太空，終至完成迴圈。

往後十年期間，伯克蘭逐步蒐集累積資料以驗證他的理論。他把成果寫成一部恢宏巨著對外發表，這部裝訂講究的兩冊著作只算是錦上添花，讓他在祖國更富盛名。他寫道：「自一八九六年以來所習得的放射性知識，支持我在那一年提出的觀點，也就是，地表磁擾和北極光都是太陽射出的微粒射線造成的。」同時，「肯定無疑是循此方式垂直朝地球射來，從而構成極光射線的宇宙線，都要被大氣徹底吸收。」

巨人隕落

照說這應該成為伯克蘭的黃金盛期和成就高峰。然而從他年過四十開始，他年輕時代的活力和樂觀態度，卻莫名其妙完全變質。早年他在巴黎偶爾會陷入憂鬱，每次出現這種「神經質失能發作」，都讓他連續臥床好幾天。這時他這種症狀發作愈見頻繁，隨之還出現偏執妄想、絕望，健康也日益惡化。還有，原本他十分肯定自己的理論理當受國際認可，結果並沒有如願，他感到益發失望洩氣。部分問題出在他是以法文著述。選用法語不單是由於他的法語講得流利，也因為法文早就是歐洲文化界和自然哲學界最重要的語言。然而，二十世紀的大英帝國聲勢如日中天，英文也崛起成為最新的國際語言。

此外，英國科學家事先受了囑咐，對伯克蘭的觀點早抱有成見。回顧一八九二年，英國最著名、最出色的物理學家之一，偉大的克爾文勳爵（Lord Kelvin）曾斷然宣示：「證據確鑿全無疑義，可斷然駁斥地磁風暴是太陽磁性作用引發之見；或肇因於太陽內部任何強大作用之說……磁暴和太陽黑子所謂的連帶關係並不存在，而兩種週期之關係的表觀論證則僅屬巧合。」

克爾文的觀點影響深遠，因為他幾乎永遠是對的。結果證明這次例外，但是英國科學界依然信守克爾文的訓辭。伯克蘭一向飽受失眠之苦，這下更是愈來愈難入眠。他極力設法休息，對佛羅拿（veronal）仰賴日深，這種安眠藥有種十分重要的特性，不至於讓他在憂鬱嚴重折騰之餘更雪上加霜。

他前往埃及，逐漸深信有某個神祕（又邪惡）的外國特務單位派員跟監。他決定回家，並打電報通知家人，他會在一九一七年十二月十三日他五十歲生日之前回到挪威。這時第一次世界大戰已經爆發，他必須迂迴繞經東京。伯克蘭在東京逗留，拜訪幾位物理學界人士，一九一七年六月十六日早上，其中一位物理學家來找他，發現伯克蘭死在客居旅館房內。他服下十克佛羅拿，而處方劑量只為半克，藥物過量導致心臟衰竭。這或許是場意外。

伯克蘭一生四度獲提名角逐諾貝爾化學獎，還四度爭取諾貝爾物理學獎。挪威科學家組成一個出色的委員會，正當他們把心目中一位史無前例、堅強無匹的物理獎人選的資料彙整妥當，他死亡的消息卻在這時傳來挪威。頒獎計畫悄然封存。

由於戰火阻隔，挪威沒有人能前往參加葬禮。最後由當初邀請伯克蘭到日本的人士，協力籌辦一場基督教葬禮和火葬儀式。禮拜進行期間，有個人表示：「伯克蘭在他五十年生命當中達成的成就，燦爛一如發散眩目波濤的極光，這等絢麗光芒也發出讓他心盪神迷的吸引力量。」

伯克蘭死後幾十年間，他的理論始終無人聞問。甚至在電離層發現之後，情況理應明朗，顯然這就是伯克蘭所說的通道，他的電流就是循此通道橫掃天際，結果卻沒有幾位科學家採信他的論據。直到二十世紀六〇年代，他才終於獲得平反。因為這時已經進入太空時代，衛星得以在伯克蘭一度模擬、監測，卻始終碰觸不得的世界往來穿梭。衛星早已發現太空具有放射性，而且這時它們還要發現，伯克蘭所見自始至終是這麼正確。

范艾倫帶和伯克蘭電流

一九五八年五月一日

詹姆斯・范艾倫向全世界呈現他的發現成果。覆蓋我們大氣頂部的那片天空帶有神祕的放射性，這點已經由探索家一號和三號清楚證明。不過，他仍然不完全肯定這究竟有什麼意義，還有為什麼會如此重要。但是他全然不以為意，仍在齊聚國家科學院的科學家面前，鋪陳他所得結果。接下來是記者招待會，要向全國媒體記者解釋就比較困難。范艾倫絞盡腦汁斟酌用詞。他們發現的放射性，似乎匯聚為一片巨大雲霧，形狀就像個甜甜圈，而地球則是位於中央空洞區域。「這是種微粒輻射——也就是荷電粒子——環繞地球構成一圈巨大的，喔……有點像是……」「你的意思是就像條環帶？」一位記者追問。范艾倫回答：「對，就像條環帶。」於是「范艾倫帶」就此誕生。

不過還有許許多多不解之處。這種輻射究竟是從哪裡來的？為什麼困陷空中？為什麼受阻，沒有繼續朝下向地表射去？范艾倫已經知道，自己該怎樣做才能探明這點。因為當他趕回愛荷華州之時，隨身便帶著一件祕密。回顧當年春季，他獲託從事一項很特別的極機密計畫。陸軍決定在高空引爆核彈。顯然這必須嚴守機密，不得讓外界得知（好比，萬一俄國人搶先實施）。表面看來，他們的目的是想要知道高空核爆會產生什麼後果。然而有關爆炸輻射會導向何方，他們卻無知得令人膽顫心驚。隨著探索家衛星發射升空，范艾倫的股票也竄升天際，他願不願意幫忙呢？不知道可不可以請他設計一具衛星用來偵測輻射，也順便學得些許知識，了解他新發現的環帶有哪些作用？

是的，他當然願意。范艾倫和他的團隊立刻著手設計探索家四號，這時離預定試驗日期只剩幾個月了。但是陸軍高層認為，范艾倫的太空儀器測定見解萬無一失。整個夏季，科學家和政府官員絡繹於途，奉命攜帶計畫到愛荷華州出差，跋涉前往他的小小實驗室聽取他的見解。其中一位回憶，范艾倫待人和氣，令人詫異，而且，「我對那次訪問記得最清楚的是，我在他辦公室的時候，他接了一通電話，那是某位重要將領打來的。根據我的記憶，他的談話內容是：『是的，將軍，我很樂意在下週到華盛頓為你的計畫作證。不過，我有一位學生就排定在那個時候接受口試，我必須留在這裡幫他。』從此以後，我對范艾倫另眼看待，認為他是瘋狂世界的理性之聲。」

范艾倫冷靜看待這整件事情：「愛荷華大學的訪客都感到驚訝，怎麼這項重大工作的關鍵部分，竟然託付給兩名研究生和兩位兼任教授，由他們在一九〇九年竣工的物理學大樓地下室，一間狹小的擁擠實驗室中進行。不過我們懂得自己的專業，也無所畏懼。」

一九五八年八月一日，一枚代號「柚木」（Teak）的炸彈在中太平洋強斯頓環礁（Johnston Atoll）上空引爆，高度約七十六公里，爆炸當量為十個百萬噸。十二天後，另一枚跟著引爆，代號為「橙」（Orange），接著又有三枚在更高處引爆。這一切全都看在探索家四號眼裡。那是前所未見最棒的衛星。發射前范艾倫和四號衛星合照，畫面顯示他和衛星吻別，卻只見到他毛髮稀疏的頭頂。

探索家四號所見完全實現范艾倫的期望。儘管幾次較低空核爆輻射完全消失無蹤，高空卻幾次在第一道輻射帶上方構成一圈新的環帶。輻射帶肯定是由被場線陷捕的入射輻射構成，這和他的想法完全吻合。新的環帶很黯淡薄弱，只維持幾週就衰竭消失。眼看我們最強大的武器威力竟如此薄弱，而大自然卻有辦法施展力量，以地球為魚肉，施以無情宰割，兩相比較，顯見人類是多麼卑微。

美國人又引爆了幾枚高空核彈；俄國人也如法炮製。謝天謝地，一九六七年協議簽署，頒布了高空核爆禁令。這時范艾倫又開始致力於其他課題。一九五八年十二月六日，一艘新穎太空船，先鋒三號（Pioneer III）由卡納維拉爾角離地升空向月球飛去。船上也載了范艾倫的蓋格計數器。這趟任務對才剛創立的航太總署是一劑強心針。距地表約十萬一千公里上空，先鋒三號優雅地繞了個弧圈，接著跌撞墜回地球。不過范艾倫還是很高興。那枚衛星終究還是破了紀錄，比人類之前建造的所有太空船都飛得更遠，而且期間還成就了另一項重大發現。范艾倫帶不只一條，共有兩條。

這時范艾倫全副心神都擺在外側那第二圈環帶。第二圈的位置高得多，它位於地表上空約一萬六千公尺，而內圈高度約只達六千四百公里。外圈直徑較大，所含粒子也遠更為活潑。地球上方太空的這兩圈放射性雲霧是從哪裡來的？它們是不是就如伯克蘭推測那般，來自太陽？

如今，旅伴號發射五十年後，地球上空幾乎到處都是嗶嗶作響的衛星。有些是通訊衛星，有些肩負軍事用途，不過還有許多就像探索家一號，放上天空是為了讓我們更深入了解，地球大氣最稀薄外緣的情況。我們發現，地球上方是一片複雜離奇遠超乎想像的空域，連慧眼獨具的伯克蘭都始料未及。然而，他從極低位置仰望，竟能成就這等高明遠見，實在令人嘆服。

他的見解正確，陰極射線（明確而言就是電子）確實來自太陽。事實上，那群電子是種川流集束，如今我們稱之為太陽風。電子並不孤單，它們不可能單獨存在。陰性彼此相斥，陽性也是如此，只有異性才會相吸。因此，若有一團帶負電的電子雲霧從太陽射來，早在抵達地球之前它就要消散不見。事實上，太陽風含有正負兩類粒子（組成一團電漿），這批混合粒子從太陽大氣的稀薄邊緣向外甩出，溫度達百萬度。太陽風不斷從太陽朝四面八方吹出。太陽風吹拂彗星，在後方拉出長長的彗尾。太陽風不斷衝撞地球磁場，就像溪水流經岩塊，它擠壓前方場線，還把後方場線拉成條條長尾，在地球背側綿延伸展成千上萬公里。

然而引人關注的發射現象，也就是促成范艾倫的環帶和伯克蘭的極光的發射現象，源頭卻還要更為狂暴。太陽偶爾會拋出龐大無匹的電漿團，這種現象稱為日冕質量拋射（coronal mass ejection）。伯克蘭曾設想這種情況，不過他或許沒有想到規模竟是如此龐大。一次噴發所含熾熱電漿，輕易可達十億噸，並以太陽風的五倍速度向

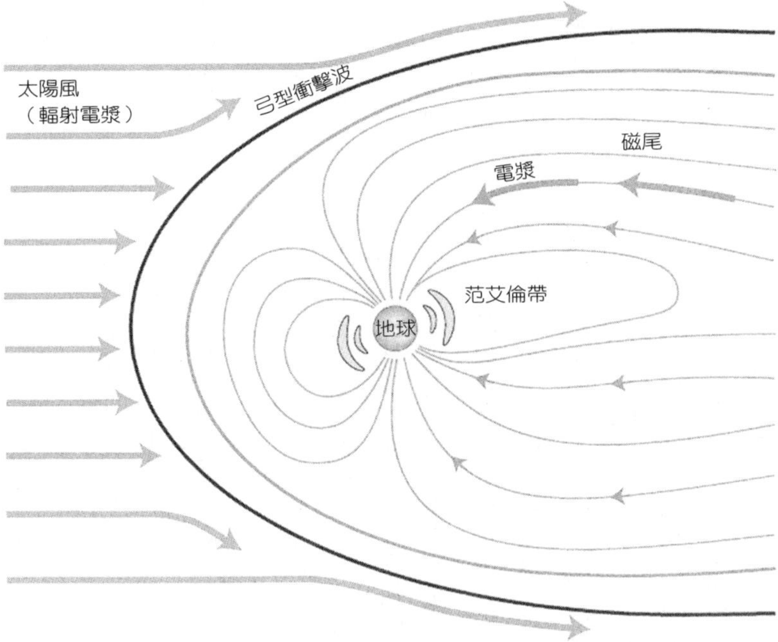

外發散。沒有人知道太陽為什麼有這種舉止，但是（也如伯克蘭揣測）這和太陽黑子或有若干關係。可以確定的是，這種展現駭人規律性的致命雲霧，是乘著太陽風的衝擊波向我們高速撲來。太陽魚雷來襲，第一線防區是地球彎弧磁性的最外層力場。最前方力線受迫向後陷縮，不過並沒有瓦解。電漿受挫繞道，川流通過地球側邊，接著回轉，重又壓迫從地球暗側向後遙遙延伸的綿長磁尾。電漿繼續催迫壓擠，終於突破磁力前哨，部分電漿也得以進入磁尾內部。這時電漿早已越過地球本體，但是這時磁尾場線也已經過度延展，撐不下去了；場線就像橡皮筋般猛然斷裂，掉頭把電漿向我們拋來。

接下來就出現一種奇異景象。當電漿掉頭以高速朝地球射來，更多場線也以同等高速聚集電漿，引導其中所含荷電粒子，像串珠般朝兩極盤轉墜落。接著（就如伯克蘭設想的情況）電離層空氣把那批電子吞噬，從而綻放光芒，並使極光放射出飄忽不定的光輝❼。

難怪幾千年來民眾都要害怕極光，極光正是太空恐怖攻擊的初步徵兆。只是有些人崇拜極光倒也沒錯，因為極光也顯示我們的大氣警衛，正堅守崗位善盡職守❽。

太陽輻射電漿迂迴繞過地球磁場，突入綿長磁尾，不過接著又被導向地球兩極地區，在那裡被空氣吸收，有些則向外噴灑並生成范艾倫帶。

范艾倫帶是這套系統的錯綜環節。最初范艾倫本人認為，兩圈環帶能發揮「滲漏桶」（leaky bucket）作用，可以捕捉盛裝電漿，直到滿載溢出為止。如今我們知道，環帶不只具有這種緩衝均流功能。（譯注：滲漏桶是種運算法，可將不規則網路流量調節成固定的流速。）有時電漿能量太強，不可能被導向兩極並任憑空氣處置，這時電漿就會向上反彈，進入最外側的范艾倫帶。這批粒子在地球上空一萬六千公里高處，受彎弧場線強力約束，動彈不得；粒子無法逃回太空，也無力威脅地面，只能平和流洩，並由新一批粒子取而代之❾。

伯克蘭地下有知，當為自己的真知灼見感到自豪，並樂見自己位尊顯赫，肖像印上了挪威的兩百克羅納（kroner）紙幣。鈔票正面可以見到他那常見的半笑神情，身著瀟灑西裝，戴著圓形絲框眼鏡，可惜頭上沒有紅色菲茲氈帽。左邊有一幅細小的「小地球」素描，他後面則是一幅正規的極光圖。鈔票反面有一幅北極地形圖，上方標出不同衛星在空中發現流動電子的幾處地點。這批電流和伯克蘭根據磁測結果所做預測完全相符，為了紀念他的功勞，如今我們稱之為伯克蘭電流[10]（Birkeland current）。

同時，范艾倫也在美國科學界贏得極高名望，在各種顯赫場合現身，還上了《時代雜誌》封面。當然了，他也在空中留下大名，寫進在我們頂上飄盪的輻射雲霧當中。而他留下的印記不止於此，一九七三年，范艾倫在先鋒十號衛星的無塵室中工作，偷偷脫下他的白手套，在那艘航空器上留下一枚指紋。先鋒十號是第一枚與木星會合，接著還航向土星的人造衛星。隨後它還繼續前進，航向太陽系最外緣，接著更遠航離去。到了二〇〇四年，范艾倫九十歲生日之時，先鋒十號已經航行一千三百億公里光景。他在二〇〇六年八月辭世，享年九十一歲。那枚衛星仍然靜靜地向前移行，飄往最深邃的深空，朝著金牛座主星——紅巨星畢宿五航去。這趟旅程要花兩百多萬年，范艾倫的指紋也隨著一同前往。

注釋

❶ 伯克蘭的眼光獨到，領先時代。後來他還曾設法籌款來研究運用原子能的方式，當時全世界多數人，根本連想都沒想到這點。當時現代原子論還不存在，也少有人明白原子還可以再分裂。到了二十世紀五〇年代，愛因斯坦發表了他著名的狹義相對論論文，證明質量只是能量的另一種型式，同時伯克蘭串連兩者，因此而促成了核能電廠和核子彈兩項發明。一九〇六年，他寫信給一位瑞典銀行家：「我提議解決的問題是，找出運用原子能的可行作法。我們最重要的能源就貯藏在分子裡面。若是能夠解決這項問題，我們就可以從一公斤物質取得龐大能量，超過如今我們以一萬公斤煤炭生成的數量。」伯克蘭表示，他知道這項問題很難解決，也承認最後可能不能實現，不過他又說：「我這輩子還不曾像面對這項問題，希望投入全副心思。」可惜，就這次而言，他並沒有得到那筆款項。那位銀行家稱他的構想「大氣磅礴」、「引人矚目」，卻說他要等伯克蘭的其他發明獲利之後才能出資。

❷ 德維克像寫詩一般，描述伯克蘭變得「渾身燃起火燄，綻放光輝」。

❸ 伯克蘭的熔爐被哈柏法（Haber process）取代，哈柏法是氮肥的現代正規製法，其中一個階段是以含鐵觸媒來分裂氮氣。不過，他那種電花閃爍的熔爐，卻在幾十年期間獨擅勝場。

❹ 不斷有報告指出，極光出現時會伴隨發出嘶聲，不過發生機率極低。儘管多年以來，科學家對此都嗤之以鼻，然而最近研究卻暗示，這其中或有可究之處。

❺ 他還決定嘗試測量極光高度，於是安排在相鄰兩處山巔分頭記錄，並拉電話線相互聯繫。他盼望，若是兩個小組在同一瞬間，分別對同一幅極光各拍一張照片，由於位置略有不同，他應該可以藉簡單幾何運算，求出極光的高度。然而他的照相機都出了毛病，這個構想便不了了之。

❻ 儘管身有殘障，他終究還是成為世界有名的海洋學家。

❼ 質子也會促成這種現象，不過質子激發的極光肉眼見不到。

❽ 這套系統還能保護太空人。太空梭等任務的飛行高度並不如你想像的那麼高，而且除了幾趟阿波羅任務之外，人類的一切太空飛行，全都在地球大氣最外層防護圈的庇蔭下執行。阿波羅十六和十七兩趟任務之間，太陽迸發猛烈閃燄，威力足以在十個小時之內，讓探月太空人全都遭受致命輻射劑量。所幸，沒有人在那時升空飛行。將來，當人類進行太空飛行重返月球、探測火星，或前往其他任何地方，只要超出空氣庇蔭之外，全都必須裝置非常厚重的屏障。

❾ 范艾倫帶內圈含有大批質子，不過其來源是宇宙線，不是太陽。

❿ 他卻在這裡犯了小錯，儘管大氣當中確實有垂直和橫向電流，他所測量的影響起源，只不過是真實現象的衍生作用。不過沒有人覺得有必要這樣挑剔，這個名稱便沿用下來。

尾聲

二〇〇六年六月十六日上午九點，格陵蘭東部，塔斯拉克自治市（Tasiilaq）

「升空了。」當地氣象人員瑟倫・巴斯博爾（Soren Basboll）張手放開纜繩，他的氣象探測氣球猛力向上躍升。幾秒鐘後，我們必須伸長頸子才看得到那顆鼓脹的氣球，映襯藍天展現它的白色圓形身影。

幾乎整整一週，雲層低垂、四野一片單調極地白光，今天黎明一起，卻是意外的清朗亮麗。舉目遠望，視野至少可達峽灣對岸群山峰頂。層疊山嶺展現崎嶇山腰和險峻岡巒，就像孩童筆下的山脈景象，同時側邊依舊覆蓋白雪。我知道這第一列後方還有數不清的峰巒，一千公里光景，甚至更遠範圍之內，盡是山脈、冰河和雪地，而且多數山峰都是不曾為人征服的未知之域。

儘管陽光燦爛，氣溫依然低於冰點，現場還有一陣陣強風拂過。巴斯博爾撤回屋內，坐到電腦旁邊喝他的咖啡，我繼續待在室外觀看天空。氣球仍在視線之內，而且只要瞇起眼睛，我還看得到底下垂著一根蛛絲般的纜繩，繩的末梢繫著一個白色小匣子。匣子裡面的儀器正在採集格陵蘭的空氣樣本，儀器品嚐、檢驗樣本，所得讀數便乘著馬可尼的無線電波，源源不絕傳回地面：氣溫、壓力、風速和濕度，這是氣象界最重要的給養。

我查看手錶。這時巴斯博爾的氣球應該已經通過地球大氣的最底層部分，也就是對當地因紐特獵人，以及對全體人類都最為重要的部分。

格陵蘭這裡的空氣似乎比較實在，較偏南方的空氣完全不會給人這樣的感受。或許是由於天氣寒冷，或者是這裡明顯沒有煙塵和工業汙染，不過，每吸進一口空氣，你都察覺得到某種清新甘甜的滋味，進入你的口中，充滿你的肺部。

倘若波以耳來到這處北極小鎮，要讓居民明白大氣的威力或大氣的要素，他絕對不會遇上任何困難。因為每年冬季，當彼得拉格下降風（Piteraq wind）刮來，他們幾乎都有機會親身體驗：沉重的冷空氣由冰冠傾瀉而下，氣流受山勢引導，加速朝下湧入冰河谷地，終於抵達城鎮，以颶風般威力扯脫屋頂、粉碎窗戶。雪橇犬只有在彼得拉格風肆虐期間，才得卸下鎖鏈自由活動，設法自行找地方掩蔽——氣流十分旺盛，要拋牠們上天空是綽綽有餘。

巴斯博爾是丹麥人，卻在這裡住了幾十年，而且他還私下研發了一種風級尺標，來測定彼得拉格風的強度。當他的最老舊風速計放棄指望，這時風速達到第一級。第二具測風儀器也步其後塵，風速為二級，約為一百八十五公里時速。然後當第二具風速計的銲接點鬆脫、開始胡亂拍動，像只剩一片槳葉的直升機一般失控翻飛，這時就算三級風。當他所有儀器都棄械投降，風速達四級。

這時我們快進入夏季，風速已經和緩下來。不過今天的微風，仍然足以讓海灣變色。昨天的海水幾乎完全澄清；今天，灣中擠滿浮冰，全都從外海被吹來此地。年復一年，浮冰部分溶解又重新凍結，互撞聚攏又裂解分開，雕琢出彷似發泡蛋白霜的模樣。而且四面八方不時都有冰山浮現，高高聳立於海冰之上。這種高大冰山全都誕生自這片冰封大地的核心地帶，歷經幾千年時光，緩緩滑向岸邊，隨後便加快步伐滑墜陡峭斜坡，斷裂落入峽灣海中，如今便乘風航向大海。

格陵蘭是這顆動盪行星的敏感地帶，對外界變化有敏銳感應。氣溫略微滑降，整片峽灣就可能凍結；再略微攀升，便只剩汪洋不見殘冰。我來這裡，就是要見識這種由大氣引發的變化。因為格陵蘭的敏銳反應，代表二氧化碳的陰暗面已經展現威力。這裡的冰冠逐漸消融、冰河流速漸增，愈來愈多的冰山被送進大海；海冰是海豹的樂園，北極熊的獵場，如今本身也末路窮途，踏上滅絕之路。衛星顯示過去三十年間，海冰的夏季最窄分布範圍，每十年都縮小百分之八，到了本世紀結束之際，這裡的夏季將完全見不到冰。

這裡的因紐特人表示，他們對這種前景毫不擔心。他們是獵人，不是農夫。他們對改變習以為常，慣於解讀動盪地球的各種跡象並隨機應變。他們發揮創業精神來因應氣象天候變化，眼看種種變化衝擊格陵蘭，他們必須南移。我們其他人還是學學這種精神為妙。

格陵蘭也仰仗二氧化碳帶來的自然暖化作用，還有大氣重新分配世界暖化果實的能力。佛雷爾的第三道巨大氣流環圈就是在這附近沉降，同時也從南方帶來溫暖。環顧這座冰封島嶼，眼前見不到多少生命，但若是沒有佛雷爾的氣流環圈，這裡根本不會有生命。

巴斯博爾的氣球已經飄到氣流層和天氣層之上，那裡的空氣愈來愈稀薄，球體肯定愈脹愈大。氣球在地面時直徑約只有一公尺，然而，隨著球內氫氣推擠球體薄層乳膠外皮所受阻力愈來愈弱，到最後氣球便要脹達四倍之大。

說不定氣球已經達到三十多公里高空，超過基廷格的觀測位置。周圍是一片黝黑太空；遠方是地球的和緩曲線，還有薄薄一層藍色大氣；再往下是幾片細小雲朵，還有我。

這時氣球肯定遇上了地球最外層防線。在巴斯博爾的氣球上方，說不定還有一片極光映襯著黝黑天空，生機盎然搖曳閃爍。永晝夏陽照耀地面，照得我睜不開眼，不過我知道，這裡是極光的根據地，若在冬季暗夜來到這裡，我就可以親眼見到極光。電離層就是在這裡守株待兔，靜候地球磁場的場線，把來自太陽的放射線束導引入甕；北極光也正是在這裡，演示地球大氣如何施展防護本領。我被束縛在大氣汪洋的海床，設法想像汪洋頂層的情況。然而，儘管我博覽群書，卻依然難以相信，那層稀薄得不夠我呼吸的大氣，竟然擁有充分力量，足以擊退太空向我們發動的一切攻勢。

二〇〇三年十月，連串爆炸撼動日面。一團壯闊閃燄爆出強烈X射線烤炙地球，威力相當於五千顆太陽。閃燄拋射出一團電漿，以每小時三百二十萬公里高速，向我們狂飆而來。一位科學家表示，那團電漿所含放射性，強度相當於把歷來製成的所有核子彈頭（提醒你，是製成的，不是引爆的），全部在同時引爆所得威力。

結果地球上卻沒有人有絲毫感受（運氣夠好的話，你或許可以見到極光表演）。自有紀錄以來最龐大的太陽閃燄，加上有史以來數一數二的強烈放射性漩渦，雙雙遇上強悍無匹的恐怖敵手。它們分軍夾擊地球，不見守軍，卻憑空逐一落敗，因為敵人正是……捉摸不定的大氣。

致謝詞

十幾年來，我不斷為文講述層層大氣的故事，然而，若非不斷有人向我提問，我或許永遠不會想到，該從整體角度全面檢視大氣。因此，我要感謝弗雷德．巴隆（Fred Barron）想學習有關氣流的知識；還要感謝西蒙．辛格（Simon Singh）想知道我們最早是怎樣發現大氣分了許多層，還有各層大氣的功能何在。西蒙還建議我，動手計算「沒有東西」的音樂廳所含空氣的重量，計算結果讓我大感意外，他卻沒有那麼驚訝。我還要感謝許多人士，他們希望更深入了解大氣的變動狀況。過去十年，我不斷傳講氣候變遷課題，對象顯然都是圈內人。終於，這門學問成為這麼熱門的題材，讓我非常振奮。

然而，直到基廷格縱身躍下，那幅景象才終於讓我打定主意，提筆撰寫大氣。感謝喬納森．雷諾夫（Jonathan Renouf），他讓我注意到基廷格，還把英國廣播公司製作的一部節目影帶借我觀賞，那是有關大氣層的節目，內容含有基廷格墜落時的若干鏡頭，由他的氣球搭載的攝影機拍攝而成。（雷諾夫還提供星塵號資料，幫我認識那架在南天噴流憑空消失的民航機。實際上，他正是英國廣播公司《地平線科普系列》

〔*Horizon program*〕負責那個題材的撰稿人和製作人。）

當我播放影片，觀看基廷格那壯闊的一跳，我凝視大氣那條藍色細線就浮在地球的彎曲地平線上方。然後在他縱身躍下之後，我看著他在大氣汪洋中飄盪，然而，後來在他口中，那片汪洋卻彷彿不值一提。基廷格墜落的這整片大氣充滿矛盾，令我癡迷。這麼纖弱的事物，怎麼也如此強健？充滿激情又渾身弱點的無名英雄，身為作家夫復何求？

我就這樣著手工作。結果我鑽研愈深，心中就愈加明白，由於一群傑出人士通力合作，我們才得知空氣的威力。其中我十分喜愛，也極難尋得蛛絲馬跡的是佛雷爾。他是維吉尼亞州西部的農夫，拿一支乾草叉在他的穀倉門板上畫圈，發展出貿易風概念。感謝約翰．寇克斯（John Cox）幫忙，提供佛雷爾的生平相關資料。我也要感謝國家科學院的好夥伴，就在我力蹙勢窮，再也找不出其他資料之時，他們將這位傑出人士身後留存的唯一概略自傳，寄了一份副本給我。（擁有兩套完整叢書的大英圖書館，怎麼會把包含這篇草稿那冊遺失了，而且兩套都缺了這冊？還有，我在英國其他地方，也找到了幾套這部叢書，為什麼卻都失之交臂？我甚至到美國幾間大學拚命搜尋，為什麼還是看漏了？我有點兒相信，害臊的佛雷爾從墓中伸手，把那殘留的幾筆文字抹去，不讓我讀到他的生平細節。）此外就所有層面來看，大英圖書館都發揮寶貴功能，讓我仰賴日深，也完全符合我的期許，其中科學門類第二閱覽室有求必應的館員也是如此。我還要謝謝倫敦圖書館，那裡太棒了，感謝他們的館員和館長。但是基於某些因素，我不解的是注重文學的倫敦，竟然任憑這家重要機構大半湮沒不顯。我也沒想到，聖詹姆斯廣場那棟古色古香的建築，卻在書架迷宮當中，藏了一批古今卷帙珍寶。

最讓人慶幸的，是可以借出倫敦圖書館的藏書並隨身帶走。就我的情況，我帶著書本前往法國安省（Ain）康德夏（Condeissiat），在那處幅員細小，卻熱情好客的村莊，完成本書前半部。特別感謝希納德家庭（Famille Sinardet），還有萊佛斯（Les Fausses）的海倫（Hèeléne）、瓊克里斯（Jean-Chris）和于貝爾（Hubert），更別提山米（Sammy）、胥貝特（Choupette）和克羅雪特（Clochette）。海倫不斷提供無與倫比的香奶油派，男孩們供應乳酪、葡萄酒和英國好茶，還有幾隻動物在我需要散心的時候提供消遣，而且在我不想分心的時候（多少）讓我獨處。每天工作結束，于貝爾都以一道簡單問題相迎：「完成幾個字？」這很能令人凝神專注工作，效果好得很。

本書第二部分我回到倫敦才動筆，在感覺非常漫長的寒冬季節完成。（儘管這時于貝爾已經去了南極洲，他還是幫我留了一段 iPod 錄音，內容是：「完成幾個字？」……暫停……「好棒！」他並沒有費心錄製另一段話，以防字數沒有達成，這點始終讓我相當振奮，效果出人意表。）

在那個冬季，巴隆（芳鄰和益友的最佳表率）逗我發笑，還供應牛排和經典電影來維持我的力量。在我撰寫本書期間，他的表現始終可圈可點。從最早階段，他便分享我的興奮，一開始是針對題材，接著是人物角色。每當我想到新的情節，通常就是他第一個聽我提起，我覺得我筆下的人物不僅在我眼前浮現，也同樣活靈活現在他心中成形。巴隆是個喜劇作家，他能迅速指出我在哪裡搞砸、無意間毀了自己點睛之筆的地方。

我的良師益友大衛・博丹尼斯（David Bodanis），也是從一開始就出力協助。特別是第一章，他的中肯建言功勞極大。他還幫助我完成我寫書最感艱苦的段落——開頭部分，貢獻之大無法盡數。

許多人幫我審閱手稿並提供建言，包括：羅勃特・孔茨（Robert Coontz）、理查・斯通（Richard Stone）、約翰・范德卡（John Vandecar）、卡倫・邵思威爾（Karen Southwell）、多明尼克・麥金泰爾（Dominick McIntyre）、巴隆、博丹尼斯、艾蘭・麥卡黎斯特（Elan McAllister）、麥可・本德爾（Michael Bender）、安迪・華生（Andy Watson）、約翰・米切爾（John Mitchell）、大衛・林德（David Rind）和史蒂芬・巴特斯比（Stephen Battersby）。蘿莎・馬洛伊（Rosa Malloy）發揮她的高度才氣，指出內容解釋過於繁瑣，或情節太過冗長的部分。他們的評論和批評都讓這篇書稿大有改進；當然了，若是還有其他錯誤，作者仍應負全責。

謝謝我的代理，麥可・卡萊爾（Michael Carlisle），他的努力使我受惠良多（甚至也嘉惠大氣）。還要特別感謝業界最棒的兩位編輯：哈考特（Harcourt）出版社的安德麗雅・舒爾茨（Andrea Schulz）和布盧姆茨伯里（Bloomsbury）出版社的比爾・斯旺森（Bill Swainson）。兩人協力幫我修改手稿當修之處，而沒有錯謬的部分也都能克制不去改動。（儘管我相當肯定他們沒有勾結串通，兩人的意見卻不謀而合，這令人非常安心。）

我和空氣共同生活這段期間，還有許多人一團和氣、陪伴我共度這段日子。謝謝范德卡、邵思威爾、巴特斯比和麥金泰爾，感謝他們的大力支持和寬宏大量。

最後，感謝我的美好家人：蘿莎、海倫、艾德、克里斯蒂安、莎拉、丹米安、珍恩和孩子們，以及于貝爾。只有你們知道，若是沒有你們，我的成就會是多麼微不足道。

延伸閱讀

前言

基廷格的跳躍壯舉資料，主要得自他本人所撰的兩部回憶錄，參見 Joseph W. Kittinger, Jr., "The Long, Lonely Flight," *National Geographic*（February 1985）, pp. 270-76，與 Joseph W. Kittinger, Jr., "The Long, Lonely Leap," *National Geographic*（December 1960）, pp. 854-73；還有強尼・阿克頓（Johnny Acton）以生花妙筆寫成的 *The Man Who Touched the Sky*（London: Sceptre, 2002）和克雷格・賴安（Craig Ryan）生動又詳盡的著述 *Pre-Astronauts: Manned Ballooning on the Threshold of Space*（Annapolis: Naval Institute Press, 1995）。

有關基廷格之前的尖端科技，請參閱美國陸軍上尉阿爾伯特・斯蒂文斯（Albert W. Stevens）的精彩文章："Man's Farthest Aloft," *National Geographic Society Stratosphere Series*, vol. 2（1936）, pp. 173-216。

第一章

佛羅倫斯的科學史博物館暨研究院（Institute and Museum of the History of Science）擁有一個出色網站，稱為「Horror Vacui」（譯注：「懼怕真空」，亞里斯多德認為自然懼怕真空，因此任何空間不可能空無一物），內容羅列投入發現空氣重量的重要人物的小幅肖像和相關素描。裡面還有一些漂亮的照片。請讀者自行上網瀏覽（網址為：http://www.imss.fi.it/vuoto/）。

儘管談伽利略的書籍有好幾百本，不過多數都著眼論述他的早年生活，還有他最著名的幾項發現，卻很少提到他的空氣實驗。要想明白他的成果，最好是閱讀他本人的（十分有趣的）著作。本書所述實驗，都引自他的《關於兩門新科學的對話》（*Dialogues Concerning Two New Sciences*），這本書於一六三八年在萊登（Leiden）初版發行（中文版二〇〇五年出版，戈革譯，大塊文化出版社，台北）。我採用的是亨利・克魯和阿方索・德薩維奧的譯本（H. Crew and A. de Salvio trans., New York：Macmillan, 1914）。書成之後近四個世紀，讀來依舊引人入勝。

有關托里切利和伽利略的關係，還有氣體力學早期發展的其他多方面論述，最佳資料來源為威廉・密德頓（W. E. Knowles Middleton）的 *The History of the Barometer*（Baltimore：Johns Hopkins Press, 1964）。儘管這本書的寫作風格（和伽利略的書籍不同）不算世界上頂有趣的，卻仍屬包羅廣泛，明晰易懂的著作，書中還收入若干漂亮的附表、插圖，翔實呈現原始書信和圖示。還有《科學傳記辭典》（*Dictionary of Scientific Biography*，總編：Charles Couiston Gillispie, New York: Scribner, 1970-80）也收錄了一則很實用的托里切利詞條。布萊士・帕斯卡（Blaise Pascal）的《物性論叢》（*Physical Treatises*, New York: Columbia University Press, 1937）同樣是了解托里切利研究成果的優秀文獻，這也是認識帕斯卡的好讀物。我使用的是斯皮爾斯和斯皮爾斯（I. H. B. and A. G. H. Spiers）的譯本。

麥可・亨特（Michael Hunter）的出色網站是了解羅勃特・波以耳（Robert Boyle）的絕佳入門起點（網址：www.bkk.ac.uk/Boyle）。亨特精研波以耳學術成就斐然，對波以耳也有獨到認識，他的網站有很多富有參考價值的資料。這些年來，有關波以耳的書籍多半寫得乏味，不然就只是歌功頌德，不過也有幾本讀來頗富興味。我找到三本極佳文獻資料，包括羅傑・皮爾金頓（Roger Pilkington）的 *Robert Boyle, Father of Chemistry*（London: John Murray 1959），作者以鮮活文筆寫出平實內容；路易・莫爾（Louis Trenchard More）的 *The Life and Works of the Honourable Robert Boyle*（London: Oxford University Press, 1944）；和麥地遜（R. E. W. Maddison）的 *The Life of the Honourable Robert Boyle*（London: Taylor & Francis, 1969），書中翔實記載眾多細部資料，引述周延可靠。還有一本好書是托馬斯・法林頓（Thomas Farrington）的

A Life of the Honourable Robert Boyle FRS, Scientist and Philanthropist（Cork, Ireland: Guy & Co. Ltd., 1917）。

不過，認識波以耳和了解伽利略的作法相同，最好是閱讀他本人的著述（無可否認，有些寫得相當冗長）。讀者可試讀詹姆斯・科南特（James Bryant Conant）編纂的 *Robert Boyle's Experiments in Pneumatics,* Harvard Case Histories in Experimental Sciences（Cambridge, MA: Harvard University Press, 1967），本書旁徵博引又能善加整理分析。這裡還推薦亨特編纂的 *Robert Boyle by Himself and His Friends*（London: Pickering & Chatto Ltd., 1994），內容有波以耳本人親撰其早年生平之傳略，還有多位朋友為他所寫的傳記評述，甚至還收入一篇在他葬禮上發表的繁冗致詞。

最好的文獻要數波以耳的親筆鉅著：*New Experiments Physico-mechanical Touching the Spring of the Air and its Effects*（*Made for the Most Part in a New Pneumatical Engine*），書中精彩敘述他的氣泵實驗細節。讀者可以在本書中讀到波以耳親筆敘述，他如何證明空氣有彈性，還有他的蜜蜂和老鼠實驗，以及讓他的淑女訪客花容失色的鳥兒試驗。

第二章

儘管普利斯特利的房子和文稿都遭縱火燒毀，他仍有充分成果保存下來，若有人感興趣，想更深入探究他的生平和研究，這份豐碩史料已足敷應用。讀者可以從幾處好地方入手，包括愛德華・法柏（Eduard Faerber）編纂的《偉大化學家傳略》書中所收「Joseph Priestley」部分：Great Chemists, New York: Interscience Publishers, 1961, pp. 241-51；還有羅勃特・斯科菲爾德（Robert E. Schofield）所著：*The Enlightened Joseph Priestley*（University Park: Pennsylvania State University Press, 2004）。

這裡推薦兩篇好文章，一篇是羅勃特・安德森（Robert Anderson）的 “Joseph Priestley: Public Intellectual”，刊於 *Chemical Heritage Newsmagazine,* vol. 23, no. 1（Spring 2005），和約翰・塞夫林豪斯（John W. Severinghaus）的 “Priestley, the furious free-thinker of the enlightenment, and Scheele, the taciturn apothecary of Uppsala”，刊於 *Acta Anaesthesiologica Scandinavica,* vol. 46, pp. 2-9（2002）。

就普利斯特利本人的廣博著述，我推薦兩本書：Joseph Priestley, *Autobiography of Joseph Priestley, Memoirs Written by Himself, an Account of Further Discoveries in Air*（Bath, England: Adams & Dart, 1970），和斯科菲爾德編纂、評述的 Joseph Priestley, *A Scientific Autobiography*（Cambridge, MA: MIT Press, 1966）。

埃克洛伊德（W. R. Aykroyd）的 *Three Philosophers, Lavoisier, Priestley and Cavendish*（London: William Heinemann, 1935）內容豐富，敘述鮮活，卓識洞見俯拾皆是。另一部極佳著作是詹姆斯・克羅塞（James Gerald Crowther）的 *Scientists of the*

Industrial Revolution: Joseph Black, James Watt, Joseph Priestley, Henry Cavendish（London: Cresset Press, 1962）。

就氧氣科學方面，尼克・萊恩（Nick Lane）的著作內容極為豐富、詳盡，此外就不必他求：*Oxygen: The Molecule that Made the World*（London: Oxford University Press, 2002）。

《科學傳記辭典》有一則很實用的拉瓦節詞條。更深入細節則可參閱讓皮埃爾・普法耶（Jean-Pierre Poirier）的 *Lavoisier: Chemist, Biologist, Economist*，原文以法文寫成，由蕾貝卡・巴林斯基（Rebecca Balinski）譯為英文（Philadelphia: University of Pennsylvania Press, 1996）。另一本較為枯燥，不過仍是本好書，見亞瑟・杜諾望（Arthur Donovan）的 *Antoine Lavoisier: Science, Administration and Revolution*（Cambridge, England: Cambridge University Press, 1993）。

第三章

約瑟夫・布萊克（Joseph Black）生平可參見杜諾望的 *Philosophical Chemistry in the Scottish Enlightenment: The Doctrines and Discoveries of William Cullen and Joseph Black*（Edinburgh: Edinburgh University Press, 1975），這本書寫得很流暢，還有威廉・拉姆齊（William Ramsay）爵士的 *The Life and Letters of Joseph Black, MD*（London:

Constable & Co., 1918）。亦可參見克羅塞的出色作品 *Scientists of the Industrial Revolution: Joseph Black, James Watt Joseph Priestley, Henry Cavendish* by James Gerald Crowther（London: Cresset Press, 1962）。法柏編纂的《偉大化學家傳略》（*Great Chemists, Eduard Faerber ed., New York: Interscience Publishers, 1961*）以數個章節同時談到布萊克和阿瑞尼斯。

史蒂芬・黑爾斯（Stephen Hales）的其他相關資料可參閱阿蘭和斯科菲爾德（G. C. Allan and R. E. Schofield）的 *Stephen Hales, Scientist and Philanthropist*（London: Scolar Press, 1980）。

約翰・丁鐸爾（John Tyndall）相關資料的最豐富文獻為布洛克、麥克米倫和莫蘭（W. H. Brock, N. D. McMillan, and R. C. Mollan）編纂的 *John Tyndall: Essays on a Natural Philosopher*（Dublin: Royal Dublin Society, 1981）。這本論文集從多方面角度來探究丁鐸爾的生平，含括技術面、他的宗教信仰、哲學思想和社會價值層面。

為了印製談全球暖化的書籍，世人已經伐倒眾多英畝的林木，有些樹木犧牲得極有價值，印出斯賓塞・維爾特（Spencer R. Weart）的傑作：*The Discovery of Global Warming*（Cambridge, MA: Harvard University Press, 2003）。亦請參見 http://www.aip.org/history/climate/co2.htm，這個網站以簡短篇幅，精確概述溫室效應的發現歷程，還羅列許多重要人物的小幅肖像和相關略圖。

第四章

萊爾．華生（Lyall Watson）的 Heaven's Breath（London: Hodder and Stoughton, 1984）就多方層面談風，論述精彩鉅細靡遺。談哥倫布的著作相當多，其中我覺得以下幾本最富參考價值：華盛頓．歐文（Washington Irving）的 The Life and Voyages of *Christopher Columbus vol. 1*（*London:* Cassell & Co. Ltd., 1827），本書篇幅浩繁論述嚴謹，不過有趣的細部敘述俯拾皆是；薩謬爾．莫里森（Samuel Eliot Morison）的 *Christopher Columbus Mariner*（London: Faber and Faber, 1956）文筆鮮活得多，內容也有趣得多，不過書中偶有誤導之處（好比，哥倫布確實長了一頭紅髮，不過他幾度啟程跨越大洋之時，頭髮卻已經轉白）；還有大衛．托馬斯（David A. Thomas）的 *Christopher Columbus Master of the Atlantic*（London: Andre Deutsch, 1991）。

不過，要了解哥倫布的航海歷程，閱讀他的親筆論述絕對是最佳選擇。就此可參閱 *Christopher Columbus the Journal of His First Voyage to America*，這部著作有許多版本。我閱讀的版本由范懷克．布魯克斯（Van Wyck Brooks）譯注（London: Jarrolds Publishers, 1925）。

威廉．佛雷爾（William Ferrel）生性害羞，留下的親筆著述很少，不過《科學傳記辭典》收有一則實用的生平敘述詞條。約翰．寇克斯（John D. Cox）的精彩著作

Storm Watchers（Hoboken, New Jersey: John Wiley & Sons, 2002）也有一則出色的佛雷爾詞條（pp. 65-74）。

就他朋友的回顧部分，《美國氣象學期刊》蒐羅了幾篇追悼文章（參見 *American Meteorological Journal,* December 1891, vol. viii, no. 8, pp. 337-69）。一八八八年二月，同一份期刊還曾刊出佛雷爾的朋友，亞歷山大・麥卡迪（Alexander McAdie）寫的一篇訃文，見 *American Meteorological Journal, February* 1888, vol. iv, no 10, pp. 441-49。佛雷爾還有一位摯友，克利夫蘭・阿貝（Cleveland Abbe）也寫了一篇訃文，刊於《華盛頓哲學會學報》（Bulletin of the Philosophical Society of Washington, vol. 12, 1892, pp. 448-60）。羞怯的佛雷爾的遺著當中，最有價值的要數他經過麥卡迪三催四請，才終於親筆寫成的概略自傳。這篇自傳收入 *Biographical Memoirs of the National Academy of Sciences,* vol. 3（1895）, pp. 265-309。同一部文獻還包含一篇阿貝寫的回憶傳略，並蒐羅佛雷爾曾經發表的著述。亦見哈羅德・柏斯汀（Harold L. Burstyn）的文章：“William Ferrel and American Science in the Centennial Years”，本文出自艾弗雷特・門德爾森（Everett Mendelsohn）編纂的 *Transformation and Tradition in the Sciences, Essays in Honor of I*. Bernard Cohen（Cambridge, England: Cambridge University Press, 1984）, pp. 337-51。

當然了，還有佛雷爾本人親著論文：“An essay on the winds and currents of the

ocean"，納入"Popular Essays on the Movements of the Atmosphere by Professor William Ferrel"論文集的第一篇，全集收入*Professional Papers of the Signal Service*（Washington, DC., 1882），列為第十二冊。

此外，有關風的科學研究亦可見羅傑·巴里和理查·楚利（Roger G. Barry and Richard J. Chorley）的*Atmosphere, Weather and Climate*, 8th edition（London and New York: Routledge, 2003）。這裡要鄭重推薦本書，我認為這是歷來談空氣運動和空氣對天氣之影響方式的最佳教科書；難怪本書已經出到第八版，而且後續版本可期。

威利·波斯特（Wiley Post）相關文獻最出色的是布賴恩·斯特陵和法蘭西斯·斯特陵（Bryan B. Sterling and Frances N. Sterling）的*Forgotten Eagle: Wiley Post, America's Heroic Aviation Pioneer*（New York: Carroll & Graf, 2001）。可惜這本書已經絕版，所幸你還買得到二手舊書。然而還請注意：我買到的初版書中有一處印刷錯誤，漏印了波斯特至關重大（又很精彩）的平流層飛行事跡。幸好，我在鱈魚角找到一位好心的二手書商，耐心核對他手中那本，確定從頭到尾全無遺漏，隨後才把書寄來倫敦給我。

有關那架失蹤飛機的其他資料，請觀賞英國廣播公司地平線系列（BBC Horizon）的*Vanished. The Plane that Disappeared*，這集影片在二〇〇〇年十一月二日播出。這套精彩系列節目的腳本貼於BBC官方網站（參見：http://www.bbc.co.uk/science/horizon/2000/vanished.shtml）。

第五章

托馬斯・米奇利（Thomas Midgley）的生平和研究參見威廉・海恩斯（William Haynes）的文章，這篇文章寫得很好，收入法柏編纂的 *Great Chemists*（New York: Interscience Publishers, 1961）, pp. 1589-97。另外，《美國傳記大辭典》增刊三也收有 “Thomas Midgley” 詞條（*Dictionary of American Biography,* Supplement 3, New York: Charles Scribner’s Sons, 1941-45, pp. 521-23），還可參見查爾斯・凱特林（Charles Kettering）對他朋友的深切追思，該傳略收於 *Biographical Memoir of the National Academy of Sciences,* vol. xxiv, no. II（1947）, pp. 361-80。

艾斯陵・厄溫（Aisling Irwin）寫了一篇好文章，敘述臭氧的種種內情，包括處境為什麼惡化到這種程度，篇名：“An environmental fairytale”，收入格雷厄姆・法米羅（Graham Farmelo）編纂的 *It Must Be Beautiful,* Great Equations of Modern Science（London: Granta Books, 2002）。雪倫・羅安（Sharon Roan）的作品篇幅較長，不過內容引人入勝，讀來津津有味：*Ozone Crisis: The 15-Year Evolution of a Sudden Global Emergency*（New York: Wiley, 1988）。約翰・麥克尼爾（John McNeill）的 *Something New Under the Sun: An Environmental History of the Twentieth Century*（New York: W. W.

Norton & Co., 2000）寫得一絲不苟，裡面有一段精彩的「氣候變遷與平流層臭氧」。不過，有關於臭氧戰爭，還有洛夫洛克非凡生平的其他部分，最佳讀物要數他超群絕倫的自傳：*Homage to Gaia: The Life of an Independent Scientist*（Oxford: Oxford University Press, 2000）。

諾貝爾獎網站也收羅豐富的技術和傳略資訊，含括投身臭氧研究成就斐然的桂冠得主，和他們的研究課題資訊，參見：http://nobelprize.org/chemistry/laureates/1995。

第六章

有關小精靈、噴燄和妖精的傑出論述，可參見刊於《新科學家》（*New Scientist*）的兩篇專題報導，包括：基．戴維森（Keay Davidson）的“Bolts from the Blue”（August 19, 1995, p. 32）和哈瑞特．威廉斯（Harriet Williams）的“Rider on the Storm”（December 15, 2001, p. 36）。有關電離層奇異科學的詳細資料，可參見拉特克利夫（J. A. Ratcliffe）的 *Sun, Earth and Radio, an Introduction to the Ionosphere and Magnetosphere*（London: Weidenfeld and Nicolson, 1970）。哈里森（J. A. Harrison）的 *The Story of the Ionosphere or Exploring with Wireless Waves*（London: Hulton Educational Publications, 1958）完全仿效二十世紀五〇年代學童的語氣來撰述，讀之興味盎然。還有一本就比哈里森的書嚴肅、詳細得多，參見羅勃特．雄克和安德魯．

納治（Robert W. Schunk and Andrew F. Nagy）的 *Ionospheres: Physics Plasma Physics and Chemistry*（New York: Cambridge University Press, 2000）。

許多書籍都談到馬可尼，並討論他的成就，其中我要推薦喬利（W. P. Jolly）的 *Marconi*（London: Constable, 1972）；奧林．敦拉普（Orrin E. Dunlap）的 *Marconi: The Man and His Wireless*（New York: The Macmillan Co., 1937）；還有特別是加文．維特曼（Gavin Weightman）以生花妙筆寫成的著作：*Signor Marconi's Magic Box : How an Amateur Inventor Defied Scientists and Began the Radio Revolution*（London: HarperCollins, 2003）。德格娜．馬可尼（Degna Marconi，馬可尼的女兒）也提出有趣的觀點，參見她的 *My Father Marconi*（London: F. Muller, 1962）。

許多出色傳記作品都談到了不起的亥維賽。首先該讀的是《科學傳記辭典》的實用詞條。有關亥維賽科學成就的優秀概括文章，可以閱讀羅素（A. Russell）優雅簡練的訃文，刊於《自然》雜誌（*Nature*, vol. 115, February 14, 1925, pp. 237-38）。另外，比較有趣的著述有 *The Heaviside Centenary Volume*（London: Institution of Electrical Engineers, 1950），這本書蒐羅有關亥維賽研究成果的文章，還有幾篇記述他個性品格的評論。請特別注意他的好友喬治．西爾（G. F. C. Searle），針對亥維賽怪誕舉止的溫馨描述。後來西爾更據此擴充，寫成一本專書，滿紙盡是前塵往事，書名為：*Oliver Heaviside, the Man*（Cambridge, England: CAM Publishing, 1988）。還有一本極佳讀物，保羅・納因（Paul J. Nahin）的 *Oliver Heaviside, Sage in Solitude*（New York: IEEE Press, 1988）。

論述鐵達尼號海難事件的專書相當多，因此我只介紹少數幾本。試讀約翰・布思和辛恩・考夫蘭（John Booth and Sean Coughlan）的 *Titanic: Signals of Disaster*（White Star Publications, 1993）和沃爾特・羅德（Walter Lord）的 *A Night To Remember*（London: Longmans Green & Co., 1958）。傑克・帖爾（Jack Thayer）就當晚的回顧傳記 "The Sinking of the SS Titanic" 歷歷在目令人震撼，可惜這篇文章很難找到。文章原先在一九四〇年初版發表，一九七四年由 7C 發行部重印，不過如今都已經絕版。

就阿普爾頓相關資料，隆奈爾德・克拉克（Ronald W. Clark）的傑作是個無與倫比的文獻資源：*Sir Edward Appleton,* G.B.E., K.CR, FR.S.（Oxford: Pergamon, 1971）。其他實用資料包括《科學傳記辭典》收錄的詞條，和阿普爾頓一位學生拉特克利夫的傳記論述，見：J. A. Ratcliffe, *Biographical Memoirs of Fellows of the Royal Socieiy,* vol. 12（1966）, pp. 1-21。

第七章

有關范艾倫發現范艾倫帶的情節，可從一份出色著作入手：康斯坦茨・格林和密爾頓．洛馬斯克（Constance McLaughlin Green and Milton Lomask）的 *Vanguard. A History,* NASA SP- 4202（Washington, D.C.: Smithsonian Institution Press, 1971）。這本書已經絕版，不過內容已經貼上網頁（參見：http://www.hq.nasa.gov/office/pao/History/SP-4202/cover.htm）。

范艾倫的親筆著作可參見 "What Is a Space Scientist? An Autobiographical Example"，刊於 *Annual Review of Earth and Planetary Sciences,* June 1989。亦見他的文章 "Radiation belts around the Earth"，刊於 *Scientific American,* vol. 200, no. 3（March 1959），pp. 39-48，和他的 *Origins of Magnetospheric Physics*（Washington, D.C. Smithsonian Institution Press, 1983）。本章所收范艾倫資料多引自這四處來源。

較偏技術性的論述參見 "Magnetospheric Currents"，這篇重量級文章收錄於托馬斯．波特姆拉（Thomas A. Potemra）編纂的 *Geophysical Monograph* 28,（Washington, D.C.: AGU, 1983）。

C.吉爾摩和約翰．斯普雷特（C. Stewart Gillmor and John R. Spreiter）編纂的 "Discovery of the Magnetosphere" 收錄了幾篇優秀文章，見 *History of Geophysics,* vol. 7, AGU, Washington, D.C., 1997。這幾篇文章有些討論技術課題，部分則記述人物生平，還有一篇是范艾倫自己寫的。克里斯汀．哈拉斯（Christine Halas）寫的 "The James Van Allen Papers"可上網瀏覽（參見：http://www.lib.uiowa.edu/speccoll/Bai/halas.htm）。這篇文章討論愛荷華大學的范艾倫館藏，因此也包含關於范艾倫本人的若干趣聞軼事。

有關磁層學門的其他資訊，以及其發現沿革的更深入資料，請參見大衛．斯特恩（David R. Stern）刊於《地球物理學評論》的精彩文章（*Reviews of Geophysics*, vol. 40, no. 3, September 2002, pp. 1-1 to 1-30）。這篇文章也見於網站（http://www.phy6.org/Education/bh2_2.html）。另一篇文章也很淺顯有趣，篇名為："Watch out, here comes the sun"，海柔．謬爾（Hazel Muir）撰，刊於《新科學家》（*New Scientist*, February 3, 1996, p. 22），內容討論太空天氣。還有史蒂芬．巴特斯比（Stephen Battersby）的"Into the sphere of fire"，刊於《新科學家》（*New Scientist*, August 2, 2003, p. 30），就磁層的古怪習性提出精闢論述。

克雷斯蒂安．伯克蘭（Kristian Birkeland）親筆撰述他幾次實地考察極光的歷程，書名：*The Norwegian Aurora Polaris Expedition 1902-1903*, vol. 1, sections 1 and 2（Oslo: H. Aschehoug & Co., 1913）。緒論部分詳細暢論考察隊伍遇上的難關。（書名標示了「第一冊」，因為原本該有個第二冊，專門論述極光部分。然而，這冊卻始終沒有發表，有些人揣測，伯克蘭死後，其私人事物裝船運輸時遇上海難，書稿也隨之亡佚。）

有關伯克蘭其他生平事蹟，參見埃格蘭和利爾（A. Egeland and E. Leer）的

"Professor Kr Birkeland: His life and work"，文出 *IEEE Transactions on Plasma Science,* vol. PS-14, no. 6（December 1986）。這篇文章含有伯克蘭的許多生平細節，還有他引人入勝的太陽系研究資料，好比太陽和土星環的運作功能。阿爾弗．埃格蘭（Alv Egeland）還撰有其他很實用的論文，包括他精彩的"Kristian Birkeland: The Man and the Scientist"，收錄於"Magnetospheric Currents," *AGU Geophysical Monograph* 28（Washington, D.C., 1984），pp. 1-16。這部專題論文集還包含其他幾篇實用論文，尤其是戴斯勒（A. J. Dessler）的"The evolution of arguments regarding the existence of field-aligned currents," pp. 22-28。埃格蘭撰有一篇論文，敘述電磁砲慘敗趣事，參見"Birkeland's Electromagnetic Gun: A Historical Review," *IEEE Transactions on Plasma Science,* vol. 17, no. 2（April 1989），pp. 73-82。埃格蘭還與威廉．柏克（William J. Burke）合著一部伯克蘭傳記，其資料考據翔實論述嚴謹，書名為：*Kristian Birkeland: The First Space Scientist*（Dordrecht, Netherlands: Springer, 2005）。

露西．雅歌（Lucy Jago）也寫了一本伯克蘭傳：*The Northern Lights : How One Man Sacrificed Love, Happiness and Sanity to Unlock the Secrets of Space*（London: Hamish Hamilton, 2001）。這本書寫得很好，讀來引人入勝，而且研究十分周延。不過請注意：作者令人氣惱的寫法，竟然不直述參考文獻，也不做腳註，還自說自話表示她「引申出」若干內情，以利情節鋪陳，作者還就某些未指明的情況做出「合理」

假設。不幸的是，這樣一來，除非有其他文獻佐證，否則書中細部資料就很難為人採信。

伯克蘭的前任實驗助理奧拉夫・德維克（Olaf Devik）寫了一篇個人回顧，記述伯克蘭的獨特作風，見：“Kristian Birkeland as I knew him” 收錄於埃格蘭和霍爾特（A. Egeland and J. Holtet）編纂的研討會論文集：“Birkeland Symposium on Aurora and Magnetic Storms,”（Paris: CNRS, 1968）。

最後，有關北極光本身的其他著述，請參見艾斯格・布萊開和阿爾弗・埃格蘭（Asgeir Brekke and Alv Egeland）著，詹姆斯・安德森（James Anderson）翻譯的 *The Northern Lights,*（Oslo: Grondabl Dreyer, 1994）。這是以神話傳說、文學、歷史和科學交織編成的一席錦繡掛毯，完整描繪出人類對北極光的種種反應。書中還納入若干精美插圖。

國家圖書館出版品預行編目資料

大氣：萬物的起源／嘉貝麗．沃爾克（Gabrielle Walker）著
;蔡承志 譯. --二版. -- 臺北市：商周出版：家庭傳媒城邦分
公司發行, 2019.05
面；　公分.（科學新視野；84）
譯自：An Ocean of Air : why the wind blows and other mysteries of the atmosphere

ISBN 978-986-477-662-7（平裝）

1. 大氣　2. 歷史

328.209　　108006506

科學新視野84

大氣：萬物的起源

原著書名／An Ocean of Air: why the wind blows and other mysteries of the atmosphere
作　　者／嘉貝麗．沃爾克（Gabrielle Walker）
譯　　者／蔡承志
責任編輯／陳璽尹、楊如玉

版　　權／林心紅
行銷業務／李衍逸、黃崇華
總 經 理／彭之琬
事業群總經理／黃淑貞
發 行 人／何飛鵬
法律顧問／元禾法律事務所　王子文律師
出　　版／商周出版
臺北市中山區民生東路二段141號9樓
電話：(02) 2500-7008　傳真：(02) 2500-7759
E-mail：bwp.service@cite.com.tw
發　　行／英屬蓋曼群島商家庭傳媒股份有限公司城邦分公司
臺北市中山區民生東路二段141號2樓
書虫客服專線：(02)2500-7718；2500-7719
24小時傳真專線：(02)2500-1990；2500-1991
服務時間：週一至週五上午09:30-12:00；下午13:30-17:00
劃撥帳號：19863813　戶名：書虫股份有限公司
E-mail：service@readingclub.com.tw
歡迎光臨城邦讀書花園　網址：www.cite.com.tw
香港發行所／城邦（香港）出版集團有限公司
香港灣仔駱克道193號東超商業中心1樓
E-mail：hkcite@biznetvigator.com
電話：(852) 25086231　傳真：(852) 25789337
馬新發行所／城邦（馬新）出版集團
Cité (M) Sdn. Bhd. (458372U)
41, Jalan Radin Anum, Bandar Baru Sri, Petaling,
57000 Kuala Lumpur, Malaysia.
電話：603-90563833　傳真：603-90562833

封面設計／李東記
排　　版／浩瀚電腦排版股份有限公司
印　　刷／高典印刷有限公司
經 銷 商／聯合發行股份有限公司　電話：(02)2917-8022　傳真：(02)2915-6275

■2019年5月二版一刷
Printed in Taiwan

定價／430元

城邦讀書花園
www.cite.com.tw

ISBN 978-986-477-662-7

商周出版

廣	告	回	函
北區郵政管理登記證			
台北廣字第000791號			
郵資已付，免貼郵票			

104台北市民生東路二段 141 號 2 樓

英屬蓋曼群島商家庭傳媒股份有限公司　城邦分公司

請沿虛線對摺，謝謝！

商周出版

書號：BU0084X　　**書名**：大氣：萬物的起源　　**編碼**：

請於此處用膠水黏貼

商周出版

讀者回函卡

感謝您購買我們出版的書籍！請費心填寫此回函卡，我們將不定期寄上城邦集團最新的出版訊息。

不定期好禮相贈！
立即加入：商周出版
Facebook 粉絲團

姓名：＿＿＿＿＿＿＿＿＿＿＿＿＿＿ 性別：☐男 ☐女

生日：西元＿＿＿＿＿年＿＿＿＿＿月＿＿＿＿＿日

地址：＿＿＿＿＿＿＿＿＿＿＿＿＿＿＿＿＿＿＿＿

聯絡電話：＿＿＿＿＿＿＿＿＿＿ 傳真：＿＿＿＿＿＿＿＿＿＿

E-mail ：

學歷：☐ 1. 小學 ☐ 2. 國中 ☐ 3. 高中 ☐ 4. 大學 ☐ 5. 研究所以上

職業：☐ 1. 學生 ☐ 2. 軍公教 ☐ 3. 服務 ☐ 4. 金融 ☐ 5. 製造 ☐ 6. 資訊

☐ 7. 傳播 ☐ 8. 自由業 ☐ 9. 農漁牧 ☐ 10. 家管 ☐ 11. 退休

☐ 12. 其他＿＿＿＿＿＿＿＿＿＿＿＿＿＿

您從何種方式得知本書消息？

☐ 1. 書店 ☐ 2. 網路 ☐ 3. 報紙 ☐ 4. 雜誌 ☐ 5. 廣播 ☐ 6. 電視

☐ 7. 親友推薦 ☐ 8. 其他＿＿＿＿＿＿＿＿＿＿

您通常以何種方式購書？

☐ 1. 書店 ☐ 2. 網路 ☐ 3. 傳真訂購 ☐ 4. 郵局劃撥 ☐ 5. 其他＿＿＿＿

您喜歡閱讀那些類別的書籍？

☐ 1. 財經商業 ☐ 2. 自然科學 ☐ 3. 歷史 ☐ 4. 法律 ☐ 5. 文學

☐ 6. 休閒旅遊 ☐ 7. 小說 ☐ 8. 人物傳記 ☐ 9. 生活、勵志 ☐ 10. 其他

對我們的建議：＿＿＿＿＿＿＿＿＿＿＿＿＿＿＿＿＿＿＿＿

＿＿＿＿＿＿＿＿＿＿＿＿＿＿＿＿＿＿＿＿

＿＿＿＿＿＿＿＿＿＿＿＿＿＿＿＿＿＿＿＿

請於此處用膠水黏貼